高分子专业实验教程

涂克华　杜滨阳　杨红梅　蒋宏亮 编著

ZHEJIANG UNIVERSITY PRESS
浙江大学出版社
·杭州·

图书在版编目（CIP）数据

　　高分子专业实验教程 / 涂克华等编著. —杭州：
浙江大学出版社，2011.1（2023.2 重印）
　　ISBN 978-7-308-08125-2

　　Ⅰ．①高… Ⅱ．①涂… Ⅲ．①高分子材料－实验－高
等学校－教材 Ⅳ．①TB324－33

　　中国版本图书馆 CIP 数据核字（2010）第 227929 号

高分子专业实验教程

涂克华　　杜滨阳　　杨红梅　　蒋宏亮 编著

责任编辑	杜希武	
封面设计	刘依群	
出版发行	浙江大学出版社	
	（杭州市天目山路 148 号　邮政编码 310007）	
	（网址：http://www.zjupress.com）	
排　　版	杭州好友排版工作室	
印　　刷	广东虎彩云印刷有限公司绍兴分公司	
开　　本	787mm×1092mm　1/16	
印　　张	14	
字　　数	340 千	
版 印 次	2011 年 1 月第 1 版　2023 年 2 月第 3 次印刷	
书　　号	ISBN 978-7-308-08125-2	
定　　价	39.00 元	

序

高分子科学是一门实验科学,只有通过实验才能检验和完善高分子科学的理论体系。高分子专业实验教学,与高分子专业的理论教学一起构成了高分子学科课堂教学的核心,是高分子专业本科生的必修课。

高分子学科包括三个基础性分支高分子化学、高分子物理和高分子材料加工,长期以来这三个基础性分支的实验教学相对独立,采用自身的教学讲义或教材,相互之间的关系松散,学生们对高分子学科知识的掌握容易顾此失彼。高分子专业实验课程是学生加深对高分子化学、物理和材料加工理论的理解的重要途径,通过实验课程的学习实践,进一步提高对高分子材料结构—性能关系的了解和认识,使学生在高分子化学、高分子物理和高分子材料加工三门理论课程中所学到的知识得以融会贯通,为培养高素质、基础过硬的高分子专业人才打下最根本的基础。本书正是基于此目的编写而成,将三个基础性分支的相关教学实验统一到一本教材中来,有利于提高学生的综合实验及协调组织能力。

《高分子专业实验教程》的内容涵盖了高分子化学、高分子物理和高分子材料加工的实验教学基础实验,内容的编排根据高分子专业理论课程学习的次序进行。尤为值得一提的是,在进入具体实验教学之前,首先强调高分子专业实验的实验室制度与安全规则,培养学生的实验规范和安全意识,充分体现了以人为本、安全实验的实验教学特色;教材的另一个特点在于在其最后部分,不但列出了一些相关物质的精制方法和高分子专业实验中常用的一些基础数据,还给出了相关测试标准以及浙江大学的本科生实验报告格式范例,扩展了教材用途,使之在作为教材使用完毕后,还能给与读者更多的帮助。教材在高分子化学实验、高分子物理实验、高分子材料加工实验部分的内容编排,让学生了解和掌握相关实验方法和手段,加深对理论知识的理解和运用,在此基础上,通过教学,还能使学生认识到只有通过材料加工才能使高分子材料变成日常使用的、满足一定性能指标的高分子材料制品。

本书可作为高分子材料及相关专业的教学用书,也可作为从事高分子科学研究人员、生产工程技术人员和管理工作者的参考书。

编著者

2011 年 1 月于浙江大学求是园

前　言

　　《高分子专业实验教程》是大专院校高分子专业本科生实验教学用书，与高分子学科的三个基础性分支高分子化学、高分子物理和高分子材料加工的理论课程教学相配合。本书内容分为五章，第一章简要介绍高分子专业实验的实验室制度与安全规则，强调实验中的注意事项和安全常识等；第二章是高分子化学实验部分，包括二十二个高分子合成的基础实验，用于检验和加深学生对高分子化学理论知识的掌握；第三章是高分子物理实验部分，包括十一个高聚物的结构表征与性能分析基础实验，用于检验和加深学生对高分子物理理论知识的掌握；第四章是高分子材料加工实验部分，包括十四个高分子材料的成型、加工和性能测试基础实验，用于检验和加深学生对高分子材料加工理论知识的掌握；第五章列出了一些相关物质的精制方法，为高分子合成和物理实验所必备的专业知识。另外，附录一列出了一些高分子专业实验中常用的一些基础数据和测试标准；附录二给出了浙江大学的本科生实验报告格式范例。

　　本书是由浙江大学高分子科学与工程学系在参阅本系本科生实验教学使用多年的自编讲义《高分子化学实验》、《高分子材料加工实验》和《高分子物理实验》和兄弟院校的实验教材的基础上，结合浙江大学高分子专业本科生理论课程教学的具体内容和实验教学场地、设备的具体情况，慎重选择编写而成的。本书是在浙江省优秀教材资助项目和浙江大学《综合性高分子物理实验的教学探索》教改项目的资助下进行编写的，编写过程中得到了浙江大学高分子科学与工程学系领导的关心和大力支持。本书由涂克华同志主编，第一、二和五章由涂克华和蒋宏亮同志编写；第三章由杜滨阳同志编写；第四章由杨红梅、杜森和王幽香同志编写。附录一由涂克华、杨红梅和杜滨阳收集整理。全书由涂克华、杜滨阳修改统稿。赵辉同志参与了高分子化学实验章节的部分编写和输入工作；陈军同志为高分子物理实验章节做了部分的输入工作；叶一兰同学参与了高分子物理实验十和十一的讨论和输入工作；胡巧玲和徐红同志分别对"高分子材料加工实验"和"高分子物理实验"的内容选编给出了中肯的意见；高分子系老教师对实验教学的多年投入为本书稿的最终成文奠定了基础。作者在此对他们的大力支持表示衷心的感谢。

　　一本好的教材需要长时间的检验、不断的修改和完善，鉴于本书编写时间仓促，加之作者水平和精力有限，书中一定存在缺点错误和不当之处，望同行专家和读者批评指正！

编著者

2011 年 1 月于浙江大学求是园

目　　录

第一章　实验室制度及安全规则

一、实验室制度

高分子专业实验是为了巩固并加深所学的理论知识,培养实验技能和独立工作能力及培养成求实的科学作风的重要环节。通过这一环节,使学生初步具备进行高分子科学研究的基本技术和能力。为此,必须做到:

1. 进行实验前必须了解实验室的各项规章制度,尤其是要明确实验室的安全制度。

2. 实验前,应充分预习,了解实验目的、基本原理及有关仪器、药品的使用方法。

3. 实验课不得迟到、早退,不得在实验室高声谈笑,不得随便离开操作岗位及携出实验室任何物品。

4. 实验时要专心一致,认真仔细进行操作,注意观察,并随时记录实验现象和数据,及时完成实验报告,以养成严谨的科学作风,坚决反对弄虚作假和凑数据的不良倾向。

5. 实验中应严格遵守操作规程、安全制度。实验中发现意外情况应及时报告指导教师,以防发生事故。

6. 实验时要求做到桌面、地面、水槽整洁。公用仪器、药品、工具等使用完毕后应立即放回原处,并不得随便动用实验以外的仪器、药品、工具等。

7. 发扬艰苦奋斗、勤俭办学的精神,注意节约水、电、药品,爱护实验仪器,若有损坏,必须向老师说明原因并登记,杜绝一切浪费。

8. 实验结束后,应洗净、维护好仪器,做好清洁卫生工作,同时要关妥水、电,经指导老师同意后方能离开实验室。

二、实验室安全制度

高分子专业实验中,经常用到易燃溶剂,易燃易爆气体、腐蚀性强及有毒的药品,当使用这些物品时,稍不注意就有可能发生事故、引起着火、爆炸和中毒等,但只要我们了解它们的理化性质、思想上重视、操作认真仔细,并有一定的防范措施,是可以安全有效地避免事故的发生,使实验顺利进行的。为了杜绝事故发生,必须遵守以下规则:

1. 入实验室,首先应熟悉电源开关、总开关,未经老师同意不得擅自拆装和改装电器设备。电器设备要严格按照所规定的方法操作,需学生自己连接的电路,经老师检查后方可插上电源。

2. 熟悉灭火器、沙箱等灭火器材的存放地点及其使用方法,平时不得随意搬动。

3. 实验前必须掌握操作要点,了解有关仪器的使用方法,实验时要严格遵守操作规程,不能随意离开操作岗位。

4. 蒸馏有机溶剂时,要注意检查是否泄漏,以防蒸汽逸出着火。如不能直接使用明火加热,要用水浴或油浴加热,减压蒸馏要戴好防护眼镜,以防爆炸。

5. 有毒、易燃试剂要有专人负责,在专门地方保管,不得随意乱放。

6. 搬运气体钢瓶要轻轻移动,开关阀门要缓慢、钢瓶应放在墙角阴凉处,防止倒翻,明火切勿接近。钢瓶使用后,要把总开关旋紧,减加器表压应恢复至零后再重新关闭。

7. 实验室严禁吸烟,不得在实验室用膳,如实验时间长,中途需要用膳时,须在指定地点进行。

8. 实验中残留的废液,应根据废液的性质倒入指定器皿中(注意:有些废液不能混倒!)切勿随意倒入水槽中。

9. 中途停水或无水时,一定要随手关好龙头,切勿开着龙头等水,同时应采取措施,保证实验顺利进行。

10. 实验结束后,要检查水、电、钢瓶是否关紧,严防渗漏,酿成事故。

11. 力求避免事故,一旦发生事故既冷静沉着,又要积极采取措施,按事故性质妥善处理,事故后必须查清原因,对严重失责等按情节轻重予以处理。

三、事故处理

1. 着火(火灾)

一旦着火(火灾),必须保持慎静,立即切断电源,移去易燃、易爆物,同时采取正确的灭火方法迅速将火扑灭。小火可用石棉、玻璃布盖住,以隔绝空气;较大的火可用灭可器等灭火。

表 1-1 几种灭火方法

燃烧物	灭火器材	禁忌
织物、纸张等	二氧化碳、泡沫、四氯化碳,1211灭火器、水、砂	
不溶于水的液体 (苯、汽油等)	石棉毯、砂、二氧化碳、泡沫、1211灭火器	水
溶于水的液体 (如甲醇、丙酮)	1211灭火器、二氧化碳、泡沫、水、砂及石棉毯	
电器、马达等	二氧化碳、1211灭火器	砂、水、泡沫灭火器
钾、钠	砂	水、二氧化碳、泡沫四氯化碳灭火器
可燃性气体	二氧化碳、1211灭火器、泡沫灭火器	

火势严重,应打火警电话,若衣服着火,不要奔跑,用玻璃布、石棉、厚的毯子包裹使之熄灭或急速拍打,或就地打滚使之熄灭。

2. 割伤

取出伤口内的玻璃或其他固体物,用蒸馏水冲洗后涂红药水或碘酒,用创可贴贴住伤口。大伤口,则先按紧主血管,以防止大量出血,并急送医院。

3. 烫伤

轻者用自来水(或冰水)冲洗冷却10~15分钟后涂鞣酸油膏、蓝油烃等烫伤药物;重伤按上述方法处理后急送医院治疗。

4. 试剂灼伤

(1)酸:立即用大量水冲洗,再用 3％～5％ $NaHCO_3$ 溶液洗,再用水冲洗;严重者急送医院。

(2)碱:立即用大量水冲洗,2％醋酸溶液洗,再水洗。严重者急送医院。

(3)苯酚、$TiCl_2$、有机金属化合物等可腐蚀皮肤和黏膜,用大量的汽油冲洗,然后再用酒精冲洗,严重者急送医院。

(4)眼部灼伤:立即用大量清水处理或生理盐水冲洗,冲洗时间一般不小于 10～15 分钟。

(5)乙烯、丙烯和乙炔等气体以及各种溶剂蒸汽中毒:应将中毒者移至室外,解开衣领和扣子,必要时做人工呼吸,打开门窗,使空气畅通。

第二章　高分子化学实验

实验一　有机玻璃的制备（本体聚合）
（实验时间：4 小时）

一、目的和要求

1. 了解本体聚合的特点与规律，掌握本体聚合反应的操作方法。
2. 要求制备出无气泡、平整透明的有机玻璃薄板。

二、原理

　　本体聚合是在不另加溶剂与介质条件下单体进行聚合反应的一种聚合方法。与其它聚合方法如溶液聚合、乳液聚合等相比，本体聚合可以制得较纯净、分子量较高的聚合物，对环境污染较低。

　　在本体聚合中，随着转化率的提高，聚合物的黏度增大，反应所产生的热量难于散发，同时增长链自由基末端被黏性体系包埋，很难扩散，使得双基终止速率大大降低，聚合速率急剧增加，从而导致出现"自加速现象"或"凝胶效应"。这些都将引起聚合物分子量分布增宽，并影响制品性能。

　　本实验以甲基丙烯酸甲酯为单体，在引发剂的存在下，通过本体聚合法，一步制备有机玻璃薄板。在实验中，为了避免因体系黏度增大导致的体系热量积聚、"自加速现象"可能引起的爆聚及聚合体系体积收缩等问题，一般采用预聚合的方法，严格控制反应温度，降低聚合反应速率，从而使聚合反应安全渡过"危险期"，进一步提高聚合温度，完成聚合反应。

三、仪器和药品

1. 仪器

制模玻璃		2 块
大烧杯	800 ml	1 只
大试管		1 只
水银温度计	0～100℃	2 支
电　炉		1 只
铁　夹		3 只

穿有粗铅丝的橡皮管等。

2. 药品

（一）甲基丙烯酸甲酯 （MMA-单体）	新蒸馏	20 g
（二）过氧化苯甲酰 （BPO-引发剂）	重结晶	0.04 g
（三）邻苯二甲酸二丁酯（DBP-增塑剂）	化学纯	1.2 g

四、实验步骤

1. 制模

将穿有粗铅丝的洁净橡皮管弯成"U"形。用两块洁净干燥的平板玻璃夹紧 U 形橡皮管，外面包一层胶带纸，用铁夹固定，从而制备得到简易的有机玻璃模具。最后把模具放入 50℃ 烘箱内烘一小时。

2. 制浆（预聚）

于洁净干燥的大试管中，按三、2. 所述配比依次加入 MMA、BPO 和 DBP，搅匀后用配有温度计的小木塞（开缝）塞紧，将试管置于 70℃ 水浴中，逐步升温到 90～92℃，维持 20 分钟左右，随时注意聚合体系黏度的变化。

3. 注模

当上述试管中聚合液的黏度（或转化率）达到要求（聚合液黏度呈甘油状）后，立即取出试管并擦干外表面，然后将聚合液沿玻璃壁缓缓倒入事先制好的模具中，用包有玻璃纸的另一洁净短橡皮管将模具开口端封住（目的是减少聚合过程中单体的挥发）。

4. 成型

将灌有聚合液的模具放入 50℃ 烘箱中，烘至不流动后升温（注意：过早升温将导致气泡的产生）到 100～120℃，维持温度 2 小时，最后关闭烘箱电源，徐徐降至室温。

5. 脱模

去掉模具上的铁夹，放入 70℃ 水浴中加热 1 小时，慢慢脱去玻璃片和橡皮管（注意不要硬拉，以免损坏有机玻璃表面），即得有机玻璃平板。

另外，可取一部分预聚浆液倒入小试管中按上述方法制成有机玻璃棒材。

也可取一部分浆液倒入试管中，在 90℃ 下加热聚合，观察自加速作用所引起的爆聚现象。

五、思考题

1. 采用预聚制浆有什么好处？
2. 怎样防止有机玻璃中产生气泡？
3. 写出 MMA 聚合反应历程。
4. 若要制得厚 5 mm、长 20 cm、宽 15 cm 的有机玻璃平板需要多少单体？

六、参考文献

1. 上海珊瑚化工厂编著. 有机玻璃. 上海：上海科学技术出版社，1979.

2. 潘祖仁主编. 高分子化学. 北京：化学工业出版社，1996.

3. E. A. Collins, J. Bares and E. W. Billmeyer. Experiments in polymer science. Wiley Inter Science, Chichester，1973.

实验二　苯乙烯乳液聚合

（实验时间：6小时）

一、目的和要求

1. 通过实验进一步了解乳液聚合的历程，掌握乳液聚合的实验操作。

2. 进一步了解乳液聚合的特点，了解乳液聚合中各组分的作用，并与其他聚合方法进行对比。

二、原理

乳液聚合是将单体在乳化剂存在下乳化于介质中而进行的一种聚合方法，所用的分散介质通常是水。当乳化剂浓度超过临界胶束浓度时，乳化剂分子聚集成胶束，水不溶性单体通过疏水相互作用增溶于胶束内核，此现象即为增溶现象。胶束中增溶饱和的单体，剩余单体以微小油滴形式分散于水介质中，形成所谓的单体胶粒，乳化剂吸附于单体油滴表面，阻止油滴聚集。自由基引发剂产生的自由基渗入胶束，在胶束内核中引发单体聚合（当单体溶解度较大，采用水溶性引发剂时，也能在水溶液中引发），胶束中的单体很快聚合为聚合物。单体胶粒犹如单体储库，不断溶解到水相中，继而增溶至聚合胶束中，未发生聚合的其他胶束同样也能提供单体。聚合胶束因而逐渐被聚合物所充满。形成聚合物胶乳。通过加热或加入电介质破坏乳液，凝聚沉析，过滤分离可得到聚合物。

三、仪器和药品

苯乙烯	$C_6H_5CH=CH_2$（新蒸馏）	20 g
过硫酸钾	$K_2S_2O_8$（化学纯）	0.04 g
聚乙二醇辛基苯基醚	OP-10	2.1 g
十二烷基硫酸钠		0.7 g

仪器如图 2-2-1 所示。

四、实验步骤

按图 2-2-1 搭好装置。用 50 ml 烧杯称取 2.1 g OP-10，另用称量纸称取 0.04 g 过硫酸钾和 0.7 g 十二烷基硫酸钠置于上述烧杯中，用量筒量取 60 ml 去离子水，先加 30 ml，用玻棒搅拌至上述混合物充分溶解后，小心转移到三颈瓶中，用剩余的水多次冲洗一并加入到三颈瓶中，启动搅拌。用 0.1%NaOH 调节 pH≈10 后，取另一干净的小烧杯（可集体共享，减少苯乙烯对环境污染）称取苯乙烯 20 g 加入到三颈瓶中，打开冷却水，开动搅拌，升温（速度不宜过快）至 70~75℃，保持 1 小时后升温至 80~85℃，再保持 1 小时结束反应。关掉加热电源，降温（可用水浴冷却）至室温后转移至 800 ml 烧杯中，在搅拌下加入 150~200 ml 的食盐水，维持搅拌（速度适中）逐步加热至沸腾，待观察到粉末状产物（粗细取决搅拌的速度）析出后，继续加热 5~10 分钟，停止加热，加入 200 ml 去离子水稀释，搅拌数分钟，冷却过滤,并用去离子水洗至无氯离子存在为止,将产品置于培养皿中,于80℃烘箱中烘至恒重,称量,计算产率。

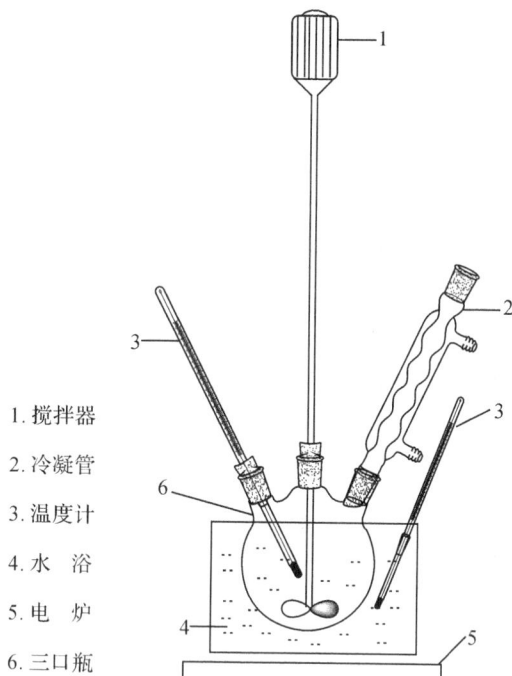

1.搅拌器

2.冷凝管

3.温度计

4.水　浴

5.电　炉

6.三口瓶

图 2-2-1　苯乙烯乳液聚合反应装置图

五、思考题

1. 乳液聚合的特点是什么?

2. 乳化剂的作用是什么?

3. 讨论影响产率的主要因素。

六、参考文献

1. 潘祖仁主编.高分子化学.北京:化学工业出版社,1996.

2. D.布劳恩著,H.切尔德龙,W.克恩著.黄葆同等译校.聚合物合成和表征技术.北京:科学出版社,1981.

实验三　阳离子交换树脂的制备
（悬浮聚合）

（实验时间：16 小时）

一、目的和要求

1. 了解悬浮聚合的历程，掌握悬浮聚合的实际操作。
2. 掌握阳离子交换树脂的制备方法。
3. 通过聚苯乙烯的磺化，了解高分子化学反应的特点。
4. 了解离子交换树脂交换当量的测定方法。

二、原理

悬浮聚合又称珠状聚合，是在强烈机械搅拌下，将单体或单体混合物分散在与单体不互容的介质中，形成细小的颗粒，并在一定温度下进行聚合反应。一般都用水作为分散介质。在聚合中，为了防止液滴凝聚，常加入一定的分散剂，如明胶与聚乙烯醇等。

阳离子交换树脂的制备路线如下：

1. 合成具有体型结构的高聚物骨架，简而言之，将苯乙烯和二乙烯基苯的混合物在引发剂存在下，用悬浮聚合方法制备得到珠状共聚物（俗称白球），其中二乙烯基苯为交联剂，赋予了聚合物网状结构：

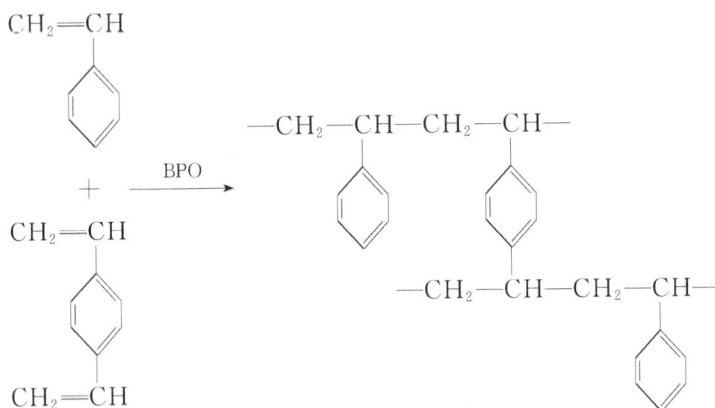

2. 通过高分子化学反应在高聚物骨架上引入可进行离子交换的基团，即将制得的球状共聚物用浓硫酸进行磺化反应，引入磺酸基。

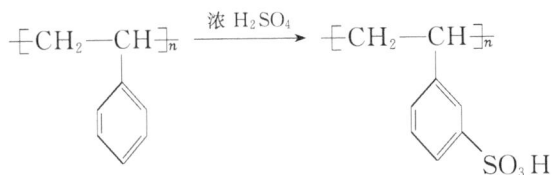

为了使磺化反应深入白球内部,在磺化前可用适当的溶剂(如:二氯乙烷、四氯乙烷、三氯乙烯等)使白球溶胀。

离子交换树脂是一种具有离解能力的高聚物,能和溶液中的离子起交换反应,如:

$$R—SO_3—H^+ + Na^+Cl^- \rightleftharpoons R—SO_3—Na^+ + H^+Cl^-$$

(阳离子交换树脂)

$$R—N^+(CH_3)_3OH^- + Na^+Cl^- \rightleftharpoons R—N^+(CH_3)_3Cl^- + Na^+OH^-$$

(阴离子交换树脂)

式中 R 代表树脂母体,常为苯乙烯与二乙烯基苯的共聚物。

交换当量是阳离子交换树脂的一项最重要的性能,它表征离子交换树脂交换离子能力的大小,通常指每克干树脂交换离子的毫克当量数(单位为毫克当量/克)。交换当量可用动态法或静态法来测定。动态法是将树脂选装在交换柱中用一定流速的溶液通过,测定交换离子的数量。静态法则用浸泡的方法测定交换的数量。

本实验采用静态法测定交换当量,在过量的氯化钠溶液中,磺酸基上氢离子能被钠离子交换,得到等当量的盐酸,在不与氯化钠分离的情况下,用标准氢氧化钠溶液滴定盐酸,即可计算树脂中磺酸基交换等量。

三、仪器和药品

(一)珠体的制备

1. 仪器

三口瓶(250 ml)

温度计(0~100)℃	2 支	滤纸	数张
球形冷凝管	1 支	布氏漏斗	1 只
搅拌器	1 支	台太平	1 架
搅拌马达 40 W	1 只	滴管	1 支
变压器	2 只	量筒(100 ml)	1 只
水浴(100 ml)	1 只	漏斗	1 只
电炉	1 只	烧杯(20 ml)	1 只

2. 药品

苯乙烯	新蒸馏(60℃/41 mmHg)
二乙烯基苯	含量 53％左右
过氧化苯甲酰(BPO)	氯仿—甲醇重结晶
明胶	化学纯
次甲基蓝	1％水溶液
去离子水	

(二)磺化

1. 仪器

量筒	10 ml	1 只
洗瓶		1 只
砂芯漏斗		1 只

烧杯	50 ml	1 只

其余同白球制备

2. 药品

白球(经干燥)

浓 H_2SO_4(CP)

1,2-二氯乙烷(CP)

无离子水

pH 试纸

(三)交换当量的测定

1. 仪器

容量瓶	(100 ml)	1 只
移液管	(25 ml)	1 只
干燥器		1 只
三角烧瓶		1 只
碱式滴定管		1 只

2. 药品

NaCl 溶液	1 mol/L
NaOH 溶液	0.1 mol/L
酚酞指示剂	

四、实验步骤

(一)珠体共聚物的制备

1. 搭好仪器装置:在 250 ml 三颈瓶装上搅拌器、温度计和回流冷凝管,三颈瓶用水浴加热。(见图 2-3-1)

2. 量取 100 ml 去离子水加入三颈瓶中,加热到 60～70℃。称取 1 g 明胶(准确至 0.01 g)加入后搅拌至完全溶解,再加入 2 滴 1%次甲基蓝水溶液。

【或量取 100 ml 去离子水;先加 50 ml 去离子水到三颈瓶中,并升温至 60℃。在 50～100 ml 烧杯中,加入 1 g 明胶、30 ml 去离子水,搅拌,并在水浴中加热至 60～70℃,使明胶完全溶解,溶解后倒入三颈瓶中,用剩余的 20 ml 水冲洗烧杯并加到三颈瓶中,加 2 滴 1%次甲基蓝水溶液,待溶解呈透明为止,稍冷(<50℃)后停止搅拌。】

3. 当溶液温度在 45℃左右时,将苯乙烯、BPO 与二乙烯基苯加入三颈瓶中(可以先在 50～100 ml 烧杯中加入 20 g 苯乙烯,3.77 g 二乙烯基苯及 0.25 g BPO 搅匀溶解后一起加入)。

4. 开启搅拌并调节速度,使液滴直径为 1 mm 左右,逐渐升温至 60℃左右,取样(用粗口滴管吸出并放入盛有水的小烧杯内)调整粒子大小。当粒度合适后升温到 80～85℃(升温速度为 2～3℃/5 分钟),维持反应 2～3 小时,如这时珠体已向下沉,可升温至 95～98℃,维持 1.5～2 小时,使珠体进一步硬化(熟化)。

注:在调整粒子大小的过程中,要求粒子由大调小,即要求搅拌由慢调快,不可倒过来;在维持反应过程中,也要注意搅拌速度的变化,并随时调节,在维持初期仍需取样观察粒子

大小,以便及时调整。

5. 反应结束后,倾出上层液体,稍冷后,用布氏漏斗过滤,并依次用70～80℃热水、冷水各洗数次,以除去明胶,珠体吸干后放入培养皿,于105℃烘箱中烘干、过筛、称重并计算产率。

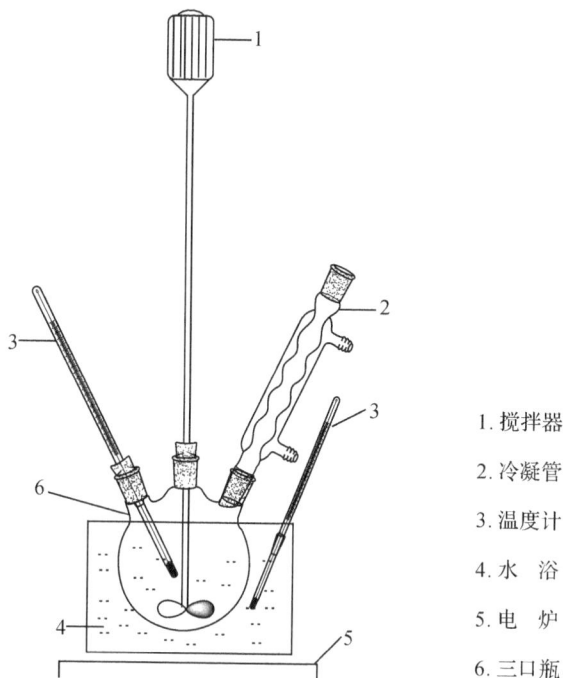

1. 搅拌器

2. 冷凝管

3. 温度计

4. 水　浴

5. 电　炉

6. 三口瓶

图 2-3-1　反应装置图

(二)共聚珠体的磺化

1. 先将干燥的珠体倒入100 ml量筒中,然后加入3～4倍珠体体积的1,2-二氯乙烷,过夜,使珠体溶胀(膨化)。

2. 将已膨化的珠体用布氏漏斗抽滤。

3. 在三口瓶中加入10 g、滤去1,2-二氯乙烷的珠体和56 ml(约100 g)98％浓硫酸,置于水溶中。

4. 搅拌,并升温至水浴沸腾(60℃以上升温速度4～5℃/分钟),维持2小时,然后降温。

5. 磺化结束,降温后,用砂芯漏斗滤掉滤液,将磺化产物倒入三颈瓶内,加入25 ml70％的硫酸,在搅拌下滴加蒸馏水,滴加时控制温度在40℃以下,防止珠体因体积剧烈变化而破损。随着稀释的进行,树脂下沉。稀释时,先滴水200 ml,再搅拌半小时,使珠体内部酸度达到平衡,然后用砂芯漏斗滤掉滤液,将珠体加入400 ml烧杯中,边搅拌边滴水稀释,直到pH为1～2。

6. 继续用大量水洗至中性。洗涤时,可先用自来水在烧杯中洗至pH为5～6,然后移入布氏漏斗,用去离子水洗至中性,将树脂置于培养皿中。

(三)交换当量的测定

1. 称取磺化湿树脂二份(各1 g左右,用分析天平称,称时加盖,以防水分蒸发)其中一

份在 $105\pm2℃$ 烘箱中烘至恒重,按下式计算湿树脂水分含量:

$$H_2O\% = \frac{W_1 - W_2}{W} \times 100\%$$

式中:W_1 为湿树脂与培养皿的重量;

$\quad\quad W_2$ 为干树脂与培养皿的重量;

$\quad\quad W$ 为湿树脂的重量。

2. 将另一份准确称重的树脂放入 100 ml 容量瓶中,再加入 1mol/L NaCl 溶液至刻度。

3. 振摇容量瓶达 1 小时后,用移液管吸取其中 25 ml 溶液于三角烧瓶中,加入 1%酚酞指示剂 3 滴,用 0.05 mol/L 标准 NaOH 溶液滴定至终点,记下 NaOH 溶液消耗量,用下式计算交换当量:

$$交换当量 = \frac{M \times V}{W} \times \frac{100}{25}(毫克当量/克)$$

式中:M 为 NaOH 溶液的浓度;

$\quad$ V 为消耗 NaOH 溶液毫升数;

$\quad$ W 为湿树脂的重量。

五、几点说明

1. 在苯乙烯与二乙烯基苯共聚珠体制备过程中,为了控制珠体粒径在 1 mm 左右,搅拌速度及搅拌叶片的型式非常重要。在工业生产中,一般搅拌速度固定在 40 转/分左右,它不随外界电压的波动而变化,搅拌型式多为锚式(↓)(在本实验中,采用(J)式),因此实验操作与工业生产有所不同。实验过程中,搅拌速度一般比工业生产所采用的搅拌速度要快得多,才能将珠滴打散,而这样的搅拌速度又会造成珠体粒径偏小,直径一般在 0.5 mm 左右,并且粒径分布不均匀(粒子的均匀性与搅拌时液面的平稳情况有关)。

2. 在苯乙烯与二乙烯基苯共聚珠体的磺化过程中,本实验操作与工业生产亦不尽相同。工业生产中,一般采用边膨化边磺化的方法,即将白球、1,2-二氯乙烷与硫酸同时加入反应釜中,搅拌、升温至 80℃ 左右磺化 4 小时(第一阶段磺化)。然后再升温至 120～125℃维持 2 小时(第二阶段磺化),同时回收 1,2-二氯乙烷,最后抽真空,抽出 1,2-二氯乙烷。采用二步磺化后的树脂,其交换当量一般可达 4.5 毫克当量/克干树脂以上。

3. 本实验所制得磺化树脂仅做到"氢型"为止,工业生产中,一般再进一步将此树脂用 8%液碱转型(即氢型树脂转化成钠型树脂),然后水洗、过滤、包装、出厂。

六、思考题

1. 二乙烯苯在实验中起什么作用? 其用量对树脂有何影响?

2. 硬化后树脂如何洗涤?

3. 本实验搅拌起什么作用? 控制珠体粒径的正确途径是什么?

4. 提高树脂交换当量的关键是什么?

七、参考文献

潘祖仁主编.高分子化学.北京:化学工业出版社,1996

实验四　聚醋酸乙烯酯的合成（溶液聚合）
（实验时间：4 小时）

一、目的和要求

1. 掌握溶液聚合的特点，加强对溶液聚合的感性认识。
2. 了解醋酸乙烯酯的聚合特点。

二、原理

溶液聚合一般具有反应均匀、聚合热易散发、反应迅速、温度易控制以及分子量分布均匀等优点。但在聚合过程中存在向溶剂的链转移反应，使产物分子量降低，因此，在选择溶剂时必须注意溶剂的活性。各种溶剂的链转移常数差异很大，水为零，苯较小，卤代烃较大。一般应根据聚合物分子量的要求选择合适的溶剂；另外还要注意溶剂对聚合物的溶解性能，选用良溶剂时反应为均相聚合，可以消除凝胶效应，遵循正常的自由基动力学规律；选用沉淀剂时，则成为沉淀聚合，凝聚效应显著。产生凝胶效应时，反应自动加速，分子量增大；劣溶剂的影响介于其间，影响程度随溶剂的优劣程度和浓度而定。

本实验以甲醇为溶剂，进行醋酸乙烯酯的溶液聚合。根据反应条件，如温度、引发剂量与溶剂等的不同，可得到分子量从 2000 到几万的聚醋酸乙烯酯。聚合时，溶剂回流带走反应热，体系温度平稳。但由于溶剂的引入，大分子自由基和溶剂易发生链转移反应使分子量降低。

$$\sim\sim\sim CH_2-\overset{.}{C}H + CH_3OH \xrightarrow{k_{trS}} \sim\sim\sim CH_2-CH_2 + \overset{.}{C}H_2OH$$
$$\underset{OCOCH_3}{|} \qquad\qquad\qquad\qquad \underset{OCOCH_3}{|}$$

$$\overset{.}{C}H_2OH + CH_2=CH \xrightarrow{k_p} HOCH_2CH_2-\overset{.}{C}H$$
$$\underset{OCOCH_3}{|} \qquad\qquad\qquad \underset{OCOCH_3}{|}$$

聚醋酸乙烯酯适于制造维尼纤维，分子量的控制是关键。由于醋酸乙烯酯自由基活性高，容易发生链转移，反应大部分在醋酸基的甲基处，形成支链或交联产物。除此之外，还向单体与溶剂等发生链转移反应。所以在选择溶剂时，必须考虑到对单体、聚合物与分子量的影响，从而选取合适的溶剂。

温度对聚合反应也是一个重要的因素。随温度的升高，反应速度加快，分子量降低，同时引起链转移反应速度增加，所以选择适当的反应温度，对保证聚合物的质量也是重要的。

三、仪器和药品

仪器：

三口烧瓶	250 ml	1 只
搅拌器		1 套

温度计	100℃	2 支
量 筒	50 ml	1 只
烧 杯	1000 ml	1 只
电 炉	800 W	1 只
变压器		1 只
瓷 盘		1 只

实验装置图参见实验二。

药品：

醋酸乙烯酯（VAC）	新鲜蒸馏	BP＝73℃	40 ml
甲 醇	化学纯	BP＝64～65℃	40 ml
偶氮二异丁腈（AIBN）	重结晶	0.1 g	

四、实验步骤

在 250 ml 干燥三颈瓶装配搅拌器与球形冷凝管。

将 40 ml 新鲜蒸馏的醋酸乙烯酯、0.1 g AIBN 及 10 ml 甲醇依次加入三颈瓶中，在搅拌下加热，在回流，水浴温度控制在 65～70℃，反应 2 小时左右。观察反应情况，当体系很黏稠（聚合物完全粘在搅拌轴上时）停止加热，加入 30 ml 甲醇，再搅拌 10 分钟，待黏稠物稀释后，停止搅拌。然后，将溶夜慢慢倒入盛水的瓷盘中，聚醋酸乙烯酯呈薄膜析出。放置过夜，待膜面不粘手，将其用水反复冲洗，晾干后剪成碎片，放入真空烘箱中干燥，计称产率。

五、思考题

1. 溶液聚合的特点及影响因素有哪些？

2. 如何选择溶剂及甲醇的作用？

六、参考文献

1. 冯新德.高分子合成化学(上).北京:科学出版社,1981.

2. 潘祖仁主编.高聚物合成工艺学.北京:化学工业出版社,1997.

实验五　原子转移自由基聚合（ATRP）聚甲基丙烯酸寡聚乙二醇酯（POEGMA）

一、目的和要求

1. 了解 ATRP 聚合原理及操作方法。
2. 掌握 PDEGMA 的合成流程。

二、原理

原子转移自由基聚合（ATRP）是最常用的可控自由基聚合之一，通常的 ATRP 反应物由五部分组成，即过渡金属配合物构成的催化剂、单体、溶剂、含卤素的化合物（卤素一般为氯或溴）构成的配体（一般为含氮化合物）。其聚合机理如图 2-5-1 所示：

$$R\text{-}X + M_t^n\text{-}Y/Ligand \underset{k_{daact}}{\overset{k_{act}}{\rightleftharpoons}} R\cdot \quad + \quad X\text{-}M_t^{n+1}\text{-}Y/Ligand$$

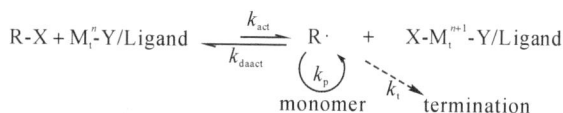

图 2-5-1　ATRP 聚合机理

图中的自由基，或者说活性种是由过渡金属配合物（$M_t^n - Y$/配体，Y 可以是另一种配体或反离子）通过可逆氧化还原反应产生的。这一过程包含了将休眠种 R—X 中的 X 被金属配合物夺取的单电子转移过程，称为活化过程。活化快慢由活化常数 k_{act} 和失活常数 k_{deact} 表示，k_{act} 越大，表明越容易被活化；反之则反。链增长由中间体自由基加成到单体双键上实现，这一过程和传统自由基聚合机理一样，增长快慢由链增长常数 k_p 表示。ATRP 同样具有链终止反应，不过由于氧化态金属配合物 $X—M_t^n$ 作为稳定自由基存在而减少了增长链自由基的浓度，所以在整个反应中，增长链的终止数目一般不超过 5%，同样也正是由于体系中活性自由基含量低，导致每条分子链末端增长的几率均一化，使得通过 ATRP 合成出来的聚合物一般都有较低的分子量分布。

三、仪器和药品

1. 药品：分子量 1100 g/mol 的甲基丙烯酸寡聚乙二醇酯（OEGMA），溴代异丁酸，双联吡啶，溴化亚铜 17.3 mg（1.2×10^{-4} mol），去离子水，氢氧化钠。

2. 实验仪器：50 ml 圆底烧瓶一只，温度计套管一只，四通管一个，聚合瓶一只，pH 计，充满氮气的氮气球两个，7 号长针头两支，20 ml 塑料注射针筒一只，两通玻璃阀一个，液氮、橡皮管、止血钳、烧杯及玻璃棒若干。

四、实验步骤

1. 将 20 ml 去离子水注入 50 ml 圆底烧瓶中，并加入溴代异丁酸 20.0 mg（1.2×10^{-4}

mol)搅拌溶解,待溶解完全后,用 0.1 mol/L 的氢氧化钠溶液将 pH 调节至 7.4。

2. 将 OEGMA 2.6g(24×10^{-4} mol)和双联吡啶 56.1 mg(3.6×10^{-4} mol)一并溶入上述溶液,待完全溶解后,用套有橡皮管的温度计套管塞住烧瓶口,并用止血钳夹住橡皮管、氮气鼓泡 1 h。

3. 将四通阀的一个出口接在真空泵上,其余三个接口分别套上橡皮管,并用三把止血钳夹住橡皮管中间,在其中两只橡皮管的另一端分别套上氮气球(3)和第 2 步中的圆底烧瓶(2);用止血钳夹住真空泵接口(1)并开启真空泵(如图 2-5-2)。

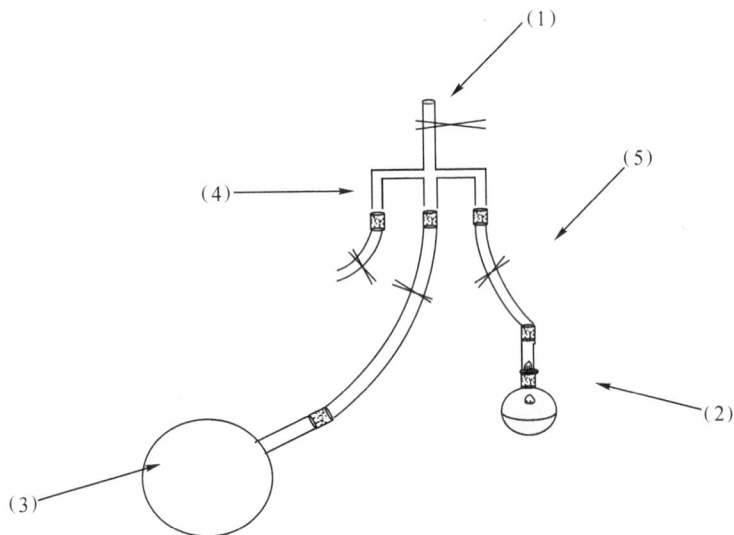

(1) 为真空系统接口　(2) 反应溶液　(3) 氮气球　(4) 四通管　(5) 止血钳

图 2-5-2　除去溶剂中氧气装置图

4. 将圆底烧瓶(2)放入液氮中速冻,待其中液体完全冻为固体后,打开止血钳,抽出烧瓶中的气体 20 min。

5. 抽气 20 min 后,用止血钳夹住连接烧瓶(2)的橡皮管和真空泵接口(1),用温水将烧瓶中固体溶解,待溶解完全后,打开氮气球(3)和烧瓶(2)橡皮管上的止血钳,让氮气充满烧瓶(2),重新夹住这两处止血钳。

6. 将烧瓶内溶解后的液体重新冷冻,抽真空,重复第 4、5 步 4 次。

7. 将称量好的 CuBr 倒入装有磁力搅拌的反应瓶(6),并将反应瓶接到四通阀的最后一根橡皮管上,打开真空泵和连接反应瓶(6)橡皮管上的止血钳,抽去反应瓶中的气体,约两分钟后,夹住真空泵接口,打开氮气球(3)接口让氮气通入真空状态的反应瓶(6)内,然后重新夹住氮气球(3)橡皮管(如图 2-5-3)。

8. 打开真空泵接口(1),重复第 7 步操作 6 次,最后夹住装有氮气的反应瓶(6)橡皮管,检查确保每根橡皮管和真空泵接口上都夹有止血钳,并将所有橡皮管从四通管上脱离,关闭真空泵。

9. 将针头牢固地套在针筒上,并从氮气球(3)橡皮管上插入,待针筒抽满氮气后拔出,并推出针筒里面的氮气,再将针头插入氮气球,让针筒抽满氮气,重复此操作 6 次。

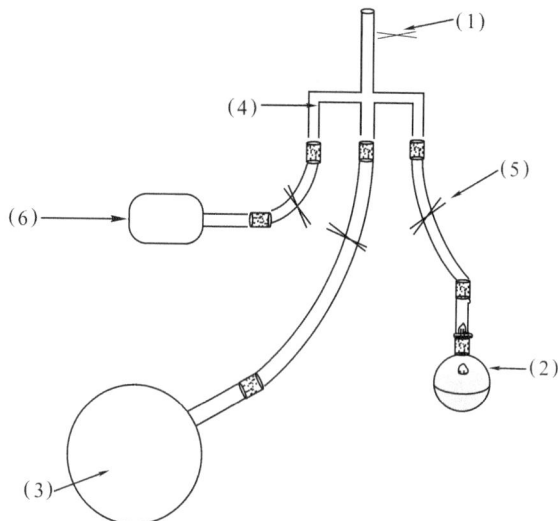

图 2-5-3　除去反应瓶中氧气装置图,其中(6)为反应瓶

10. 将充满氮气的针筒插入烧瓶(2)橡皮管内,推出氮气后,将针头插入烧瓶底部抽出所有液体,拔出针头插入反应瓶(6)橡皮管,注入反应液,使其与 CuBr 混合均匀。然后拔出针头,并在拔出针头的瞬间用止血钳夹住针孔以下的橡皮管,防止气体漏出,从而使反应瓶(6)内始终保持较大正压(如图 2-5-4)。常温开始反应,反应 6 h。

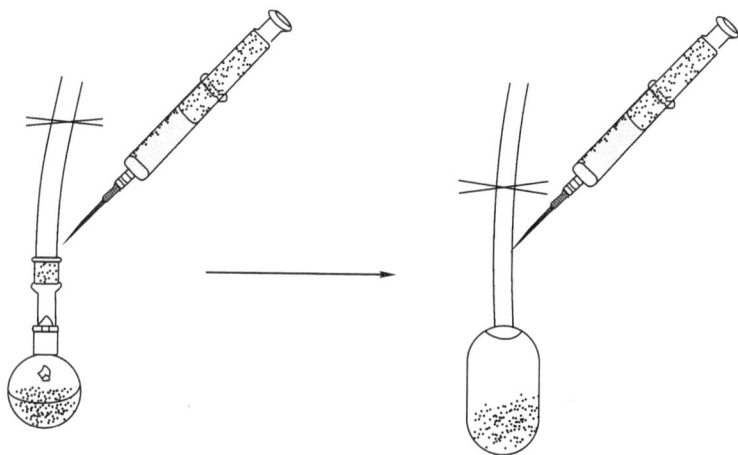

图 2-5-4　反应液转移示意图

11. 反应结束后,将反应液暴露在空气中,并将反应液倒入 50 ml 烧杯中,于其中加入铜离子吸附树脂,搅拌至反应液无色。

12. 将无色反应液过滤,加入 40 ml 乙醇,待混合均匀后,在混和溶液中加入 120 ml 乙醚,此时,澄清溶液变得浑浊。

13. 将浑浊溶液离心,得白色黏稠物,用乙醚洗涤三次后,抽去乙醚,即得到 POEGMA。

五、注意事项

在除氮气过程中,切不可先通气、后夹住反应烧瓶(6),再溶解,否则圆底烧瓶中的气体会由于温度升高,体积急剧膨胀,造成接口冲破甚至爆炸。

六、思考题

1. 用 ATRP 制备所得 POEGMA 与相同分子量 PEG 在分子构型上有哪些差别?
2. 该实验中所用组分各起什么作用?

七、参考文献

Helena Bergenudd,Geraldine Coullerez,Mats Jonsson and Eva Malmstrom,Macromolecules 2009,42:3302-3308

实验六　苯乙烯的阳离子聚合

（实验时间：4 小时）

一、目的和要求

了解阳离子聚合原理及操作方法。

二、原理

阳离子聚合是亲电引发的，一般有三大类催化剂：一类是含氢酸，一类是 Lewis 酸，还有一类是有机金属化合物。在用 Lewis 酸作阳离子聚合引发剂时，一般还需要有水、某些酸或卤代烷等极性物质作共催化剂。

在本实验中，我们选用的单体是苯乙烯，引发剂中的 Lewis 酸是 AlR_3（$R = C_2H_3$ 等），共催化剂是 $C_6H_5—CH_2Cl$，其反应历程如下：

引发：$AlR_3 + C_6H_5—CH_2Cl \longrightarrow C_6H_5—CH_2^{\oplus} AlR_3Cl^{\ominus}$

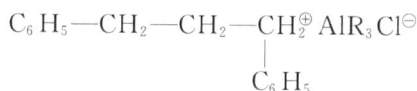

增长：

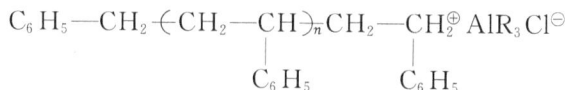

终止：

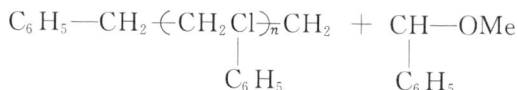

三、仪器和药品

1. 仪器

250 ml 三颈瓶	磁力搅拌器	磨口 Y 型管
磨口干燥管	5 ml、10 ml 针筒	100 ml 量筒
600 ml 烧杯	玻璃水浴缸	吸滤瓶
砂芯漏斗	氮气球	低温温度计（$-50 \sim +50℃$）

2. 药品

苯乙烯—CP,减压蒸馏   Al(iBu)₃—进口

CH₂Cl₂—分子筛浸泡

氯化苄—分子筛浸泡

四、实验步骤

1. 按图 2-6-1 搭好实验装置。

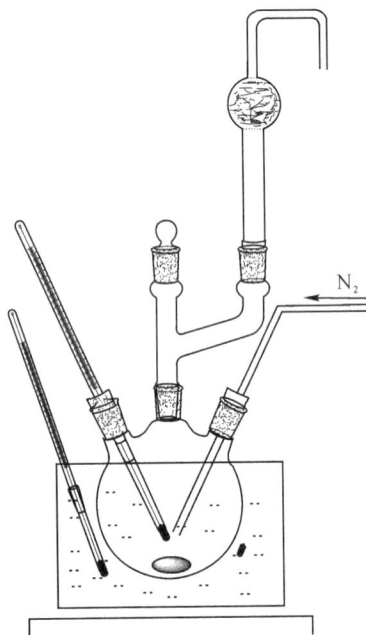

图 2-6-1

2. 用氮气球通氮气,充分置换反应体系中的空气后,在三颈瓶中分别放在中间加入 8.0 ml 苯乙烯、40 ml 二氯甲烷(500 ml CH₂Cl₂ 中含有 2 ml 氯化苄)。用冰盐浴(冰∶盐的重量比为100∶33)冷却反应器,开动搅拌器,待温度降至 −15℃ 以下时,用 5 ml 针筒抽取 2 ml 稀 Al(iBu)₃,在通氮气条件下,小心加入稀 Al(iBu)₃ 至反应体系,此时体系中温度上升,反应溶液从无色变成黄色或棕红色,当反应体系温度不再上升,反而降到 −10℃ 时,加入 30 ml 乙醇(溶液将很快变为无色透明的液体),然后把产物倒入 300 ml 工业酒精中沉析聚合物。

聚合物经抽滤、真空干燥、称重、计算单体转化率。

● 由于阳离子聚合速率快,聚合时释放出的热量来不及排走,造成反应体系温度瞬间升高(几秒钟内从 −15℃ 左右上升到 30℃ 以上),压力增大到足以冲开反应装置上的干燥管和温度计等,请注意安全。

五、思考题

1. 阳离子聚合有何特点?

2. 为什么要选用二氯甲烷作溶剂?

3. 在本次试验过程中为什么会有颜色的变化?

六、参考文献

1. Joseph P. Kennedy. Cationtic Polymenrization of Olefins：A Critica Inventory. New York：Wiley，1975.

2. D. 布劳恩. H. 切尔德龙，W. 克恩著,黄葆同等译校. 聚合物成和表征技术. 北京:科学出版社,1981.

实验七　阴离子活性聚合——SBS 嵌段共聚物的制备

（实验时间：6 小时）

一、目的和要求：

(1)掌握活性聚合的合成方法。

(2)掌握用阴离子聚合法合成三嵌段共聚物的方法。

(3)了解热塑性弹性体的结构和性能。

二、原理：

$$n\text{-BuLi} + a\,CH{=}CH_2 \longrightarrow Bu{\overbrace{(CH{-}CH_2)}}_{a-1}CH{-}CH_2^{\ominus}$$

$$Bu{(CH{-}CH_2)}_{a-1}CH{-}CH_2^{\ominus} + b\,CH_2{=}CH{-}CH{=}CH_2 \longrightarrow$$

$$Bu{(CH{-}CH_2)}_a{(CH_2{-}CH{=}CH{-}CH_2)}_{b-1}CH_2{-}CH{=}CH{-}CH_2^{\ominus}$$

用丁基锂引发苯乙烯聚合,得到活性聚苯乙烯,由于负碳离子与苯环共轭,所以溶液显红色,再加入丁二烯,红色立即消失,形成丁二烯阴离子,得活性苯乙烯-丁二烯(SB)二嵌段聚合物,然后加入双官能团耦合剂(Y—X—Y,如卤代烷),形成苯乙烯-丁二烯-苯乙烯(SBS)线型三嵌段共聚物;如加入多官能团耦合剂(X(Y)$_n$),例如 SiCl$_4$)则得到星型嵌段共聚物,此法适合于工业生产,很有价值。

这种嵌段共聚物链的序列结构是有规则的,其中聚苯乙烯段(PS 段)玻璃化温度在室温以上(硬段),中间段为玻璃化温度在室温下的橡胶段(PB,软段)。如:

PS 段聚集在一起称为"微区"(domain)。此"微区"分散在大量的橡胶弹性链段之间,为分散相,形成物理交联,阻止聚合物链的冷流,而中间软段则形成连续相,呈现高弹性,所以是两相结构。在通常使用温度下,这种共聚物几乎与普通的硫化橡胶没有区别,但在化学上则不同,它们的分子链间无共价键交联。图 2-7-1 为聚苯乙烯-聚丁二烯-聚苯乙烯(SBS)嵌段共聚物的结构示意图,聚苯乙烯"微区"起了固定弹性链段和增强的作用。当温度升高,超过聚苯乙烯的玻璃化温度时,PS"微区"破坏,冷却后,又恢复原状,再次形成"微区",固定PB链的末端,并重新形成弹性网。所以这类SBS嵌段共聚物又称为热塑性弹性体。

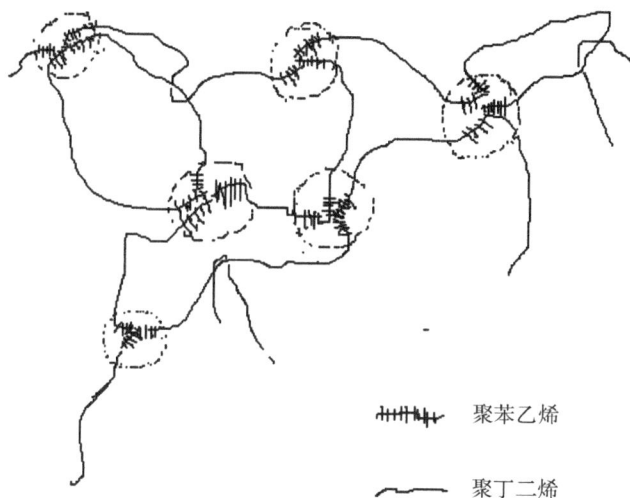

聚苯乙烯

聚丁二烯

图 2-7-1　SBS 两相结构示意图

三、主要仪器和药品:

1. 仪器:

真空油泵	500 ml 盐水瓶	250 ml 盐水瓶
听诊橡皮管	止血钳	注射器和长针头
氮气流干燥系统		

2. 药品:

环己烷	苯乙烯	丁二烯
丁基锂溶液	纯氮(99.99%)	四氯化硅-环己烷溶液
分子筛		

四、实验步骤

1. 环己烷和苯乙烯的纯化和脱氧处理:

苯乙烯:聚合级,无水氯化钙干燥数天,减压蒸馏,贮于棕色瓶内。

环己烷:化学纯,分子筛干燥蒸馏。

实验前需将无水环己烷和苯乙烯进行脱气通氮,在氮气保护下,贮藏备用。

取 500 ml 盐水瓶一只,作为反应瓶,配上单孔橡皮塞和短玻管,并套上一段听诊橡皮管,按图 2-7-2 装置,打开 1,2,3,4,5 处先抽真空通氮(最好同时用红外灯加热),反复 3～4 次,以排除反应瓶和系统中的空气,在减压下用止血钳关闭 1 和 4,开 6 加正压,关闭 7,4 和 2 处,取下反应瓶,用注射器向反应瓶内先缓慢注入少量 n-C_4H_9Li,时时摇动,以消除体系中残余杂质,直至略微出现橘黄色为止,接着加入 1.6 毫克当量 n-C_4H_9Li(聚苯乙烯分子量预计 15000 左右),此时溶液立即出现红色,在 50℃ 浴中加热 30 分钟,红色不褪,为活性聚苯乙烯。

另取一只 250 ml 盐水瓶,配上单孔橡皮塞和短玻管,并套上一段听诊橡皮管,照上法抽真空通氮,以除去瓶中空气,然后加入 100 ml 环己烷,再通入丁二烯(纯度 90%)36 g,用止血钳夹住,取下反应瓶。用注射器缓慢注入少量 n-C_4H_9Li 以消除残余杂质。

把装有丁二烯的反应瓶用 T 形管与活性聚苯乙烯瓶相接,T 形管另一端接在氮气干燥系统上(图 2-7-3),抽空通氮,除去管道内空气。再把反应瓶抽成负压,然后把丁二烯溶液倒入活性聚苯乙烯反应瓶内,边加边摇,红色立即消失。丁二烯加毕后,用止血钳夹住瓶口,摇匀,放在 50℃水浴中加热,约 10～20 分钟后,溶液发热、变黏稠时,立即取出反应瓶,放在空气中冷却,注意反应很剧烈。待反应高潮过后,放在 50℃水浴中继续加热 2 小时。然后用注射器注入 $SiCl_4$ 环己烷溶液作为耦合剂($SiCl_4$ 浓度为 0.5 毫克当量/毫升),分两次加入,第 1 次加 2.5 ml,用力摇匀在 50℃水浴中加热 30 分钟,第 2 次加 1 ml,再加热 30 分钟。

冷却,称取 0.5 g 抗氧剂 246(2,6-二叔丁基-4-甲基苯酚)溶于少量环己烷中,加入 500 ml 反应瓶内,摇匀。将黏稠产物倾倒入盛有 2L 水的 3L 三颈烧瓶中,接上蒸馏装置,在搅拌下加热,环己烷及水一并蒸出,待环己烷几乎蒸完,产物呈半固体时,停止蒸馏,趁热取出剪碎,用蒸馏水漂洗一次,吸干水分,放在 50℃烘箱内烘干,即为 SBS 三嵌段共聚物。环己烷和水的蒸馏液,用分液漏斗分出水层,上层环己烷经干燥、蒸馏,可重新使用。计算产量。测 GPC,观察 GPC 谱峰的形状。产品进行加工成型和测机械性能。

2. 加工成型:称取 50 g 干燥 SBS,在炼胶机上约炼 3～5 分钟,薄通 10 次左右。一般炼胶温度为 70～100℃,使物料轧炼均匀,然后将二辊放宽到所需要的厚度出片,再放在模具内在 100℃左右进行压模,冷却出模。

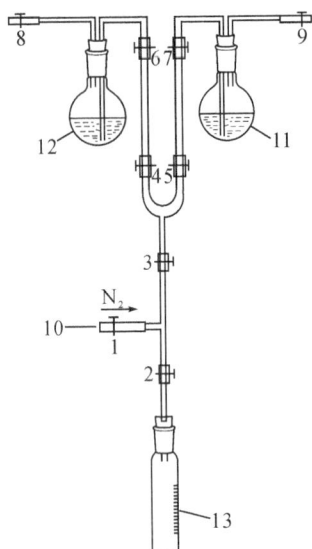

1—9. 听诊橡皮管边止血钳;
10. 真空泵和氮气流干燥系统;
11. 苯乙烯; 12. 环己烷;
13. 反应瓶

图 2-7-2 SBS 嵌段共聚物的制备装置

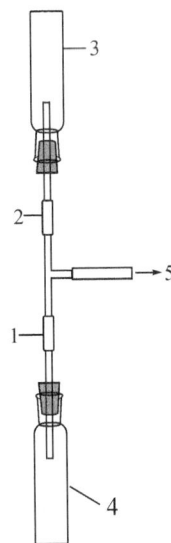

1—2. 听诊橡皮管;
3. 丁二烯的环己烷溶液反应瓶;
4. 活性聚苯乙烯反应瓶;
5. 真空泵和氮气流干燥系统

图 2-7-3 丁二烯转移装置

五、注意事项

（1）反应瓶及全部反应系统需要绝对干燥，并保持无水无氧。

（2）用 99.99％纯氮，如用高氮必须再经过除氧。

（3）加入丁二烯后，注意反应变化，在 50℃水浴中，发现反应有些发热或略变黏时，应立即取出在室温中冷却，勿使反应过剧烈，以至冲破橡皮管冲出，反应剧烈时，切勿把反应东半球放在冷水中冷却，以免反应瓶因骤冷碎裂、爆炸，如夏天室温较高时，则加丁二烯后，不必放在 50℃浴中，放在室温中，时时摇动，待反应高潮过后，再放入 50℃水浴中加热。

（4）在使用丁二烯时，室内禁止明火。

（5）反应时注意安全，采用防护设施。

六 思考题

1. 什么是热固性弹性体？两者结构上区别是什么？

2. 为什么该反应需要严格的无水无氧操作？

七、参考文献

1. D. C. Allport，W. H. Janes. Block Copolymers. London：Applied Science Publishers LTD，3，1973.

2. Allen Noshay，James E. McGrath. Block copolymers. New York：Academic Press，1977.

3. S. L. Aggarwal. Block copolymers. New York：Plenum Press，1970.

4. 上海橡胶制品所，复旦大学主编. 热塑性弹性体. 上海：上海科学技术文献出版社，1979.

5. H. L. Hsieh. Rubber Chemistry and Technology，1976，49(5).

实验八 开环聚合法合成聚酸酯

一、目的和要求

1. 了解本体开环聚合的原理。
2. 掌握从乳酸单体到聚酸酯的合成流程。

二、原理

21世纪,寻求利用可再生资源,使用环境友好的高分子合成材料,成为高分子科学和技术发展的一大方向。

聚乳酸(Poly-Lactic Acid,PLA)是以淀粉发酵产物——乳酸(Lactic Acid)为单体聚合而成的一种新型的聚酯类高分子化合物。聚乳酸原料来源充分而且可以再生,生产过程无污染,聚乳酸产品具有良好的生物降解性、生物相容性和生物可吸收性,废弃后能被微生物完全降解成 CO_2 和 H_2O,实现在自然界中的循环,对人体无害无毒,对环境无污染,是理想的绿色高分子材料。因此,发展聚乳酸是解决塑料废弃物对环境污染以及缓解石油资源短缺的有效途径。

聚乳酸的研究和开发可追溯到 20 世纪二三十年代。美国化学家卡罗瑟斯在 1932 年缩聚合成了聚乳酸,但由于所得聚合物产量低、分子量小与机械性能差,作为强度材料几乎没有实际用途,未引起人们重视。1954 年,美国杜邦公司采用丙交酯(Lactide)开环聚合的方法获得了高分子量的聚乳酸,但因为聚乳酸在潮湿环境中会缓慢降解,该成果并未受到重视。直到 20 世纪 60 年代后期,聚乳酸才因其良好的生物相容性和生物可降解性而在生物医药领域得到成功的应用。20 世纪 80 年代以来,聚乳酸具有的通用塑料性能得到认识和开发,聚乳酸的大规模工业化生产开始兴起,聚乳酸开始广泛应用于其它领域。

长期以来,聚乳酸的合成主要沿用两种方法:乳酸直接聚合和乳酸通过中间体丙交酯间接聚合。聚乳酸的直接聚合是典型的缩聚反应。其聚合反应过程如下:

$$CH_3-\underset{\underset{OH}{|}}{CH}-COOH \xrightarrow{\text{聚合}} H\left[O-\underset{\underset{CH_3}{|}}{CH}-CO\right]_n OH$$

间接聚合法是乳酸通过中间体丙交酯开环合成聚乳酸的方法:

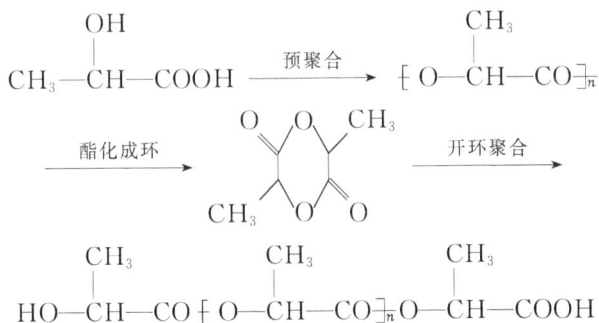

$$CH_3-\underset{\underset{OH}{|}}{CH}-COOH \xrightarrow{\text{预聚合}} \left[O-\underset{\underset{CH_3}{|}}{CH}-CO\right]_n$$

$$\xrightarrow{\text{酯化成环}} \quad \xrightarrow{\text{开环聚合}}$$

$$HO-\underset{\underset{CH_3}{|}}{CH}-CO\left[O-\underset{\underset{CH_3}{|}}{CH}-CO\right]_n O-\underset{\underset{CH_3}{|}}{CH}-COOH$$

虽然直接聚合法合成路线简单,但是间接聚合法合成聚乳酸,不需引入特殊助剂,产物分子量可高达数十万乃至数百万,是现阶段直接缩聚法所不能比拟的。因此,间接聚合法是目前全球使用最多的聚乳酸生产方法,当今市场上已经出现的聚乳酸产品大部分是采用此法生产的。

三、仪器和药品

1. 仪器

三口瓶,烧瓶,回流冷凝管,搅拌器,温度计,弯接头,大烧杯,真空蒸馏装置一套,布氏漏斗,吸滤瓶

2. 药品

乳酸(LA),氧化锌,乙酸乙酯,苯甲醇,辛酸亚锡

四、实验步骤

间接法合成聚乳酸,由乳酸合成丙交酯是其中的关键步骤。

Day 1（出水,大概需要 8 小时左右）

1. 搭好真空蒸馏装置,加入 LA。

2. 用水泵抽真空,设定加热套外温为 100 ℃,半小时后开始出水,控制真空度使汽化温度在 65 ℃左右。于 1 h 后缓慢升温,2 ℃/ 15 min。汽化温度在 65～70 ℃。

3. 外温升至 150 ℃,汽化温度稳定在 48 ℃。提高真空度,至少保持半小时出水。

Day 2（聚合）

4. 先加热反应液至可以机械搅拌,水泵缓慢抽真空,从 140℃以每小时升高 10℃的速率升温至 160℃。

5. 在 160℃下,缓慢将真空度调节至水泵最大,约 0.095 MPa。维持半小时后,换成油泵,真空度达到 0.1 MPa,乳酸发生聚合反应,减压蒸馏除去化合水,维持 6 h 后,停止反应。

Day 3（出丙交酯）

6. 先用水泵抽真空,缓慢将温度升至 180℃,维持 2 h。

7. 拆卸冷凝装置,换上弯形管和烧瓶(冰水浴),加入乳酸溶液质量 1.5% 的催化剂 ZnO,改用油泵抽真空,聚乳酸发生裂解反应,生成气态的丙交酯在冰水浴的烧瓶中凝华。反应 6 小时,得到丙交酯白色晶体。

8. 乙酸乙酯回流溶解,重结晶得到丙交酯。重结晶 3 次后方可使用。

Day 4

9. 聚合瓶先用铬酸、碱液泡洗。再经真空烘烤,通入 N_2 后再抽真空烘烤,反复三次,除干水分。真空状态下加入提纯后的丙交酯单体,再针筒注射加入重蒸馏后的苯甲醇引发剂以及辛酸亚锡催化剂(0.3%),抽真空后封管。

10. 在 140℃下反应 8 小时。产物溶解在氯仿中,沉淀于 10 倍体积的甲醇中,抽滤收集,用无水乙醚洗涤,在真空干燥器中抽干。

五、思考题

1. 除了苯甲醇外,还有其它哪些醇可作为引发剂？需要符合哪些条件？

2. 丙交酯制备过程中,出水是关键,为什么？

3. PLA 的聚合中,如果除水不彻底,会有哪些问题?

六、参考文献

H. R. Kricheldorf,M. Lossin. Journal of Macromolecular Science,Part A,1997,34(1):179—189.

实验九　涤纶的制备(线型缩聚)
(实验时间：8 小时)

一、目的和要求

1. 熟悉线型缩聚反应的一般特点。
2. 掌握涤纶的制备方法和实验技术。

二、原理

涤纶是聚酯纤维的商品名，学名为聚对苯二甲酸乙二醇酯，我国市场上称为"的确良"。它是以对二甲酸二甲酯(DMT)和乙二醇(EG)为主要原料，经缩合聚合得到的高聚物。反应包括酯交换和缩聚反应两个阶段，从而得到高分子量的线型缩聚。

其反应式如下：

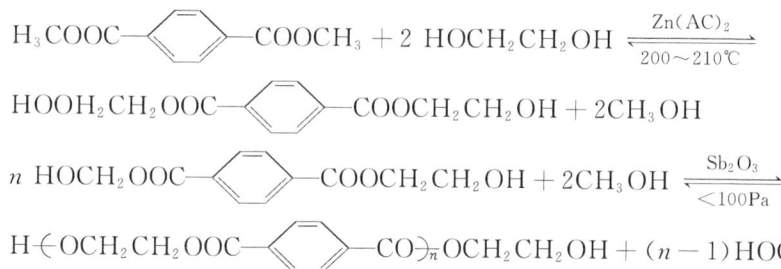

$$H_3COOC—\langle\rangle—COOCH_3 + 2\ HOCH_2CH_2OH \underset{200\sim210℃}{\overset{Zn(AC)_2}{\rightleftharpoons}}$$

$$HOOH_2CH_2OOC—\langle\rangle—COOCH_2CH_2OH + 2CH_3OH$$

$$n\ HOCH_2OOC—\langle\rangle—COOCH_2CH_2OH + 2CH_3OH \underset{<100Pa}{\overset{Sb_2O_3}{\rightleftharpoons}}$$

$$H \left(OCH_2CH_2OOC—\langle\rangle—CO \right)_n OCH_2CH_2OH + (n-1)HOCH_2CH_2OH$$

在反应过程中，其反应条件和物料状态是逐步发生变化的，反应温度逐步提高，体系黏度逐步增加，而压力则逐步下降。酯交换反应黏度较低，甲醇容易逸出，在常压下就可以进行；而在缩聚阶段，随着反应的进行，物料黏度逐步增大，乙二醇逸出就比较困难。因此，除反应温度应逐步提高以加速反应外(不能超过聚对苯二甲酸乙二酯的分解温度，一般不超过285℃)，还要逐步提高真空度。由于酯缩聚反应是可逆反应，且反应平衡常数又较小，故要得到高分子量的聚对苯二甲酸乙二酯，就必须尽可能提高真空度(余压<100 Pa)。

要获得高分子量的聚酯树脂，除严格控制反应温度外，在聚合反应中后期，保证体系的高真空度是该实验能否成功的关键之一。

三、仪器和药品

1. 仪器

电热釜	一只	变压器	二只
缩聚管	一支	玻璃套管	一根
温度计(0~300℃)	两支	小马达	一只
球形冷凝管	一只	刻度试管	一支
移液管	一支	真空系统	一套
搅拌马达	一只		

2. 药品

对二甲酸二甲酯(DMT)	mp≥140℃
乙二醇	新蒸馏
醋酸锌	$Zn(AC)_2$ A.R
三氧化二锑	Sb_2O_3 A.R

四、实验步骤

1. 加料

称取 DMT 10 g(±0.02),将其中一半加入聚合瓶中,随后小心地将 $Zn(AC)_2$ 0.004g(±0.0002)、Sb_2O_3 0.005g(±0.0002)加入到聚合瓶中,再加剩下的 DMT;用移液管移取 7.6 ml 乙二醇加入聚合瓶。加料完毕后,再按图 2-9-1 搭好实验装置。

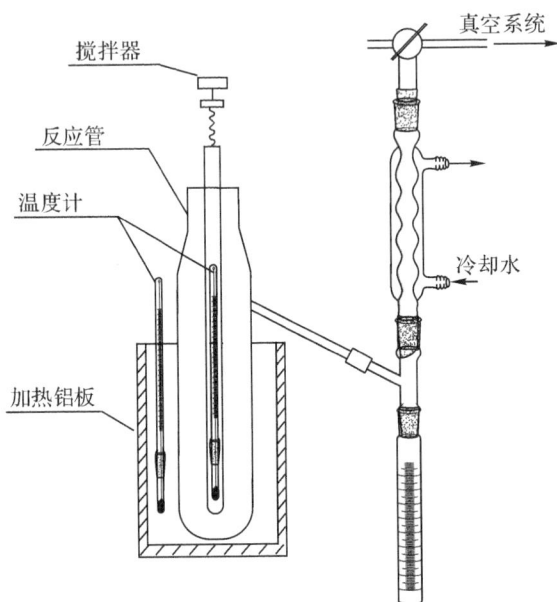

图 2-9-1 聚合装置图

2. 酯交换

检查反应装置正确无误后,开始加热升温,待 DMT 熔化后开动扭力搅拌。继续升高外温至 190～200℃,当内温达到 170℃ 左右即有甲醇馏出,表示酯交换反应开始。维持半小时后,逐步升温(每 10 分钟升 2～3℃ 的速度)至 220℃,待甲醇馏出量约为理论量的 90%时,即可升温至 245～250℃,蒸出残存的甲醇及过量的乙二醇(馏出量为 2 ml 左右),然后进入低真空。

3. 预缩聚

以约 1℃/分钟的速度逐步升温至 285℃ 左右;同时开启真空泵减压(旋转三通活塞至三通上),抽真空速度为:

0～400 mmHg 之间,每 5 分钟升 100 mmHg;

400～700 mmHg 之间,每 5 分钟升 50 mmHg;

700～740 mmHg 之间,每 5 分钟升 20 mmHg;

740～760 mmHg 之间,每 5 分钟升 10 mmHg;

4. 缩聚

当调压结束后,正常情况下 3～5 分钟后可达 133 Pa(约 1 mmHg)左右,至此聚合反应进入高真空阶段。保持系统余压 100 Pa 以下,内温控制在 280±2℃,继续进行缩聚反应 2～2.5 小时,直至熔体中气泡很难逸出。当马达搅拌困难时,可用手控搅拌,停搅 3～5 分钟气泡不消失,此时聚合物黏度已达到要求,可以结束聚合反应。

5. 融体纺丝

当聚合物黏度达到要求后,停止搅拌,维持温度;旋转三通活塞使之断开真空泵系统,反应系统仍然保持真空,用 N₂ 恢复反应系统至常压。真空泵系统通大气后关掉真空泵。然后用钳子夹破反应管底部尖口,调节温度使树脂刚刚能成丝自行流出(或可稍压 N₂),将丝绕在纺丝管上,控制好纺丝机的转速进行纺丝,直到聚合管内的聚合物融体全部纺完为止。纺丝结束后,关掉电源,取下丝,从中取出一束丝置于 80℃ 的热水中拉伸四倍即得聚酯纤维—涤纶。

五、思考题

1. 缩聚反应的特点是什么?

2. 酯交换程度如何计算? 要提高酯交换反应程度可采取哪些措施?

3. 预缩聚的目的是什么? 为什么要逐步升温和减压?

4. 抽得的丝在 80℃ 热水中拉伸变牢的原因是什么?

六、参考文献

1. 赫尔曼·路德维希著. 天津市化学纤维试验厂译. 聚酯纤维化学与工艺学(上). 北京:轻工业出版社,1977.

2. 孙静珉等编. 聚酯工艺. 北京:化学工业出版社,1985.

实验十 低交联度聚丙烯酸钠的制备

（实验时间：8 小时）

一、目的和要求

1. 合成水溶胀性聚合物—低交联度聚丙烯酸钠
2. 了解逆向悬浮聚合的聚合方法

二、原理

将丙烯酸和少量二烯烃单体在引发剂存在下进行聚合反应可制得低交联度聚丙烯酸钠。丙烯酸盐的聚合速度很快，在水溶液中进行聚合时，体系黏度相当高，如果温度控制不当，则易引起爆聚而形成在水中极难溶胀的高交联度聚合物。采用较高浓度的水溶液与水溶性引发剂一起分散于有机溶剂中，控制所形成的逆向悬浮液的聚合反应（即聚合从浓的单体水溶液开始的），可得到自身交联的水溶胀性高聚物。

水溶胀性高聚物是一类含有强亲水基团的聚合物，它可作为高吸水性材料。传统的吸水性材料：如棉花，泡沫塑料，纸张等，只能吸收自重的几倍水，而合成的高吸水性材料，其吸水量可达数百倍到上千倍。它是一种新型功能高分子材料，已在卫生制品，农业，园林，工业、土木建筑、保鲜、医药、日用化工与电子工业等方面获得了较广泛的应用。

吸水后聚合物的重量除以干粉（聚合物）的重量，为聚合物的吸水能力，通常产物的吸水率可用下式计算：

产物吸水率＝吸水后聚合物重量(g)/聚合物干重(g)×100%

交联剂的性质和用量、丙烯酸的中和程度及溶胀时间等因素，对产物的吸水率都有较大影响。

三、仪器和药品

1. 仪器：250 ml 三口烧瓶，水浴，烧杯（三只），红外干燥箱，筛子（20～60 目），尼龙纱布。

2. 药品：丙烯酸，NaOH 溶液（18%），SPan-60，N,N-甲基双丙烯酰胺，过硫酸钾（$K_2S_2O_8$），OP 乳化剂。

3. 实验装置参见实验三装置图。

四、实验步骤

1. 在 250 ml 三颈瓶上装配搅拌器、温度计与回流冷凝管，加入 10 ml 丙烯酸，开动搅拌器，慢慢滴入 18%NaOH 溶液 20 ml，然后依次加入 Span-60 0.6 g，N,N-甲基双丙烯酰胺 0.006 g 与 $K_2S_2O_8$ 0.018 g，再加入正己烷 45 ml。

2. 加热升温至 60～62℃，维持回流 2.5～3 小时，降温至 40℃ 左右，将混合物倒入 250 ml 烧杯中，倾出上层正己烷（回收）。

3. 往聚合物中渐加 0.3～0.5 ml OP 乳化剂,充分搅拌至聚合物成分散固体,然后于红外灯下烘烤,注意温度不宜太高,否则易导致产物变黄变焦。

4. 在研钵中将烘干后的聚合物研碎,过筛 20～60 目。

5. 称取上述 20～60 目样品 0.1 g,放在 100 ml 小烧杯中,加入蒸馏水 60～70 ml,溶胀 0.5～2 小时,同时轻轻搅动,然后倒入已称重的尼龙纱布上过滤,让其自然滴滤 15～30 分钟,连同滤布一起称重,计算产物的吸水率。

五、思考题

1. 逆向悬浮聚合与常规悬浮聚合有何区别?

2. Span 的化学结构是什么? 在该实验中起到什么作用?

六、参考文献

1. 潘祖仁主编.高分子化学.北京:化学工业出版社,1996.

2. 大森英三著.功能性丙烯酸树脂.北京:化学工业出版社,1993.

3. 邹新禧著.超强吸水剂.北京:化学工业出版社,1988.

实验十一　聚醋酸乙烯酯胶乳的制备

（实验时间:6 小时）

一、目的和要求

1. 了解乳液聚合特点、配方及各组份的作用。
2. 熟悉聚醋酸乙烯酯胶乳的制备及用途。

二、原理

乳液聚合是指单体在乳化剂的作用下分散在介质中,加入水溶性引发剂,在搅拌或振荡下进行的非均相聚合反应。它既不同于溶液聚合,也不同于悬浮聚合。乳化剂是乳液聚合的主要成份。乳液聚合的引发、增长和终止都在胶束的乳胶粒内进行,单体液滴只是单体的储库。反应速率主要决定于粒子数,具有快速与分子量高的特点。

醋酸乙烯酯乳液聚合机理与一般乳液聚合相同,采用过硫酸盐为引发剂。为使反应平稳进行,单体和引发剂均需分批加入。聚合中常用的乳化剂是聚乙烯醇。实际中还常把两种乳化剂合并使用,乳化效果和稳定性比单独用一种好。本实验采用聚乙烯醇和OP-10两种乳化剂。

聚醋酸乙烯酯胶乳漆具有水基漆的优点,黏度小、分子量较大和不用易燃的有机溶剂。作为粘合剂时(俗称白胶),可用于木材、织物和纸张等粘接。

三、仪器和药品

仪器:

搅拌器		1 套
电　炉	300 W	1 只
三颈瓶	250 ml	1 只
滴液漏斗	50 ml	1 只
Y 型管,球型冷凝管		
温度计	100℃	1 支
量　筒	100 ml、50 ml、10 ml	各 1
烧　杯	100 ml、50 ml、25 ml	各 1
玻璃棒		1 根

药品:

乙酸乙烯酯		BP＝73℃
过硫酸铵	CP	
聚乙烯醇(PVA)	CP	
乳化剂 OP-10(烷基酚的环氧乙烷缩合物)		
邻苯二甲酸二丁酯	CP	
碳酸氢钠	CP	

实验装置图：

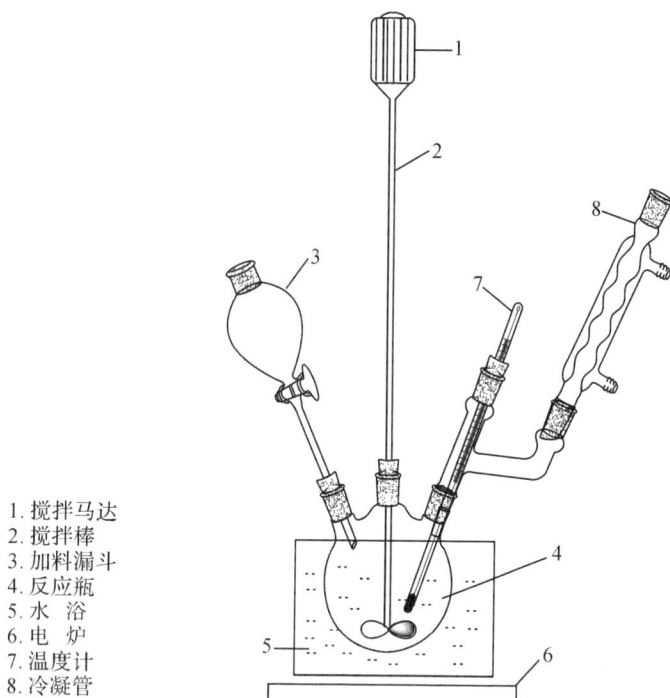

1. 搅拌马达
2. 搅拌棒
3. 加料漏斗
4. 反应瓶
5. 水　浴
6. 电　炉
7. 温度计
8. 冷凝管

图 2-11-1

四、实验步骤

在装有搅拌器、回流冷凝管、滴液漏斗及温度计的三颈瓶中加入乳化剂(6 g PVA 与 1 g OP-10 溶于 78 ml 蒸馏水中)与 21.5 ml 乙酸乙烯酯。待乳化剂全部溶解后，称 1 g 过硫酸铵，用 5 ml 水溶解于小烧杯中，将此溶液的一半倒入反应瓶内，开动搅拌，加热水浴，反应温度在 65～70℃左右。然后用滴液漏斗滴加 32 ml 乙酸乙烯酯(滴加速度不宜过快)，加完后把剩下的过硫酸铵加入三颈瓶中，继续加热，使之回流，逐步升温(升温速率以不产生大量泡沫为准)至 80℃，维持反应，直至无回流为止。停止加热，冷却到 50℃后，加入 5 ml 碳酸氢钠水溶液 0.05 g/ml，再加入 8 ml 邻苯二甲酸二丁酯，搅拌冷却后，即成白色乳液。也可以水稀释并混入色浆制成各种颜色的油漆。

五、思考题

1. 比较乳液聚合、溶液聚合与悬浮聚合的反应特点。
2. 乳化剂的作用？
3. 本实验操作应注意哪些问题？

六、参考文献

1. 潘祖仁主编.高分子化学.北京:化学工业出版社,1983.
2. 复旦大学.高分子实验技术.上海:复旦大学出版社,1983.

实验十二　环氧树脂的制备
（实验时间：6 小时）

一、目的和要求

1. 掌握低分子量环氧树脂的制备条件
2. 了解环氧值测定和计算方法

二、原理

环氧氯丙烷和二羟基二苯基丙烷（双酚 A）在氢氧化钠的催化作用下，不断地进行开环与闭环，得到线型树脂。通过控制环氧氯丙烷和双酚 A 的摩尔比、温度条件、氢氧化钠浓度和加料次序，可制得不同分子量的环氧树脂。

本实验制备环氧值为 0.45 左右的低分子量环氧树脂。

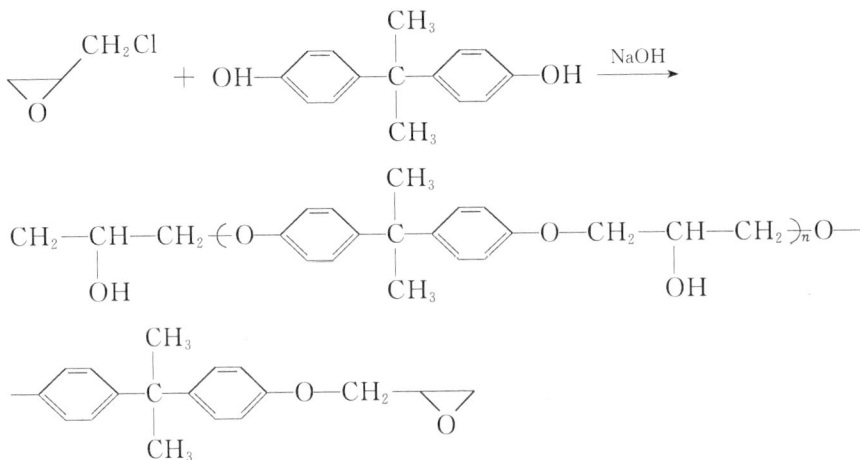

三、仪器和药品

1. 仪器：
(1)搅拌器；(2)搅拌棒；(3)滴液漏斗；(4)三口瓶；(5)水浴；(6)电炉；(7)温度计；(8)Y型管；(9)冷凝管；(10)分液漏斗；(11)真空蒸馏装置 1 套；(12)测定环氧值分析工具 1 套。

2. 药品
双酚 A（工业），1 摩尔
环氧氯丙烷（工业），比重 1.18，3.5 摩尔
氢氧化钠（工业），配成 30% 溶液
甲苯（工业），30 ml
水（蒸馏水），15 ml
实验装置如图 2-12-1、图 2-12-2。

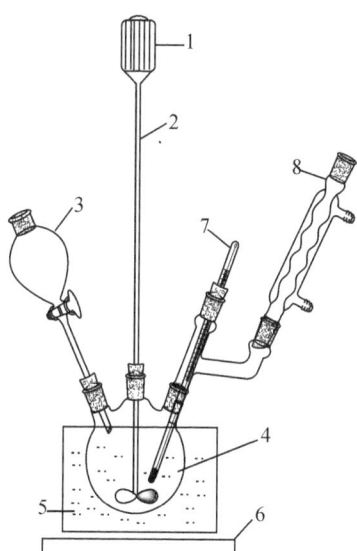
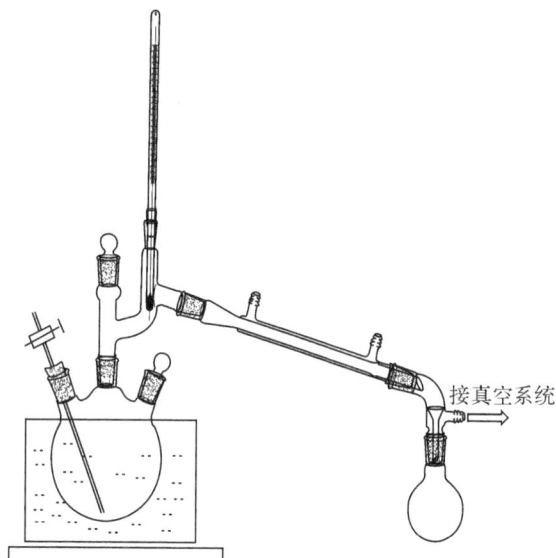

接真空系统

1. 搅拌马达　2. 搅拌棒　3. 加料漏斗

4. 反应瓶　5. 水浴　6. 电炉

7. 温度计　8. 冷凝管

图 2-12-1　　　　　　　　　　　　　　图 2-12-2

四、实验步骤

将 11.4 g 双酚 A（0.05 摩尔）放于三颈瓶内，量取环氧氯丙烷 14 ml 倒入瓶内，装上搅拌器、滴液漏斗、回流冷凝管及温度计，开动搅拌，升温到 55～65℃，待双酚 A 全部溶解后，将 20 ml 30％ NaOH 溶液置于 50 ml 滴液漏斗中，自滴液漏斗慢慢滴加氢氧化钠溶液至三颈瓶中（开始滴加要慢些，环氧氯丙烷开环是放热反应，反应液温度会自动升高），保持温度在 60～65℃，约 1.5 小时内滴加完毕。然后保温 30 分钟，倾入 30 ml 甲苯与 15 ml 蒸馏水，搅拌成溶液，趁热倒入分液漏斗中，静置分层，除去水层。

将树脂溶液倒回三颈瓶中，装置如图 2-12-2，进行真空蒸馏除去甲苯和未反应的环氧氯丙烷。加热，开动真空泵（注意馏出速度），蒸馏到无馏出物为止，控制最终温度不超过 110℃，得到黄色透明树脂。

五、环氧值的测定方法

环氧值是指每 100 g 树脂中含环氧基的当量数，它是环氧树脂质量的重要指标之一，也是计算固化剂用量的依据。分子量愈高，环氧值就相应降低，一般低分子量环氧树脂的环氧值在 0.48～0.57 之间。

分子量小于 1500 的环氧树脂，其环氧值测定用盐酸—丙酮法。反应式为：

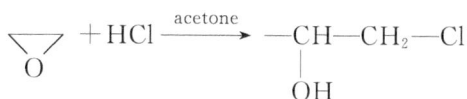

称 0.5 g 树脂(称量准确到千分之一)于三角瓶中,用移液管加入 20 ml 丙酮盐酸溶液,微微加热,使树脂充分溶解后,在水浴上回流 30 分钟,冷却后用 0.1 mol/L 氢氧化钠溶液滴定,以酚酞作指示剂,并作一空白试验。

环氧值(当量/100 克树脂)E 按下式计算:

$$E=\frac{(V_0-V_2)N}{1000W}\times100=\frac{(V_0-V_2)N}{10W}$$

式中　V_0 为空白滴定所消耗的 NaOH 溶液毫升数;

　　　V_2 为样品测试所消耗的 NaOH 溶液毫升数;

　　　N 为 NaOH 溶液的当量浓度;

　　　W 为树脂重量(克)

六、参考说明

1. 环氧树脂所含环氧基的多少,除用环氧值表示外,还可用环氧百分含量或环氧当量表示。

环氧百分含量:每一百克树脂中含有的环氧基克数。

环氧当量:相当于一个环氧基的环氧树脂重量(克),三者之间有如下互换关系:

$$环氧值=\frac{环氧基百分含量}{环氧基分子量}=\frac{1}{环氧当量}$$

2. 盐酸——丙酮溶液配制:将 2 毫升浓盐酸溶于 80 毫升丙酮中,均匀混合即成(现配现用)。

七、思考题

1. 环氧树脂的反应机理及影响合成的主要因素?

2. 什么叫环氧当量?环氧值?

3. 试将 50 g 自己合成的环氧树脂用乙二胺固化,如果乙二胺过量 10%,则需要等当量的乙二胺多少克?

八、参考文献

1. 上海树脂厂编.环氧树脂生产与应用.北京:石油化学工业出版社,1974.

2. May Clayton A,Tanaka Yoshio. Epoxy Resins:Cchemistry and Technology. Now York:Marcel Dekker,1973.

实验十三　界面缩聚法制备尼龙-610

（实验时间：6 小时）

一、目的和要求

1. 了解界面缩聚的原理及特点。
2. 掌握癸二酰氯的制备方法。
3. 掌握界面缩聚制备尼龙-610 的方法。

二、原理

界面缩聚的基本反应是 Schotten-Baumann 反应，为低温常压下制备聚酰胺的方法之一。其反应方程式如下：

$$x H_2N(CH_2)_n NH_2 + x ClOC(CH_2)_n COCl \longrightarrow \left[NH(CH_2)_n NHCO(CH_2)_n CO \right]_n$$
$$+ 2x HCl$$

将癸二酰氯溶于有机相（如四氯化碳、氯仿等），己二胺溶于水相，并在水中加入适量的碱作为酸的接受体。当互不相溶的有机相和水相互接触时，在稍偏向有机相的界面处立即发生缩聚反应，生成的聚合物不溶于任何一相而沉淀出来，产生的小分子氯化氢被水中的碱中和。因此这是一种不可逆的非平衡缩聚反应。将界面处的薄膜拉起，或在高剪切速率下搅拌，不断移去界面薄膜，直至其中一相反应物耗尽为止。

二元酰氯是高反应活性的单体，二元胺含有活泼氢，它们之间发生酰胺化反应的速度远远超过二胺向有机相扩散的速度，以及二酰氯向界面扩散的速度，因此在界面处反应程度最佳，也不严格要求反应物官物团之间以等量比加料，产物的分子量比一般熔融缩聚物要高得多，而且无副反应。产物可溶于间-甲苯酚、甲酸等溶剂中。尼龙-610 的吸湿性比尼龙-6 及尼龙-66 为低，且有较好的韧性和机械性能。

对于高温不稳定的单体，不能用高温熔融缩聚来制备其聚合物，可以用界面缩聚法，但是由于需制备二元酰氯及使用大量有机溶剂，成本比较高。目前用界面缩聚方法制备聚碳酸酯已工业化。

二元酰氯易水解，难贮运，在实验室中用相应的二元酸与二氯亚砜反应来制取。其反应方程式如下：

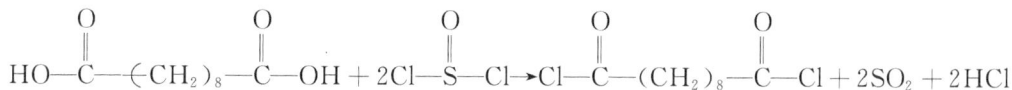

$$HO-\underset{\underset{O}{\|}}{C}-(CH_2)_8-\underset{\underset{O}{\|}}{C}-OH + 2Cl-\underset{\underset{O}{\|}}{S}-Cl \rightarrow Cl-\underset{\underset{O}{\|}}{C}-(CH_2)_8-\underset{\underset{O}{\|}}{C}-Cl + 2SO_2 + 2HCl$$

三、仪器和药品

1. 仪器

干燥管　圆底烧瓶　球形冷凝管　直形冷凝管　蒸馏头　克氏蒸馏头　接受管
毛细管　烧杯　水浴　油浴　减压蒸馏装置

2. 药品

稀盐酸　癸二酸(CP)　己二胺　亚硫酰氯　四氯化碳(干燥)　NaOH

四、实验步骤

(1)癸二酰氯的制备　将干燥的仪器按图 2-13-1 装好(附注①)。将 61g(0.3mol)癸二酸和 150g(1.26 mol)亚硫酰氯加入 250 ml 圆底烧瓶内,加热回流 2 h 左右,至无气体放出为止(用湿 pH 试纸检验)。然后常压下蒸出残留的亚硫酰氯,再减压蒸馏。收集 124℃/66.66P 或 142℃/266.6P 的无色液体馏分(附注②),用翻口橡皮塞塞紧,称重,计算产率。

(2)界面缩聚(拉丝法)在一只 100 ml 大烧杯中,加入 2.52g(0.02mol)的己二胺和 3.0g (0.75mol)NaOH,溶于 50 ml 蒸馏水中,在另一只 100 ml 烧杯中加入 50 ml 四氯化碳(附注③)用注射器抽取 2.0 ml(2.24g,0.009mol)癸二酰氯,溶于四氯化碳溶液中。将上述两溶液混合,如图 2-13-2 所示,这时在界面处立即形成聚酰胺薄膜。用干净的镊子轻轻拉出膜,将它绕在铁框上或滚筒上,连续不断地拉出使其成为长线,直至一相中的原料耗尽为止。然后用 3% 的盐酸水溶液洗涤长线使反应终止,再用水洗净,晾干,在 80℃ 真空烘箱中干燥 2 h 以上,得白色尼龙 610 薄膜长线。称重并计算产率。

附注:

①由于本实验中所用的原料及反应物均具有刺激性,故实验宜在通风橱内进行。

②癸二酰氯在减压蒸馏时,液温最好不超过 160℃。蒸馏速度越快越好,不然液体变暗棕色,产率低。

③四氯化碳需用 4Å 分子筛干燥,经蒸馏后使用。界面缩聚中,烧杯要洗净。加入碱量要足够,各相中溶液的浓度及拉丝的速度要合适,否则不能连续拉出长丝。

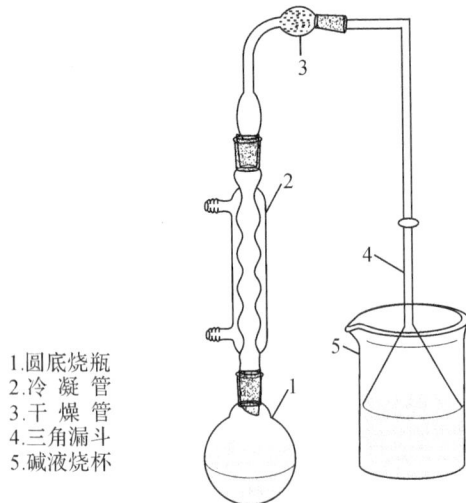

1.圆底烧瓶
2.冷凝管
3.干燥管
4.三角漏斗
5.碱液烧杯

图 2-13-1　二元酰氯制备装置

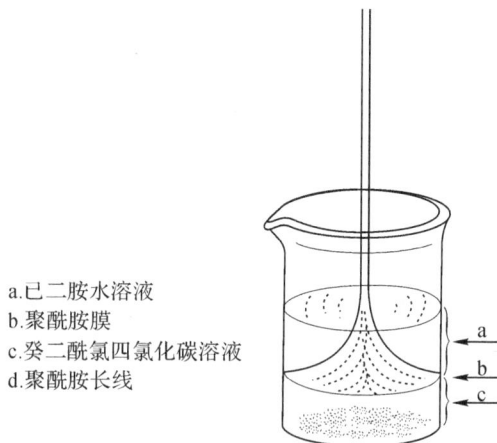

a.已二胺水溶液
b.聚酰胺膜
c.癸二酰氯四氯化碳溶液
d.聚酰胺长线

图 2-13-2　界面缩聚示意图

五、思考题

1. 界面缩聚的特点是什么？

2. 为了得到高分子量的尼龙 610,在实验中应注意哪些问题？

六、参考文献

1. P. W. Morgan and S. L. Kwolek J. Polym Sci. 40, 299-327, 1959.

2. D. 布劳恩著,H. 切尔德龙,W. 克恩著. 黄葆同等译校. 聚合物合成和表征技术. 北京:科学出版社,1981.

实验十四　　聚乙烯醇缩醛反应
（实验时间：6 小时）

一、目的和要求

1. 了解聚乙烯醇缩醛反应的原理。
2. 掌握聚乙烯醇缩醛的制备方法。

二、原理

聚乙烯醇缩醛是聚乙烯醇与醛类在酸性介质中进行缩醛化反应而制得的。本实验是用聚乙烯醇与甲醛在盐酸存在下进行缩醛反应制备聚乙烯醇缩醛。其反应式示意如下：

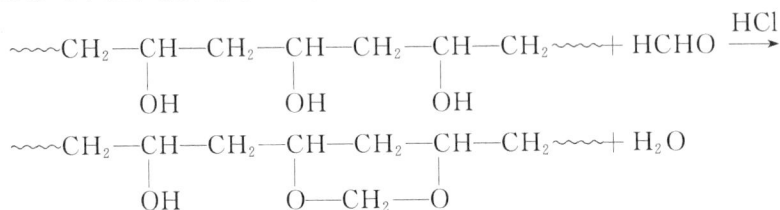

$$\sim\sim CH_2-CH-CH_2-CH-CH_2-CH-CH_2\sim\sim + HCHO \xrightarrow{HCl}$$
$$\qquad\qquad | \qquad\qquad | \qquad\qquad |$$
$$\qquad\qquad OH \qquad\quad OH \qquad\quad OH$$

$$\sim\sim CH_2-CH-CH_2-CH-CH_2-CH-CH_2\sim\sim + H_2O$$
$$\qquad\qquad | \qquad\qquad | \qquad\qquad |$$
$$\qquad\qquad OH \qquad\quad O-CH_2-O$$

聚乙烯醇缩醛的物理和化学性质取决于聚乙烯醇的分子量、醛的化学结构和缩醛化程度等。聚乙烯醇是水溶性高聚物，随着缩醛度的增加，水溶性变差。控制缩醛度在 35％ 左右（不溶于水）可制成维纶纤维；缩醛度较低的聚乙烯醇缩甲醛可制备绝缘漆和胶粘剂。本实验是制备水溶性聚乙烯醇缩甲醛，在反应中须控制较低的缩醛度，使产物保持水溶性。因此，反应物组分的比例、催化剂的用量及反应条件（温度、时间）等必须严格控制。反应后聚合物溶液呈酸性，要加入氢氧化钠溶液中和，调整溶液的 pH 值。

三、仪器和药品

1. 仪器

三口烧瓶	250 ml	1 只
冷凝管		1 支
搅拌器	1 套	
温度计	100℃	2 支
变压器	1KVA,0.5KVA	各 1 支
烧　杯	400 ml	2～3 只
玻璃棒		2 根
量　筒	10 ml	3 只
	100 ml	1 只
台天平		
滴　管		
洗耳球		2 支

2. 药品

聚乙烯醇,甲醛水溶液(37%),浓盐酸,尿素水溶液(50%),氢氧化钠水溶液(10%),pH试纸。

四、实验步骤

1. 按图 2-14-1 搭好实验装置:

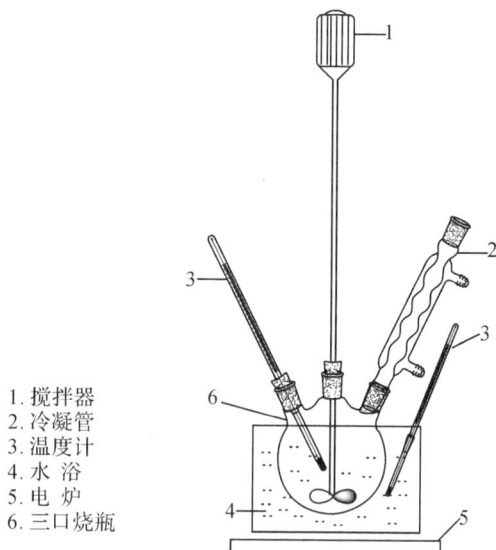

1. 搅拌器
2. 冷凝管
3. 温度计
4. 水 浴
5. 电 炉
6. 三口烧瓶

图 2-14-1　仪器装置图

2. 在三颈瓶中加入 160 ml 水,并加热到 70℃;

3. 开动搅拌,加入聚乙烯醇 20 g,升温到 90～95℃,使聚乙烯醇溶解;

4. 聚乙烯醇溶解后,降温到 85℃,然后加入浓盐酸 1.3 g,搅拌均匀后,测定溶液的 pH 值(一般应为 2 左右);

5. 缓缓加入甲醛水溶液 8 g,维持反应温度 85～88℃,随着反应的进行,体系黏度增大,逐渐变稠,当有絮状物产生时(约 1 小时左右),立即用氢氧化钠溶液调节反应物 pH 值。pH 值调到 5 时,加入尿素水溶液 3.6 g,再继续反应 30 分钟;

6. 加入适量的氢氧化钠溶液,调节反应物 pH 值为 7～7.5,搅拌降温到 40～45℃即可出料,测定产物表观黏度。

五、思考题

1. 影响聚乙烯醇缩醛反应的因素有哪些?
2. 如何控制缩醛反应的终点?
3. 加入尿素的目的是什么?

六、参考文献

潘祖仁主编. 高分子化学.北京:化学工业出版社,1996.

实验十五　三聚氰胺—甲醛树脂及其层压板的制备

（实验时间：4 小时）

一、目的和要求

了解三聚氰胺—甲醛树脂的合成方法及层压板的加工工艺。

二、原理

三聚氰胺—甲醛树脂是氨基塑料中的重要品种，它是由三聚氰胺和甲醛缩合而成，缩合反应是在碱性介质中进行，先生成可溶性"预缩合物"，其反应式如下图所示。

这些缩合物是以三聚氰胺的三羟甲基化合物为主，在 pH8～9 时特别稳定。进一步缩合（N-羟甲基和 NH-基团的失水）成为微溶并最后变成不溶的交联产物。

三聚氰胺—甲醛树脂吸水性低，耐热性高。在潮湿的情况下，仍有良好的电气性能，常用于制造质量要求较高的日用品和电气绝缘零件。

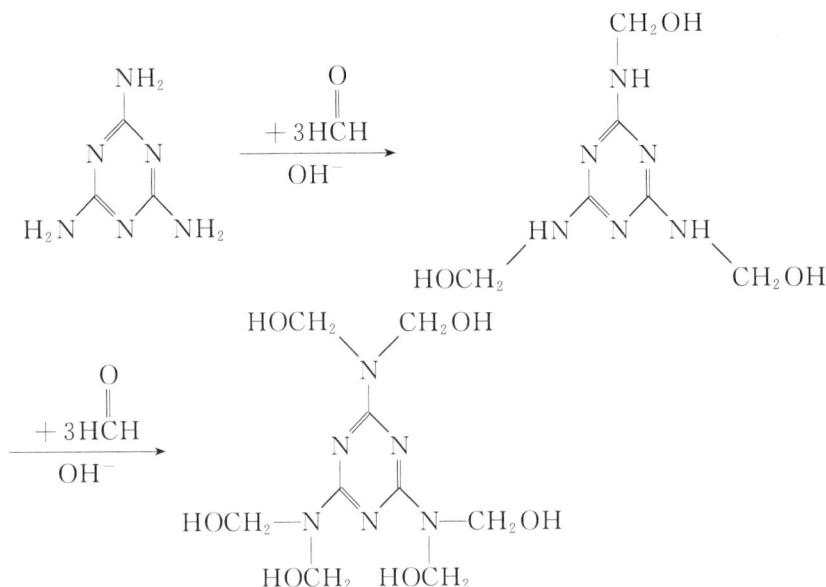

三、仪器和药品

1. 仪器

油压机　铝合金板(15 cm×15 cm)　三颈瓶　搅拌器　回流冷凝管等

2. 药品

三聚氰胺　乌洛托品　甲醛水溶液　三乙醇胺

四、实验步骤

(1)合成树脂：

在装有搅拌器、温度计与回流冷凝管的 250 ml 三颈瓶中,分别加入 101.4 g 甲醛水溶液(浓度为 37%)和 0.25 g 乌洛托品,开动搅拌器使其溶解。在搅拌下,再加入 63 g 三聚氰胺,搅拌 5 分钟,再加热到 80℃。在 70～80℃成一透明的溶液,再反应进行 1 小时后测定沉淀比,直至沉淀比达到 2:2,即可加入 0.3 g 三乙醇胺,当搅拌均匀后停止反应。

沉淀比的测定:从反应混合物中精确称取 2 ml 样品,样品冷至 20℃,在搅拌下滴加蒸馏水,当加入 2 ml 水时样品变微混浊,即沉淀比达到 2:2,停止缩合反应。

(2)纸张的浸渍:

将所得溶液倾于培养皿内,用滤纸(共 15 张)浸渍 1～2 分钟,必须分张进行,不能一次全部放入,以保证每张浸渍足够的树脂。然后用镊子取出,使过剩的树脂滴掉,将浸渍的滤纸用夹子固定在拉直的绳子上,干燥过夜。

(3)压层:

将浸好干燥的纸张层叠整齐,置于光滑的铝合金板(预先涂以硅油),在油压机上于 135℃、40～100 大气压下加热 15 分钟,打开压机后,把样品趁热取出,即可制得透明的层压塑料板。

五、注意事项

缩聚反应温度不能太高,时间不能太长,否则过早交联成不溶不融物。

六、思考题

1. 为什么三聚氰胺—甲醛树脂具有较好的耐热性?
2. 三聚氰胺对人体有哪些毒害?
3. 实验过程中为什么要控制树脂的沉淀比?

七、参考文献

1. E. L. 麦卡弗里,蒋硕健等译. 高分子化学实验制备. 北京:科学出版社,1981.

2. W. R. Sorenson. 王有槐等译. 高分子化学制备方法. 北京:石油化学工业出版社,1975.

3. 胶粘剂应用手册. 北京:化学工业出版社,第 390－391 页,1998.

实验十六　聚氨酯电泳树脂的制备及电泳涂装
（实验时间：16 小时）

一、目的和要求

1. 了解电泳树脂的基本原理及特点。
2. 熟悉利用溶液聚合方法制备高分子电泳树脂。
3. 了解电泳涂装技术。

二、原理

双酚 A 环氧树脂与胺反应可以生成含有胺的聚合物，然后加酸中和成盐，即成为水可稀释性树脂：

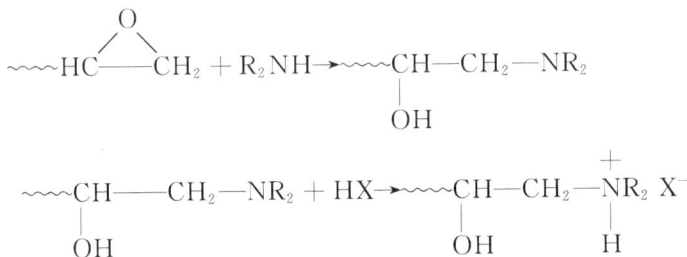

所加酸可为有机酸，如乳酸（HOCH(CH$_2$)COOH），胺可用羟基胺，如 2,2-二甲基-3-羟基丙胺或酮亚胺（如下图所示）。环氧基与酮亚胺的仲胺先行反应，酮亚胺基水解后，可获得伯胺基。

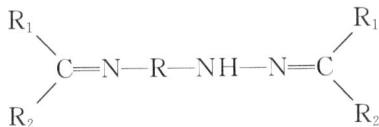

阳离子水可稀释性环氧树脂的固化剂一般用封闭型的二异酸酯，如丁醇封闭的 TDI（如下图）

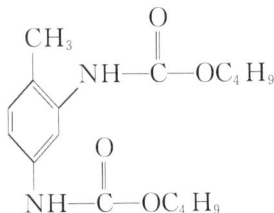

也可以先用二元醇和二异氰酸酯反应，然后制备如下所示的封闭型二异氰酸酯。

$$C_4H_9O-C-NH \quad CH_3 \qquad CH_3 \quad NH-C-OC_4H_9$$

$$NH-C-ORO-C-NH$$

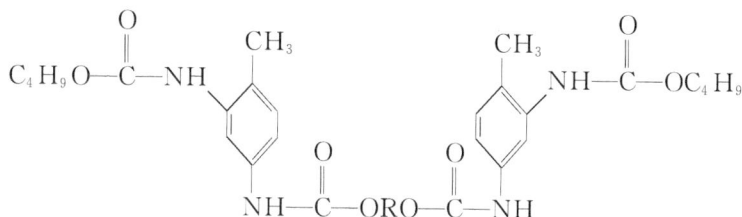

电泳涂装是水可稀释性涂料特有的一种涂装方式,广泛用于汽车、电器与仪表等的底漆涂装。电泳涂装是在一个电泳槽中进行的,如图 2-16-1 所示,电泳漆置于槽中。水可稀释性漆是一个分散体系,水可稀释性树脂的聚集体作为粘合剂,将颜料、交联剂和其他添加剂结合于微粒内,微粒表面带有电荷,如图 2-16-2 所示。

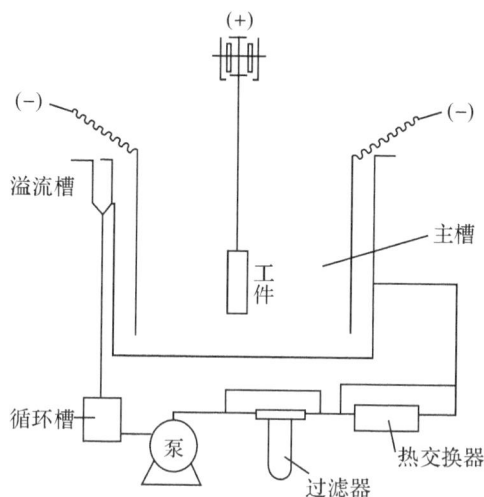

图 2-16-1 典型的电泳槽示意图

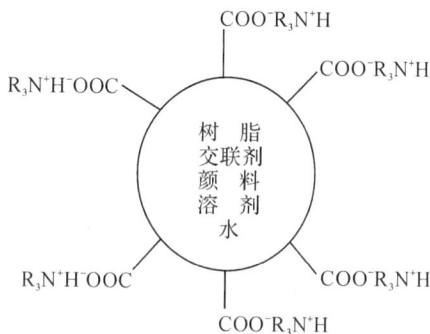

图 2-16-2 电泳漆中的聚集体

当电泳槽内有电场存在时,带电荷的微粒便向着与所带电荷相反的电极移动,并在电极表面失去电荷,沉积在电极表面上,此电极即为被涂物(在图 2-16-1 中为阳极)。将被涂物取出冲洗后加温烘干,便可得交联固化的漆膜。如果微粒带负电荷(如图 2-16-2 所示),便沉积在阳极上,此种水可稀释性涂料便称为阳极电泳漆或阴离子电泳漆。微粒带正电荷,则称阴极电泳漆或阳离子电泳漆。无论是阳极电泳漆还是阴极电泳漆一般都是作为底漆。

阴极电泳涂装是一个复杂的电化学和胶体化学过程。电泳漆本身是一个胶体和悬浮体的多组分体系,存在着分散相(树脂、颜料微粒)和连续相(水)二种组分。在阴极电泳中,一般存在下述四种过程:

(1)电泳 带正电的水溶性树脂粒子及其吸附的颜料,向阴极移动。

(2)电沉积 带正电的树脂粒子到达零件(阴极)表面放电,形成不溶于水的沉积层,经烘烤后形成漆膜。

(3)电渗 水分从沉积层渗析而出,当含水量下降至 $5\% \sim 15\%$ 时,即可烘烤。

(4)电解 水被直流电电解,放出氢与氧,由于电解导致渗透力下降,影响漆膜外观,降低漆膜附着力,增加电耗,因此,应尽量减弱水的电解。

阴极电泳涂装过程可表述如下:

```
                                      ┌──────────────┐
                                      │ 电解电极反应产 │
                                      │ 生阴离子OH⁻   │
                                      └──────────────┘
                                             │
┌──────────────┐        ┌──────────┐        ▼        ┌──────────────┐
│ 带正电的树脂粒子、│  电泳  │ 粒子向阴 │  电沉积  │ 粒子凝固树脂 │
│ 高分子离子    │─────▶│ 极移动   │─────▶│ 的不溶化    │
└──────────────┘        └──────────┘        └──────────────┘

        ┌──────────────┐        ┌──────────┐
 电渗   │ 水分子向膜外移动，│  加热  │  交   联 │
─────▶│ 形成均匀电沉积膜 │─────▶│  固   化 │
        └──────────────┘        └──────────┘
```

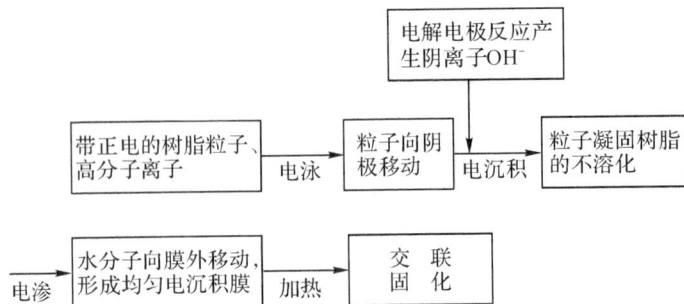

阴极电泳过程反应机理如下：

阴极：

(1) $2H_2O + 2e \rightarrow H_2\uparrow + 2OH^-$

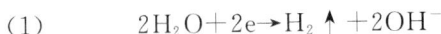

产生的 OH^- 累积于阴极表面,当 OH^- 浓度增加到一定数值时,便在阴极表面产生电沉积。

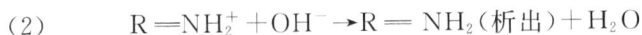

(2) $R = NH_2^+ + OH^- \rightarrow R = NH_2(析出) + H_2O$

阳极(不锈钢或石墨体阳极)：

   $2H_2O \rightarrow 4H^+ + O_2\uparrow + 4e$

三、仪器和药品

双酚型环氧树脂(GY2600)	38
二乙醇胺	10.5
双酚型环氧树脂(6071)	93
壬基乙醇胺甲基异丁基酮胺	71
甲基丙烯酸-2-羟乙酯	6.93
二甲基苄胺乙酸酯	0.26
甲基丙烯酸丁酯	1.4
偶氮双(二甲基戊腈)	0.14
聚酯单体(80%)	10.4
偶氮双异丁腈	1.11
对壬基酚	7.9
聚己内酯二醇	55
乙二醇单丁醚	26.6
乙二醇单乙醚	58.9
有机锡	1.72
异氰酸酯	49.8
苯乙烯	11.1
醋酸(10%)	8.65
色浆、水	适量

四、实验步骤

（一）树脂的制备

将两种环氧树脂、聚己内酯二醇、二甲基苄胺乙醇酯、壬基乙醇胺甲基异丁基酮胺、对壬基酚混合后，加热至 150℃，搅拌 2 h。再加入二乙醇胺、18 份乙二醇单丁醚和 52.5 份乙二醇单乙醚，在 80℃～90℃时加热 3 h，得到 75％的改性环氧树脂。另将聚酯单体、甲基丙烯酸-2-羟乙酯、苯乙烯、甲基丙烯酸丁酯与偶氮双异丁腈于 5 h 内加入 7.2 份乙二醇单丁醚中，在 130℃下加热 2 h。再于 2 h 内加完 1.4 份乙二醇单丁醚和偶氮双（二甲基戊腈），在 130℃下再加热 2 h，加入 6.4 份乙二醇单乙醚，得到 62％树脂液。将两种树脂液、异氰酸酯、醋酸铅、醋酸（10％）与二苯甲酸二丁基锡混合，加入适量水配成固含量为 32％的水乳液，然后再与色浆混合制得电泳漆。

（二）电泳涂装工艺

1. 先在 1 份电泳漆中加入 0.3 份的去离子水和 1％的乙二醇单乙醚，搅拌 12～24 小时，再加入 2 份的水，搅拌 1～2 小时。

2. 把经过打磨，清洗的预镀品放置于电泳槽中：

①温度：电泳温度为 20～30℃，不能高于 30℃，不能低于 20℃，最宜的温度 24～25℃。

②电压一般为 40 V。

③电流为 20～30 mA。

④电泳时间为 10～15 秒，通常为 13 秒最宜。

3. 电泳后拿出用清水清洗干净。

4. 在低温中把水烘干，再放置于 160℃的烘箱中固化半小时。

5. 取出冷却，得到具有良好的防腐性与耐用性的聚氨酯电泳金属涂层。

五、思考题

1. 普通聚氨酯与该实验中聚氨酯的合成与结构有何区别？
2. 请写出树脂制备过程中所发生的化学反应式。

六、参考文献

1. 张允诚等.电镀手册.北京:国防工业出版社.
2. 韩长日,宋小平,吴荆宇主编.涂料制造技术.北京:科学技术文献出版社,2000 年

实验十七　表面光聚合耐磨涂层的制备
（实验时间：6 小时）

一、目的和要求

1. 掌握光引发聚合反应的基本特点及原理。
2. 熟悉 721 型分光光度计的应用技术。

二、原理

某些乙烯类单体在光的激发下能够发生键的断裂而形成自由基，继而发生链增长反应。最终得到比较"纯净"的高聚物。这样的聚合反应称之为"光引发聚合反应"。各种单体都有不同的化学结构，因而在光谱图中都有其特定的吸收光谱区，如 MMA 单体，它的吸收光波区为 220～310 nm。因此利用该方法，只要将某种单体置于它所吸收区的灯光下曝光一定时间，就能制得分子量一定大小的相应高聚物。由于方法、设备都比较简单，产物也比较纯净无须后处理，因而是一个为人们感兴趣的课题。

最常用的光源是汞灯所发出的紫外光区。聚合用的器具是石英材料（或硬质玻璃材料）。聚合是在惰性气体气流保护下或隔绝空气的情况下进行的。

目前，光引发有二种流行的方法：

（1）单体直接吸收光能后引发聚合。如取代乙烯类化合物，特别是吸电子基取代，使双键具有"光活化作用"的性能，光照下直接产生自由基：

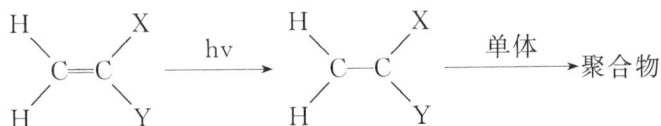

$$H_2C=C\underset{Y}{\overset{X}{|}} \xrightarrow{hv} H_2C-C\underset{Y}{\overset{X}{|}} \xrightarrow{单体} 聚合物$$

此处 X、Y 取代基为吸电子基。

光的引发速率 R_i 与系统所吸收的光强 I 成正比。即

$$R_i = 2fI_s \tag{1}$$

式中：f——光引发效率，但吸收光强 I_s 与入身光强 I_0 成正比：

$$I_s = \varepsilon I_0 [M] \tag{2}$$

式中：ε——摩尔吸收系数；$[M]$——单体浓度。

所以光的引发速率是与入射光强 I_0 成正比：

$$R_i = 2f \cdot \varepsilon \cdot I_0 \cdot [M] \qquad (3)$$

（2）第二个方法是借助"光敏剂"吸收光能后生成二个自由基如：

（i）＞安息香醚

$$C_6H_5-\underset{O}{\overset{\|}{C}}-\underset{OR}{\overset{|}{C}}HC_6H_5 \xrightarrow{hv} C_6H_5-\underset{O}{\overset{\|}{C}}\cdot + C_6H_5\underset{OR}{\overset{|}{\dot{C}}}H$$

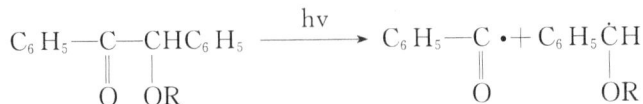

（ii）＞联苯酰的分解：

$$C_6H_5\overset{\displaystyle O}{\underset{\displaystyle ||}{C}}-\overset{\displaystyle O}{\underset{\displaystyle ||}{C}}-C_6H_5 \xrightarrow{\ hv\ } 2C_6H_5\overset{\displaystyle O}{\underset{\displaystyle ||}{C}}$$

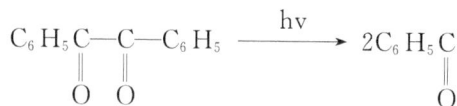

然后引发单体发生聚合。

此时吸收光强与光敏剂浓度(S)成正比,即公式(2)和(3)同样适用。

光引发单体进行聚合也适用于两种或两种以上单体的本体共聚合,在一定条件下,得到的共聚物往往由于单体的折光率和竞聚率的不同而具有"光自聚焦"特性。因而可作为光学组件和光导纤维等。

由于光引发具有如下特点:(1)光照时立即引发和聚合;光停,单体的引发和聚合亦在几秒钟内停止。这与热引发根本不同。另外光强容易控制和测量,所得到的产物纯度也很高,实验结果也容易重复。(2)光引发速率与入射光强成正比(与光敏剂浓度与正比)。(3)由于光引发聚合总活化能低,可在低温下进行反应。

实验时采用的紫外光是高压汞灯发出的。其波长范围接近 365 nm。365 nm 波长的光子能量足以分解某些热引发剂。本实验在系统中加入少量安息香乙醚光敏剂(最大吸收波长为 365 nm)以加速双丙烯酸酯在有机玻璃上的聚合,所得薄层能提高有机玻璃的耐磨性。由于它还具有附着力大和透明度好的特点,具有很大的实用意义。

三、仪器和药品

紫外光发生器	
冷却用电风扇	
变压器	
薄砂试验机	
721 分光光度计	
三角烧瓶	
滴管	
无机玻璃片	$50\times50\times3$ m/m
有机玻璃片	$50\times50\times2$ m/m
涤纶薄膜	$60\times60\times2$ m/m
温度计	
一缩二乙二醇	
丙烯酸	
对甲苯磺酸	
对苯二酚	
苯(或石油醚)	
安息香乙醚	(BEE)
碳化硅	(80 目)

四、实验步骤

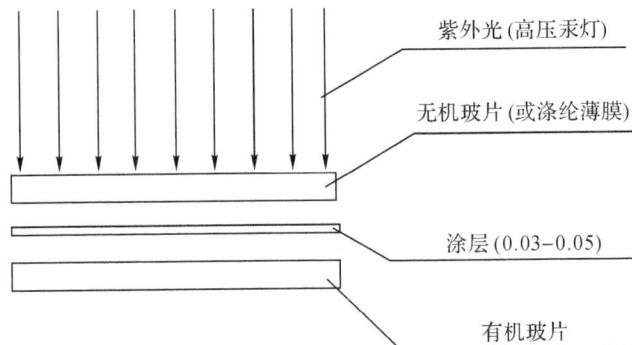

图 2-17-1

A. 二丙烯酸——缩二乙二醇酯＜DDA＞的制备

（1）于圆底烧瓶中加入一缩二乙二醇 53g（0.5 mol），对甲苯磺酸 3.6g（0.02 mol）、丙烯酸 80g（1.1 mol），甲苯（或石油醚）100 ml，对苯二酚 1 g。在 75～80℃左右搅拌回流 3～4 小时，待没有水蒸出时（约有 13 ml）停止反应；

（2）冷却后，用 5％ NaOH 洗二次，饱和 NaCl 水溶液水洗二次，用无水氯化钙（或 Na_2SO_4）干燥；

（3）加 0.5g 左右对苯二酚，先在常压下，蒸去水及苯（或石油醚），再减压蒸馏，收集 122 ～128℃／2～3 mmHg 馏分。即得 DDA。

（注：DDA 的折光指数 1.4602）

B. 光引发聚合

（4）接通总电源，开启风扇，调节变压器（约 120V 左右）。

（5）接通紫外光发生器电源，启动按钮，起动紫外线高压汞灯。

（6）用棉花蘸取少量丙酮，擦洗有机玻璃片表面数次，用滴管吸取含 BEE（重量百分比为 3％）的 DDA 溶液 3～4 滴，置于有机玻璃片上，再将涤纶薄膜仔细覆盖其上（注意不准有气泡存在）。

（7）按图 2-17-1 放好，经紫外光照三分钟（准确计时），然后取下有机玻璃片，剥去涤纶薄膜，用乙醇擦洗表面，再用水冲洗后，擦干。

（8）另取两块有机玻璃片作平行试验。

C. 性能测试

（9）将有涂层的有机玻璃片置于"落砂试验机"上，启动马达，进行耐磨试验（注：80 目金刚砂，落砂高度 700 mm，料斗转速 30 转／分，有机玻璃板下水平方向成 45°角）。与未落砂的有机玻璃片相对照。

（10）将有涂层的有机玻璃片和没有涂层的有机玻璃片分别置于"721"分光光度计试样盒中，选取入射光波长为 465 mm，以空气为参比，测定其透光率（T_c）。然后将未落砂表面透光率调到 100％，再测定已落砂试件表面的透光率（T_1），最后计称试件的耐磨性，按下式表示其磨损率（雾度）：

磨损率(%)＝$T_0 - T_1$

T_0 和 T_1 分别表示未落砂试验的有机玻璃板的透光率 T_0 和落砂试验后的有机玻璃板的透光率 T_1，$T_0 = 100$。

[注]关于 A 步(DDA 的制备)由实验室准备。

方程式如下：

$$\underset{O}{\overset{CH_2CH_2OH}{\diagdown}}\underset{CH_2CH_2OH}{\diagup} \quad +2CH_2=CH-COOH \xrightarrow[80℃]{对甲苯磺酸}$$

$$\underset{O}{\overset{CH_2CH_2O-\overset{O}{\overset{\|}{C}}-O-CH=CH_2}{\diagdown}}\underset{CH_2CH_2OH-\overset{O}{\overset{\|}{C}}-O-CH=CH_2}{\diagup} \quad +2H_2O$$

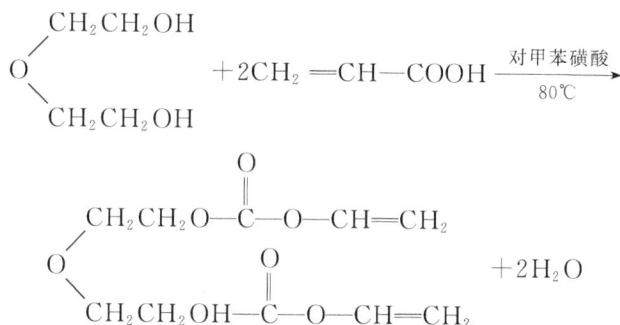

五、实验记录和计算

参比试样(无涂层的有机玻璃片)的测试：

T_0		T_0 的平均值
(1)	(2)	

试样	T_1		T_0 的平均值	磨损值		平均磨损率
1	(1)	(2)		(1)	(2)	
2	(1)	(2)		(1)	(2)	
3	(1)	(2)		(1)	(2)	

六、思考题

1. 比较光引发聚合和热引发聚合的异同点；
2. 试述提高有机玻璃片涂层耐磨性的几个途径；
3. 对本实验提出您的意见。

七、参考文献

1. 潘祖仁主编.高分子化学.北京:化学工业出版社,1996.
2. 冯新德编.高分子合成化学.北京:科学出版社,1981.

实验十八　膨胀计法测定自由基聚合动力学
（实验时间：8 小时）

一、目的和要求

1. 熟悉烯烃自由基聚合反应机理。
2. 了解自由基聚合动力学研究方法。
3. 掌握动力学参数作图以及计算方法。

二、原理

烯烃的自由基聚合一般是引发剂或单体本身受热或光照后生成自由基，引发单体以链式反应的形式聚合成高聚物。引发剂一般是含弱键（如—O—O—或—C—N＝N—C—）的过氧化物及偶氮化合物，它们在聚合温度下，容易形成自由基。如偶氮二异丁腈（AIBN）的热分解方式如下：

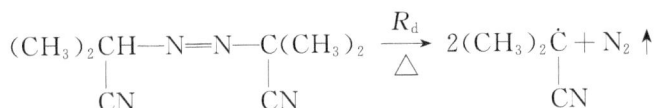

$$(CH_3)_2CH—N＝N—C(CH_3)_2 \xrightarrow[\triangle]{R_d} 2(CH_3)_2\dot{C} + N_2\uparrow$$
$$\quad\quad\quad |\quad\quad\quad\quad\quad |\quad\quad\quad\quad\quad\quad\quad\quad\quad |$$
$$\quad\quad\quad CN\quad\quad\quad\quad CN\quad\quad\quad\quad\quad\quad\quad CN$$

根据自由基加成反应机理最终推导出链增长速率 R_p 为：

$$R_p = k_p(\frac{fk_d}{k_t})^{1/2}[I]^{1/2}[M] \quad\quad R_p = -\frac{d[M]}{dt} = k_p(\frac{fk_d}{k_t})^{\frac{1}{2}}[M][I]^{\frac{1}{2}} \quad\quad (1)$$

R_p 等于总的聚合速度，由上式我们可以知道，在低转化率时，$[M]$ 可以为不变，则（1）式可简写为：

$$R_p \sim [I]^{\frac{1}{2}} \quad\quad (2)$$

当转化率很低（<10%）时，可假定 $[I]$ 保持不变，则（1）式可写为：

$$R_p = -\frac{d[M]}{dt} = k[M]$$

其中

$$k = k_p(\frac{fk_d}{k_t})^{1/2}[I]^{1/2}, \quad -\frac{d[M]}{[M]} = kd_t \quad\quad (3)$$

两边积分得

$$\ln\frac{[M_0]}{[M]} = k \cdot t \quad\quad (4)$$

$[M_0]$、$[M]$ 分别为起始单体浓度和反应时间 t 时的单体浓度，由（4）式可以看出是一个直线方程，若从实验中测出不同时间 t 时单体浓度 $[M]$ 值，就可计算出 $\ln\frac{[M_0]}{[M]}$ 的值，并作 $\ln\frac{[M_0]}{[M]}$ 对 t 图，可以验证动力学关系式（2）。

由于聚合过程中体积的变化很明显，因此用膨胀计测定是很方便的。根据定义，单体转

化率 P 为：

$$P = \frac{\Delta V_t}{\Delta V_\infty}$$

这里 ΔV_t 表示聚合反应进行到时间 t 时的体积变化；ΔV_∞ 表示单体 100% 转化成聚合物时的体积变化。

在时间 t 时已消耗掉的单体量为：

$$P[M_0] = \frac{\Delta V_t}{\Delta V_\infty} \cdot [M_0]$$

在此时所剩下的单体为：

$$[M] = [M_0] - P[M_0] = [M_0](1-P) = [M_0]\left(1 - \frac{\Delta V_t}{\Delta V_\infty}\right)$$

那么 $\dfrac{[M_0]}{[M]} = \dfrac{1}{1 - \left(\dfrac{\Delta V_t}{\Delta V_\infty}\right)} = \dfrac{1}{1-P}$

两边取对数得：$\ln \dfrac{[M_0]}{[M]} = \ln \dfrac{1}{1 - \left(\dfrac{\Delta v_t}{\Delta_\infty}\right)} = \ln \dfrac{1}{1-P}$

同（4）式相比较即可得到：$\ln \dfrac{1}{1-p} = k \cdot t$

其中 $\bar{V}_\infty = \dfrac{W_\infty}{\rho_{固体}}$ $\Delta V_\infty = \dfrac{W_{单体}}{\rho_{固}} - \dfrac{W_\infty}{\rho_{固}}$

W 单体、W_∞ 分别为单体及聚合物的质量，ΔV_∞ 值对一定量的单体来说是一个固定值，因此只要用膨胀计测出不同时间的体积变化 ΔV_t 值，即可算出 $\ln \dfrac{[M_0]}{[M]}$ 的值。在实验中，常从膨胀计毛细管高度 H 的变化换算出聚合反应的转化率。

根据 $P\%$ 对时间 t 作图，应得一直线，求出直线的斜率 $\dfrac{\mathrm{d}(P\%)}{\mathrm{d}t}$ ，根据定义：

$R_p = [M_0]\dfrac{\mathrm{d}P}{\mathrm{d}t} = [M_0]\dfrac{\mathrm{d}(P\%)}{\mathrm{d}t} \cdot \dfrac{60}{100}(\mathrm{mol/L \cdot h})$ 即可求出聚合速率 R_p 的值。

若我们改变引发剂浓度，那么根据（2）式，R_p 对 $[I]^{\frac{1}{2}}$ 作图应该是一条直线。

三、仪器和药品

1. 仪器：恒温槽、膨胀计、橡皮吸球、移液管、砂芯漏斗、电吹风。
2. 药品：水银（A、B 级）、苯、苯乙烯（精馏）、甲醇、偶氮二异丁腈（$AIBN$，重结晶）。

四、实验步骤

1. 用水银测定膨胀计体积和毛细管的体积及应变的关系（具体方法见附录）。
2. 最后用丙酮清洗并干燥之。

四只容量瓶中分别放入按下表配置的 St-AIBN 的混合物：

组号	St (ml)	AIBN（mg）
1	25	20
2	25	40
3	25	60
4	25	80

3. 用移液管将溶有 AIBN 的 St 溶液分别置于四个膨胀计内，并将用火棉胶封好的膨胀计置于 60±0.1℃的恒温槽中。充有液体的毛细管部分也浸入水中，毛细管中的液面逐渐升高，直到平衡(记下时间 t_1 和 H_1)，然后液面开始下降(记下膨胀计放入恒温槽的时间 t_0 及液面下降的时间 t_2)，每隔两分钟记录一次液面的高度。

4. 当毛细管液面高度下降 6～7 cm 时(1、2 号下降的高度可以小于 6 cm)，把膨胀计取出，并立即浸于水中以终止反应。

5. 将已冷却至 10℃以下膨胀计中的聚合物倾倒于小烧杯中，加入 8～10 倍体积的甲醇，将所得聚合物过滤、洗涤，于 50℃下真空干燥、称重。

五、数据分析和结果处理

1. 作 $\Delta H\sim t$ 或 $\Delta V\sim t$ 图，求出聚合反应起始时间和诱导期；求诱导期的经验公式 $t=\frac{1}{2}(t_1-t_0)+(t_2-t_1)$。

2. 作 $P\%\sim t$ 图，并求出斜率 $\frac{\mathrm{d}(P\%)}{\mathrm{d}t}$ 及 R_p 值。

3. 作 $R_p\sim[I]^{\frac{1}{2}}$ 图，验证 R_p 与 $[I]^{\frac{1}{2}}$ 的动力学关系。

4. 作 $\ln\frac{[M_0]}{[M]}\sim t$ 图，验证 $\ln\frac{[M_0]}{[M]}=Kt$ 成立，并求出速度常数 K 值。

附：膨胀计安培体积和毛细管体积(高度)的测定纷方法如下：

将纯水银充满膨胀计，然后将膨胀计置于 30℃和 60℃的恒温槽中，记下所加入的纯水银重量 W 及 30℃和 60℃两个温度下的纯水银在毛细管中的高度 H_{30} 和 H_{60}。根据下式：

$$\pi r^2=\frac{\omega(\frac{1}{d_{30}}-\frac{1}{d_{60}})}{H_{30}-H_{60}};\quad V_{安}=\frac{\omega}{d_{60}}-\pi r^2\cdot H_{60}$$

d_{30} 和 d_{60} 分别为纯水银在 30℃和 60℃下的密度，$(d_{30}=13.5217,d_{60}=13.4486)$，从毛细管的体积即可求出单位长度的体积校正数。

苯乙烯密度经验公式：$d_{st}^t=0.9240-0.000918t(\mathrm{g/cm^3})(t$ 在 30～120℃内适用)。

六、思考题

1. 对于高转化率情况下的自由基聚合反应能用此法研究吗？为什么？

2. 缩聚反应动力学能否用此法研究，为什么？

3. 膨胀计中引起弯液面高度变化的是什么原因？聚合反应开始时间如何确定？膨胀计的弯液面为什么有一段时间的停顿？

4. 已知在 30℃时苯乙烯的比重为 0.851 g/ml，聚苯乙烯的比重为 1.044 g/ml，求单体完全转化时将会有多大的体积收缩?

5. 请讨论本实验的误差以及改进意见。

七、参考文献

1. D. 布劳恩著,H. 切尔德龙,W. 克恩著. 黄葆同等译校. 聚合物合成和表征技术. 北京:科学出版社,1981.

2. E. A. Collins,J. Bares and E. W. Billmeyer. Experiments in polymer science. Wiley Inter Science,Chichester,1973.

3. E. l. 卡费里著. 高分子化学实验室制备. 北京:科学出版社,1981.

4. 潘祖仁. 高分子化学. 北京:化学工业出版社,1996.

实验十九　甲基丙烯酸甲酯和苯乙烯的自由基共聚合
——竞聚率紫外测定法
（实验时间：分两次，聚合 6 小时，紫外分析 4 小时）

一、目的和要求

1. 熟悉烯类共聚反应机理。
2. 熟悉烯类共聚反应速度方程的表达式。
3. 掌握从投料比和聚合物组成计算共聚物体系的竞聚率方法。
4. 了解聚合物的紫外分析方法。

二、原理

在共聚反应中，控制共聚物的组成是一个重要的实际问题。根据 Mayo 和 Lowis 等人提出的三个基本假设：(1)绝大部分的单体都在链增长过程中消耗掉；(2)反应体系中不存在影响链增长速度的其他副反应；(3)反应达稳态时，体系活性链总浓度以及每种单体链节结尾的活性链浓度均保持不变；(4)活性与末端结构没关系。推导共聚物组成的微分方程式结果如下：

$$\frac{d[M_1]}{d[M_2]}=\frac{[M_1](r_1[M_1]+[M_2])}{[M_1](r_2[M_2]+[M_1])} \tag{1}$$

其中：

$$r_1=\frac{k_{11}}{k_{12}} \qquad\qquad r_2=\frac{k_{22}}{k_{21}}$$

若以 F_1、F_2 分别代表共聚物中单体 1 和单体 2 所占的摩尔数，f_1、f_2 分别代表单体 1 和单体 2 在单体配比中的摩尔数，则上式可改写为：

$$F_1=\frac{r_1f_1+f_1f_2}{r_1f_1+2f_1f_2+r_2f_2} \tag{2}$$

由(2)式可以清楚地看到共聚物的组成仅决定于两种单体的配料比及共聚物体系的竞聚率。因此，当共聚体系的竞聚率已知时，就可以根据上式作出这个共聚体系的 $F\sim f$ 曲线图。根据此图就可以知道要合成某一组成的共聚物时应用什么样的配料比，并可以估计出要合成这一组成的共聚物的难易，故竞聚率的测定，对于共聚反应来说是相当重要的。

竞聚率的测定是在一定温度下用几种不同配料比进行共聚反应而测定的。对于一般的共聚体系，f_1 和相应的 F_1 并不相同，随着共聚物的生成，体系中的 f_1 不断改变，只有很低转化率($<10\%$)时体系中两种单体的比例才可认为是否与投料比相一致的，若转化率稍高就要进行校正，若$>10\%$时则应用积分公式处理。

为便于实验的实施，曾有人导出多种处理共聚竞聚率的方法，如：

(a) 直线交叉法

方程表达式为：

$$r_2 = \frac{f_1}{f_2}\left[\frac{F_1}{F_2}\left(1+\frac{f_1}{f_2}r_1\right)-1\right] \qquad (3)$$

如果选择一配料比，又测得相应的共聚物组成，代入(3)式，即可得一条以 r_1 和 r_2 为变数的直线方程，一次实验可作出一条直线。数条直线的交点(或交叉区)就是该体系的 r_1 和 r_2 的值。由于测得的 r_1 和 r_2 常常有较大的任意性，所以精确度较差。

（b）截距法

以 $\dfrac{d[M_1]}{d[M_2]}=\rho$ 和 $\dfrac{M_1}{M_2}=R$ 代入(1)式测得

$$\rho = R\left(\frac{r_1 R+1}{r_2+R}\right) \quad 即 \quad \left(R-\frac{R}{\rho}\right)=\frac{R^2}{\rho}r_1-r_2 \qquad (4)$$

R——瞬时配料比，在低转化率时近似等于单体配料比，这是已知值：

$$R=\frac{[M_1]}{[M_2]}=\frac{[M_1]_0}{[M_2]_0}=\frac{V_1 d_1}{M_1}\bigg/\frac{V_2 d_2}{M_2} \qquad (5)$$

式中 V、d、M 分别代表单体的体积，比重和分子量。

ρ——瞬时共聚物组成，可见，要知道 ρ 和 R，根据式(4)可得到 r_1 和 r_2 关系式，作图可得一直线，截距为 r_2，斜率为 r_1。

在一系列的实验中(同样条件)，单体的配料比可自行设计，而在共聚物中的苯乙烯(共聚体系为苯乙烯和甲基丙烯酸甲酯)可用红外或紫外方法定量测定。本实验采用紫外法。

根据　　　　　　Beer-Lambert 公式 $A=\varepsilon C\, l$　　　　　　　　　　(6)

只要知道特定波长下的溶液吸收率 A 和消光系数 ε 以及测定时所用的池子的长度 l，即可测得溶液中的苯乙烯浓度。

实验时，先对苯乙烯均聚物和甲基丙烯酸甲酯均聚物进行 UV 测定，分别测得苯乙烯重量分数为 1.00 和 0.000 的吸收值。此时 A 对 C(甲基丙烯酸甲酯中的苯乙烯重量分数)作图应得一直线，并且包括了苯乙烯的所有浓度。这里的 A 值是相同浓度下归一化了的。如果将 St-MMA 共聚物溶解，并在所选择的波长下观察到它们的归一化吸收，即可根据(5)式得出每一共聚物中苯乙烯重量分数，并由此计算出摩尔分数，即能算出这一体系的 r_1 和 r_2 值(可以按"交叉法"或"截距法"处理)。

（5）式可改写为　　　$s\% = k\cdot\dfrac{E}{W}$　　　　　　　　　　　　(7)

式中：$s\%$——苯乙烯含量，E——该溶液的消光值，W——分析试样的重量，K——常数(对于某一物质，入射波长一定，样品的稀释方法一定，才能是恒值)，K 值可以由纯聚苯乙烯在同一波长、同一浓度下测定 E 值，代入(7)式即可求得。实验时，只要知道试样重量和 E 值，即可求得 $s\%$ 值。

三、仪器和药品

苯乙烯	新蒸
甲基丙烯酸甲酯	新蒸
AIBN	重结晶
甲乙酮	
氯仿	

乙烷和石油醚

N$_2$

超级恒温槽

聚合封管　　　　　　　　　　　　　　　>50 ml　　6 支

量筒　　　　　　　　　　　　　　　　25 ml 和 10 ml

吸滤瓶　　　　　　　　　　　　　　　附 2♯砂芯漏斗

不锈钢网或铜丝网

移液管　　　　　　　　　　　　　　　1 ml

紫外分光光度计　　　　　　　　　　　751 型

长针头

四、实验步骤

1. 共聚合反应

(1)在各试管中按下表配方,放入单体和引发剂,盖好橡皮塞并振摇溶解,置于盛有冰水的烧杯中(目的是减少单体的挥发)。

(2)5～10 分钟后,逐一插入一根连有 N$_2$ 钢瓶(或 N$_2$ 气球)的长针头于聚合管中,鼓泡赶氧 1～2 分钟。

(3)然后将四根聚合管用两张金属片裹住,置于已恒温至 60℃的恒温槽中。

配方:每一试管中所放入的混合单体的总量为 0.1 mol,表中所需的重量和体积请自行计算。

编号	St			MMA			AIBN(mg)
	f_1	W(g)	ml	f_1	W(g)	ml	
1	20			80			20
2	40			60			20
3	60			40			20
4	80			20			20

(4)聚合一小时后(聚合管内混合物至蜂蜜状为宜)从水槽中取出,用自来水冷却。

(5)将混合物慢慢倒入搅拌着的盛有 200 ml 已烷(或石油醚)的烧杯中,使共聚物析出并沉淀。

(6)用 10 ml 甲乙酮洗涤聚合管,一并倒入烧杯中析出沉淀,用布氏漏斗吸滤过滤。

(7)将滤干的聚合物溶于尽量少的甲乙酮中,然后将此溶液倒入 200 ml 已烷(或石油醚)中,吸滤;最后置于真空烘箱中,于温度为 50℃,压力为 760 mmHg 下干燥至恒重。(注意:每支聚合管所用的溶剂量和干燥处理必须相同)。

(8)将干燥之后的聚物取少量(约 0.1 g)配制浓度为 1 g/2.5 L 氯仿溶液用于 UV 分析,其余部分称重计算产率及转化率。

2. 紫外(UV)测定

(1)UV 分析用溶液的配制:称 0.1 g(±0.001)共聚物溶于 25 ml 氯仿(在 25 ml 容量瓶配制)中,用移液管取出 1 ml 移至 10 ml 容量瓶中,加氯仿至刻度,备用。

[注]最好先将共聚物置于50℃/5 mmHg 真空烘箱中干燥至恒重,准备为配制紫外测试溶液之用。

(2)紫外分析操作(751G 分光光度计)

仪器通电后预热 20 分钟,确保仪器稳定工作,其步骤如下:

①将暗电流闸门处于关的位置。

②选择开关处于"校正"上。

③将波长刻度放在所要的波长上。

④选定适应波长的光电管,手柄推入为紫敏光电管(200～625 nm),手柄拉出为红敏光电管(625～1000 nm),同时相应于波长来选定光源灯,适用波长为320～1000 nm 范围内,氢弧灯适用波长为320～200 nm,根据需要可以相应的将滤光片推入光路,以减少杂散光,通常情况下可以不必要。

⑤根据波长可以选配比色皿,对于 350 nm 以上的波长,可用玻璃比色皿,对于 350 nm 以下的,一定要用石英比色皿,将比色皿放入托架内,(其中三个比色皿内放被测溶液,另一个放标准溶液),然后把盖板盖好。

⑥调节暗电流旋钮使电表指针到零,为了得到较高的正确度,以后每测量一次暗电流需校正一次。

⑦在正常情况下,灵敏度调节位置从左面停止位置顺时针转动三圈左右。

⑧移动试样槽手柄,把标准溶液移到光路中(同时注意滑板是否处在定位槽中)。

⑨把读数电位记放在透光率 100%上。

⑩把选择开关扳至"X1"位置。

⑪拉开暗电流闸门,使单色光进入光电管。

⑫调节狭缝大致使电表指针到零上,而后再用灵敏度旋钮细致调节,使电表指针正确的指在零上。

⑬将试样溶液置于光路之中(同时注意滑板是否处在定位槽中),这里电表指针偏离"零"位。

⑭旋转读数电位器度盘重新使电表指针移到"0"位,此时度盘上即能读取透过率或相应的消光值。

⑮在平衡之后,将暗电流闸门重新关上,以便保护光电管勿使受光过长面疲劳。

⑯读取透过率或相应的消光值,当选择开关放在"X1"上时,透光率范围是 0～100%,相应的消光值范围由∞～0,当透光率小于 10%时,则可选择开关放在"X01"的位置,得到较准确的数值,此时所读出的透光率数值,应以 10 除上,或相应地对于所读出的消光值应加上1.0。

⑰用同一标准溶液需要测试几个试样时,只要重复以上方法即可。

⑱在使用过程中如需取出比色皿更换试样溶液时,必须注意应先关光门钮(使光电管前光门关门),然后方能试样盖。

⑲当仪器停止工作时,必须切断电源,选择开关放在"关"上,为狭缝旋钮转到 0.01 刻度左右,波长旋钮放在 625 nm,透光率放在 100%。

⑳比色皿使用完毕,请立即用蒸馏水冲洗清洁,并用干净、柔软的纱布将水迹擦净,以防止表面光洁度被破坏影响比色皿的透光率。

五、数据分析和结果处理

$\lambda_{max} =$ 　　　　　　　　　　　　　　$K =$

竞聚率计算：

编号	F_1	F_2	$R=F_F F_2$	ρ	$R-\dfrac{R}{\rho}$	R^2/ρ	$(\rho-1)$	ρ/R^2
1								
2								
3								
4								

将不同的 F_1、F_2 和 f_1、f_2 代入(3)式或(4)式,然后作图,求出 r_1 和 r_2。

测试分析记录及计算：

编号	E	W	$s\%$	$s_{mm01}\%$	MMA%	MMA$_{MAX}$%	C_0(g/L)	C(g/L)	$P=\dfrac{S_{mol}\%}{MMA_{mol}\%}$
1									
2									
3									
4									

六、思考题

1. 试讨论本实验引起误差的原因和改进的意见。

2. 为什么要冷冻赶氧和冷冻终止反应？

3. 共聚合竞聚率的测定,为什么一定要控制在聚合转化率10%以下？如何控制？

七、参考文献

1. 【美】E. L. 麦卡弗里.蒋硕建等译.高分子化学实验室制备.北京:科学出版社.1981.

2. 潘祖仁.高分子化学.北京:化学工业出版社 1996.

实验二十　溶剂链转移常数的测定

（实验时间：10 小时）

一、目的和要求

1. 了解链转移反应对聚合的影响。
2. 学习掌握链转移常数的测定方法。

二、原理

在自由基聚合反应中，除了链引发、增长、终止三步基元反应外，往往伴有链转移反应，即活性中心可向单体、引发剂、溶剂和大分子转移。

$$Mx + YS \xrightarrow{Ktr} MxY + S\cdot$$

分子 YS 常含有容易被夺取的原子 Y，如氢、氯等，转移导致。原来的自由基终止，形成的另一个新自由基也可以继续引发单体聚合，但它的引发效率因新自由基的活性而异。如新自由基活性接近原自由基，则可引发单体继续增长，由于转移后活性中心数目不变，所以对聚合速度不影响，仅使聚合度下降。

在溶液聚合中，常有链转移反应存在，对聚合度有影响。在此场合，可运用下式计算聚合度：

$$\frac{1}{\bar{X}_n} = (\frac{1}{\bar{X}_n})_0 + C_s \frac{[S]}{[M]}$$

式中 C_s 为溶剂的链转移常数，$[S]$、$[M]$ 是溶剂与单体的浓度，$\bar{X}_n$ 为平均聚合度。C_s 值的大小代表溶剂链转移活性的大小，与温度、单体和溶剂分子的结构有关。

本实验以甲基丙烯酸甲酯（MMA）为单体，80％甲醇—水混合液为溶剂，用六个不同的溶剂与单体比（$[S]/[M]$）进行溶液聚合，并通过黏度法测定相应六个产物的平均分子量，计算出平均聚合度。根据上式以 $\frac{1}{Xn}$ 对 $[S]/[M]$ 作图得一直线，其斜率便为溶剂甲醇的转移常数 C_s。

三、仪器和药品

1. 仪器：
分子量测量仪器：
恒温装置 1 套，乌氏黏度计（r 0.6 mm）
2. 药品：
甲基丙烯酸甲酯：新鲜蒸馏，BP 61℃/200 mmHg
80％甲醇—水溶液：化学纯
偶氮二异丁腈：重结晶
丙酮：化学纯

苯:化学纯

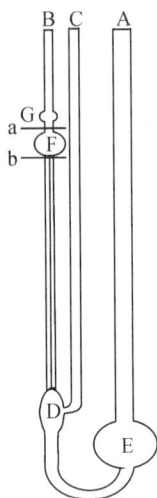

图 2-20-1　乌氏黏度计

四、实验步骤

1. 溶液聚合

配料比:

实验编号	单体浓度	单体用量(g)	混合溶剂(g)	AIBN(g)
1	29.0%	20.00	49.00	0.170
2	29.5%	20.00	47.80	0.170
3	30.0%	20.00	46.67	0.170
4	30.5%	20.00	45.60	0.170
5	31.0%	20.00	44.50	0.170
6	31.5%	20.00	43.50	0.170

如图 2-20-1 装好仪器,按指定的实验编号加料,开动搅拌,加热(以瓶内温度计为准)至 $67\pm0.5℃$ 进行反应,反应时间按不同的配料比而不同。一般当溶液中所产生的白色凝块不再增加,上层溶液澄清,继续反应半小时,停止反应(大约需要 4~5 小时)。移去热源,冷却后倾去上层清溶剂,加入 100 ml 丙酮,在搅拌下加热至 40℃ 溶解,最后将瓶内溶液在快速无规则搅拌下慢慢倒入盛有 1000 ml 蒸馏水的烧杯中沉淀,抽滤,用水洗数次,置于培养皿中,放入真空烘箱,在 50℃ 下干燥约 8 小时直至恒重,称重计算产率,待测分子量。

2. 分子量测定—黏度法

(1)调节恒温槽温度为 $25\pm0.05℃$。

(2)溶液的配制

准确称取 PMMA 约 0.25 g,倒入 25 ml 容量瓶中,加入约 15 ml 纯苯(溶剂),放在约 70℃ 水浴中,稍稍摇动,待全部溶解后,在恒温($25\pm0.05℃$)下稀释至刻度(溶剂要预先恒温),然后摇匀,待测。

3. 溶剂流出时间的测定

在黏度计的 B、C 两管上小心接上二根乳胶管,用 2 号砂芯漏斗把溶剂苯(约 15 ml)过滤入黏度计下球中,然后将黏度计置入恒温槽,垂直夹好,让水浸没 G 球,于 25±0.05℃恒温 15 分钟后开始测定。

用手按住 C 管,用针筒或吸球从 B 管吸溶剂于 G 球一半处,再按住 B 管,停止抽吸。同时放开 B、C 二管,用秒表记录溶剂流经黏度计 a 和 b 处所需的时间 t_0。重复三次,误差不得超过 0.2 s,取其平均值便为溶剂的流出时间。

倾出溶剂,分别用少量丙酮和乙醚洗净。吹干(烘干)。

4. 溶液流出时间的测定,方法同(3)。

五、数据分析和结果处理

1. 计算产率

2. 计算对应不同 [S]/[M] 值的产物平均聚合度 $\overline{X}_n$。

相对黏度 $\eta_r = \dfrac{\overline{t}}{t_0}$; 增比黏度 $\eta_{SP} = \eta_r - 1$;

特性黏度 $[\eta] = \sqrt{\dfrac{2(\eta_{SP} - \ln\eta_r)}{C}}$ (ml/g)。

式中 C——溶液的黏度(g/ml)

由 $[\eta] = KM^\alpha$ 求出 PMMA 的平均分子量 $\overline{M}$,从而求出平均聚合度 $\overline{X}_n$。

已知在 25℃测定苯为溶剂,$[\eta]$ 的单位为 g/ml 时,$K = 4.68 \times 10^{-3}$,$\alpha = 0.17$

3. 以 $\dfrac{1}{X_n}$ 对 $\dfrac{[S]}{[M]}$ 作图,求出甲醇溶剂的链转移常数 C_s。

实验编号	单体浓度 (mol/kg)	溶剂浓度 (mol/kg)	$\dfrac{[S]}{[M]}$	$[\eta]\dfrac{1}{\overline{X}_n}\cdot\tilde{1}$

六、思考题

1. 本实验要控制好哪些条件? 这些条件对测定链转移常数的影响如何?

2. k、α 值的大小与什么因素有关?关系如何?

七、参考文献

潘祖仁. 高分子化学. 北京:化学工业出版社,1996.

实验二十一 引发剂分解速率常数的测定
（实验时间：6 小时）

一、目的和要求

1. 了解引发剂分解速率常数的意义。
2. 掌握碘量法测定过氧化物类引发剂的分解速度常数的方法。
3. 学习实验数据的处理及计算。

二、原理

引发剂分解反应一般是一级反应，分解速度 R_d 与引发剂浓度 $[I]$ 的一次方成正比，表达式如下

$$R_d = -\frac{\mathrm{d}[I]}{\mathrm{d}t} = K_d[I] \tag{1}$$

K_d 是分解速率常数，单位可以是秒$^{-1}$、分$^{-1}$ 或小时$^{-1}$。将上式积分，得：

$$\ln\frac{[I]}{[I]_0} = -K_d t \tag{2}$$

或

$$\frac{[I]}{[I]_0} = e^{-K_d t} \tag{2a}$$

式中 $[I]_0$ 和 $[I]$ 分别代表引发剂的起始 $(t=0)$ 浓度和时间为 t 时的浓度，单位为摩尔/升。$[I]/[I]_0$ 代表时间 t 时尚未分解的引发剂分率称为残留分率。

当引发剂分解至原来浓度的一半时所需的时间称为半衰期，以 $t_{\frac{1}{2}}$ 表示。根据式（2），$[I]=1/2[I]$。半衰期与分解速率常数 K_d 之间有下列关系：

$$t_{\frac{1}{2}} = \frac{\ln 2}{K_d} = \frac{0.693}{K_d}$$

引发剂的活性可用分解速率常数 K_d 或半衰期 $t_{\frac{1}{2}}$ 表示。在某一温度下，分解速率常数越大，或半衰期愈短，则引发剂活性愈高。在科学上，常用分解速率常数，单位取 s^{-1}；在工程技术上，则用半衰期，单位取小时。

测定引发剂的起始浓度 $[I]_0$ 和经过时间 t 以后的浓度 $[I]$，就可以求出某一温度下的分解速率常数 K_d 或 $t_{\frac{1}{2}}$。偶氮类引发剂可以测定分解后析出的氮气体积来计算引发剂的分解量。对于这类引发剂，一般采用碘量法来测定引发剂的浓度。

本实验是以碘量法测定过氧化三碳酸二环己酯（DCPD）在 60℃下的分解速率常数。碘量法依据的原理是：

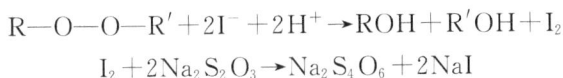

$$R-O-O-R' + 2I^- + 2H^+ \rightarrow ROH + R'OH + I_2$$
$$I_2 + 2Na_2S_2O_3 \rightarrow Na_2S_4O_6 + 2NaI$$

三、仪器和药品

1. 仪器

烧 杯	100 ml	1 只
碘量瓶	250 ml	6 只
移液管	10 ml	1 支
玻璃棒		1 根
吸 球		1 只
牛角匙		1 把
滴定管及架		1 付
恒温水浴		1 套
导电表	0～100℃	1 支
继电器		1 只
电动搅拌器		1 台
搅拌棒		1 根
600W 加热圈		1 只
插线板		1 块
精密温度计	0～100℃ 1/10	1 支

2. 药品

过氧化碳二环己酯（DCPD）		3.5 g
甲苯 化学纯		80 ml
酯化异酸醇	分析纯	14 ml
50％碘化钾	分析纯	1.6 ml
0.1N Na₂S₂O₃	分析纯	100 ml
淀粉指示剂	分析纯	

四、实验步骤

调节恒温水浴至 $60\pm0.5℃$

称取 DCPD2.5 g 于 100 ml 小烧杯中,加入 40 ml 甲苯溶解,静置片刻。过滤后将清液倒入 250 ml 碘量瓶中,再加 40 ml 甲苯冲稀配得约 0.1 mol/L 的 DCPD—甲苯溶液。

用移液管准确吸取 10 ml DCPD—甲苯溶液五份分别置于五只已编好号的 250 ml 碘量瓶中,将其中四支置于 60℃恒温水浴中使其加热分解,并记录时间。

经过 0.5,1,1.5,2 小时后,先后取出试样,迅速冷却。依次加入酸化异丙醇 14 ml,50％KI 1.6 ml,激烈摇匀,溶液呈暗红色,置暗处 10 分钟后,以 0.1M Na₂S₂O₃ 滴定,颜色从暗红到淡黄,继续小心滴至无色即为终点。如终点不明显亦可在滴至淡黄时加入 2 ml 淀粉指示剂,再继续滴至蓝紫色消失即为终点。

以同样的方法标定未经加热分解的另一试样,以求得[I]₀。

五、数据分析和结果处理

引发剂的浓度可由下式计算:

$$[I] = \frac{N \cdot V}{2 * 1000} / \frac{10}{1000} = \frac{N \cdot V}{20} \qquad (4)$$

式中 N, V 分别为 $Na_2S_2O_3$ 的当量浓度的体积(ml)。

将不同的时间 t 时求得的$[I]$,填入下表。

编号	放入时间	取出时间	热分解 时间 h	$Na_2S_2O_3$ 用量(ml)	$[I]$摩尔/升	$\dfrac{[I]}{[I]_0}$	$\ln\dfrac{[I]}{[I]_0}$
1			0				
2			0.5				
3			1				
4			1.5				
5			2.0				

以 $\ln[I]/[I]_0$ 对 t 作图应得一直线,其斜率为 K_d。根据式(3)或求得 $t_{\frac{1}{2}}$。

六、注意事项

1. 将有试样的碘量瓶置恒温浴中后,要时时将瓶塞微微开启片刻,以免热膨胀时将瓶塞冲出打碎。

2. 滴定前依次序及用量分别加入酸化异丙醇,50%KI 溶液,以免造成误差。

3. 在实验中以 0.1N $Na_2S_2O_3$ 滴定反应生成 I_2,是在非均相溶液中进行的,故滴定时必须激烈摇动,以免影响终点的观察。

七、思考题

已知 DCPD 的半衰期有下列数据:

30℃	40℃	50℃	70℃
75 小时	18 小时	4.1 小时	0.27 小时

试求 60℃下的 K_d(秒$^{-1}$)和 $t_{\frac{1}{2}}$(小时)。并将实验结果与之比较,分析研究生产误差的原因。

八、参考文献

【美】E. L. 麦卡弗里. 蒋硕建等译. 高分子化学实验室制备. 北京:科学出版社. 1981.

实验二十二 聚酯反应动力学

（实验时间：6 小时）

一、目的和要求

1. 通过实验，了解聚酯反应动力学，证明二元酸和二元醇的酯化反应在外加酸作触媒的情况下，是属于二级反应。

2. 掌握由实验数据计算速率常数 K 和活化能 E 的方法。

二、原理

线型缩聚反应是以 2～2 官能团或 2 官能团的物质，通过官能团间的缩合反应，逐步形成高分子物的反应，同时有副产物低分子生成。聚酯的生成就是线型缩聚反应，属于逐步可逆平衡反应机理。

根据 Flory 的理论，认为在有外加酸作催化剂的聚酯化反应是二级反应，而以原料酸自身作催化剂的聚酯反应是属于三级反应。

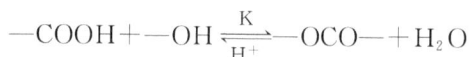

$$—COOH + —OH \underset{H^+}{\overset{K}{\rightleftharpoons}} —OCO— + H_2O$$

反应在外加酸作催化剂时，反应速度为：

$$\frac{-d[COOH]}{dt} = k[COOH][OH][催化剂] \tag{1}$$

当 $[COOH] = [OH] = C$ 时，又把[催化剂]当作定值代入 K 时，就得：

$$\frac{-dc}{dt} = KC^2 \tag{2}$$

由（2）式积分得：

$$1/C = kt + B \tag{3}$$

引入反应程度 P，将 $C = C_0(1-P)$ 代入上式：

$$\frac{1}{C_0(1-P)} = Kt + B$$

$$\frac{1}{1-P} = KC_0 t + B \tag{4}$$

以 $\frac{1}{1-P}$ 对 t 作图，得一直线，证明此反应是二级反应。由 $\frac{1}{1-P} \sim t$ 所得直线的斜率，可以求出速率常数 K。

如在几个不同温度下，以 $\frac{1}{1-P} \sim t$ 作图，可以求出各温度下的 K 值，然后根据阿化尼乌斯方程：$K = Ae^{-E/RT}$

$$\ln K = \ln A - \frac{R}{2.303RT}$$

以 $\lg k$ 对 $1/T$ 作图，由直线斜率求得活化能 E。

本实验是以邻苯二甲酸酐和乙二醇为单体，以对甲苯磺酸作催化剂，研究聚酯动力学，采用反应蒸出的水量来测定反应程度 P。

$$P = \frac{V_t}{V_0} \qquad\qquad X_n = \frac{V_0}{V_0 - V_t}$$

其中 $V_0 =$ 完全转化时，理论出水量，单位 ml.

$V_t =$ 在时间为 t 时蒸出水的体积(ml)。

反应方程式：

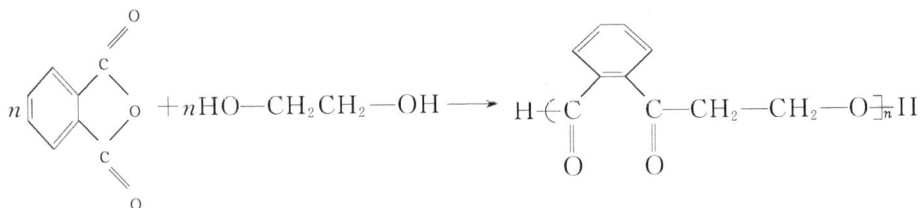

三、仪器和药品

1. 仪器

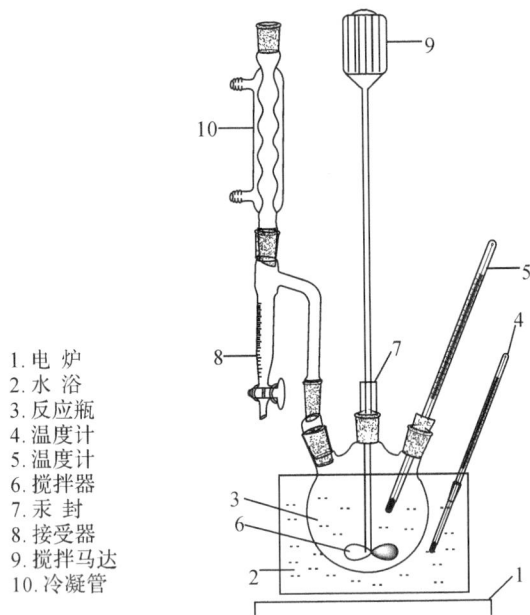

1. 电　炉
2. 水　浴
3. 反应瓶
4. 温度计
5. 温度计
6. 搅拌器
7. 汞　封
8. 接受器
9. 搅拌马达
10. 冷凝管

图 2-22-1

2. 药品：

邻苯二甲酸酐(升华 284℃)、乙二醇、对甲苯磺酸、十氢萘

原料配比：　邻苯二甲酸酐:对甲苯磺酸＝1：1：0.1%(摩尔比)

四、实验步骤

按图 2-22-1 装好仪器

在 1L 的三颈瓶中加入 35 ml 十氢萘，1 摩尔酸酐和 0.5 摩尔乙二醇。

蒸馏受器中应装满十氢萘,当反应时,有水馏出后,受器内的十氢萘可溢流到三颈瓶内,以保持反应物体积恒定。

用调压变压器调节电炉,瓶内温度到达 150℃时,加入预热到同温度的另剩余的一半乙二醇(0.5 摩尔)以及 0.17 克对甲苯磺酸。加料毕作为反应开始时间 $t=0$。维持恒温,待水蒸出,开始记录温度,每隔一分钟记录一次受器水面,当出水量达总产量的 1/5(约 3~4 ml),温度升高 10℃,再维持恒温,记录温度,每隔一分钟记录一次水面。

当水蒸出总水量的 1/3~1/2 以后,使反应温度再升高 10℃恒温,继续实验。

当水蒸出总水量的 3/5~3/4 以后,再升高 10℃,使之反应直到不再蒸出水为止。同样隔一分钟记录一次水面。

反应结束,停止加热,让其冷却,拆除蒸馏受器搅拌等,把树脂倒出,搅拌器一经拆下,就应用纸揩干净,用废溶剂洗净器皿。

根据不同温度下,记录的测水量,求出反应程度 P,然后作出不同温度下的 $\frac{1}{1-P}$~t 直线,然后再求出活化能 E。

五、注意事项

1. 反应温度尽可能恒温。求得不同时间的反应程度 P,只有保证在恒温下的数据才可用于计算 P。

2. 反应结束,洗净仪器,受水器一定要洗干净,以达正确计量。

3. 反应时间从加入预热的乙二醇对甲苯磺酸后有水产生,即作为反应开始,反应生成的水切不可放掉。

六、思考题

1. 如何确定该反应是二级反应?

2. 如无外酸时,如何证明它是三级反应?

七、参考文献

1. 潘祖仁.高分子化学.北京:化学工业出版社,1996.

2. E.L.麦卡弗里著.高分子化学实验制备.北京:科学出版社,1981.

第三章 高分子物理实验

实验一 黏度法测定聚合物的分子量

一、目的和要求

1）掌握黏度法测定聚合物分子量的基本原理。

2）掌握用乌氏黏度计测定聚合物稀溶液黏度的实验技术及数据处理方法。

3）测定线性聚合物—聚苯乙烯的平均分子量

二、原理

1. 基本原理

分子量是聚合物最基本的结构参数之一，与聚合物材料物理性能有着密切的关系，在理论研究和生产实践中经常需要测定这个参数。测定聚合物分子量的方法很多，不同测定方法所得出的统计平均分子量的意义有所不同，其适应的分子量范围也不相同。对线型聚合物，各测定聚合物分子量的方法适用的范围如表 3-1-1 所示：

表 3-1-1 测量聚合物分子量的方法与适用分子量范围

方法名称	适用摩尔质量范围	平均摩尔质量类型	方法类型
黏度法	$10^4 \sim 10^7$	粘均	相对法
端基分析法	$<3 \times 10^4$	数均	绝对法
沸点升高法	$<3 \times 10^4$	数均	绝对法
凝固点降低法	$<5 \times 10^3$	数均	绝对法
气相渗透压法（VPO）	$<3 \times 10^4$	数均	绝对法
膜渗透压法	$2 \times 10^4 \sim 1 \times 10^6$	数均	绝对法
光散射法	$2 \times 10^4 \sim 1 \times 10^7$	重均	绝对法
超速离心沉降速度法	$1 \times 10^4 \sim 1 \times 10^7$	各种平均	绝对法
超速离心沉降平衡法	$1 \times 10^4 \sim 1 \times 10^6$	重均、数均	绝对法
凝胶渗透色谱法	$1 \times 10^3 \sim 5 \times 10^6$	各种平均	相对法

在高分子工业和研究工作中最常用的是黏度法，它是一种相对的方法，适用于分子量在 $10^4 \sim 10^7$ 范围的聚合物。此法设备简单、操作方便，又有较高的实验精度。

聚合物在良溶剂中充分溶解和分散，其分子链在良溶剂中的构象是无规线团。这样聚合物稀溶液在流动过程中，分子链线团与线团间存在摩擦力，使得溶液表现出比纯溶剂的黏度高。聚合物在稀溶液中的黏度是它在流动过程中所存在的内摩擦的反映,其中溶剂分子相互之间的内摩擦所表现出来的黏度叫做溶剂黏度,以 η_0 表示,黏度的单位为帕斯卡秒。而聚合物分子相互间的内摩擦以及聚合物分子与溶剂分子之间的内摩擦,再加上溶剂分子相互间的摩擦,三者的总和表现为聚合物溶液的黏度,以 η 表示。聚合物稀溶液的黏度主要反映了分子链线团间因流动或相对运动所产生的内摩擦阻力。分子链线团的密度越大、尺寸越大,则其内摩擦阻力越大,聚合物溶液表现出来的黏度就越大。聚合物溶液的黏度与聚合物的结构、溶液浓度、溶剂的性质、温度和压力等因素有密切的关系。通过测量聚合物稀溶液的黏度可以计算得到聚合物的分子量,称为粘均分子量。

2. 黏度的定义

1) 黏度比(相对黏度),η_r:若纯溶剂的黏度为 η_0,同温度下聚合物溶液的黏度为 η,则黏度比

$$\eta_r = \frac{\eta}{\eta_0} \tag{1}$$

黏度比是一个无因次的量,随着溶液浓度的增加而增加。对于低剪切速率下的聚合物溶液,其值一般大于 1。

2) 增比黏度,η_{sp}:在相同温度下,聚合物溶液的黏度一般要比纯溶剂的黏度大,即 $\eta > \eta_0$,这增加的分数叫作增比黏度,以 η_{sp} 表示。相对于溶剂来说,溶液黏度增加的分数为

$$\eta_{sp} = \frac{\eta - \eta_0}{\eta_0} = \eta_r - 1 \tag{2}$$

增比黏度也是一个无因次量,与溶液的浓度有关。

3) 比浓黏度(粘数),η_{sp}/c:对于高分子溶液,黏度相对增量往往随溶液浓度的增加而增大,因此常用其与浓度 c 之比来表示溶液的黏度,称为比浓黏度或粘数,即

$$\frac{\eta_{sp}}{c} = \frac{\eta_r - 1}{c} \tag{3}$$

比浓黏度的因次是浓度的倒数,一般用 ml/g 表示。

4) 对数黏度(比浓对数黏度)$\ln\eta_r/c$:其定义是黏度比的自然对数与浓度之比,即

$$\frac{\ln\eta_r}{c} = \frac{\ln(1 + \eta_{sp})}{c} \tag{4}$$

对数黏度单位为浓度的倒数,常用 ml/g 表示。

5) 极限黏度(特性粘数),$[\eta]$:其定义为粘数 η_{sp}/c 或对数粘数 $\ln\eta_r/c$ 在无限稀释时的外推值,即

$$[\eta] = \lim_{c \to 0} \frac{\ln\eta_r}{c} = \lim_{c \to 0} \frac{\eta_{sp}}{c} \tag{5}$$

特性粘数值与浓度无关,量纲是浓度的倒数。

3. 聚合物溶液特性粘数与聚合物分子量的关系

以往大量的实验证明,对于给定聚合物在给定的溶剂和温度下,特性粘数 $[\eta]$ 的数值仅由给定聚合物的分子量所决定,$[\eta]$ 与给定聚合物的粘均分子量 M_η 的关系可以由 Mark-Houwink 方程表示:

$$[\eta] = KM_\eta^\alpha \tag{6}$$

其中:K——比例常数;

α——扩张因子,与溶液中聚合物分子链的形态有关;

M_η——粘均分子量。

K、α 与温度、聚合物种类和溶剂性质有关,K 值受温度的影响较明显,而 α 值主要取决于聚合物分子链线团在溶剂中舒展的程度,一般介于 $0.5\sim1.0$ 之间。在一定温度时,对给定的聚合物—溶剂体系,一定的分子量范围内 K、α 为一常数,$[\eta]$ 只与分子量大小有关。K、α 值一般可从有关手册中查到,附录一中表二十一列举了一些聚合物的 K 和 α 值。特性黏度 $[\eta]$ 的大小受下列因素影响:

(1)分子量:线型或轻度交联的聚合物分子量增大,特性黏度 $[\eta]$ 增大。

(2)分子形状:分子量相同时,支化分子的形状趋于球形,特性黏度 $[\eta]$ 较线型分子的小。

(3)溶剂特性:聚合物在良溶剂中,大分子较伸展,特性黏度 $[\eta]$ 较大,而在不良溶剂中,大分子较卷曲,特性黏度 $[\eta]$ 较小。

(4)温度:在良溶剂中,温度升高,对特性黏度 $[\eta]$ 影响不大,而在不良溶剂中,若温度升高使溶剂变为良好,则特性黏度 $[\eta]$ 增大。

4. 聚合物溶液黏度与溶液浓度间的关系

在一定温度下,聚合物溶液黏度对浓度有一定依赖关系。描述溶液黏度的浓度依赖性的公式很多,而应用较多的有:

哈金斯(Huggins)方程
$$\frac{\eta_{sp}}{c}=[\eta]+k'[\eta]^2 c \tag{7}$$

以及克拉默(Kraemer)方程
$$\frac{\ln\eta_r}{c}=[\eta]-\beta[\eta]^2 c \tag{8}$$

对于给定的聚合物在给定温度和溶剂时,k'、β 应是常数,其中 k' 称为哈金斯(Huggins)常数。它表示溶液中聚合物分子链线团间、聚合物分子链线团与溶剂分子间的相互作用,k' 值一般说来对分子量并不敏感。用 $\ln\eta_r/c$ 对 c 的图外推和用 η_{sp}/c 对 c 的图外推可得到共同的截距—特性黏度 $[\eta]$,如图 3-1-1 所示.

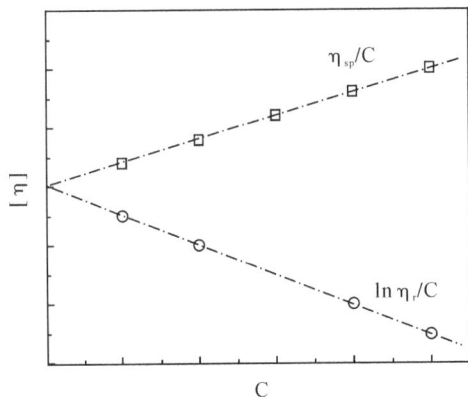

图 3-1-1 $\ln\eta_r/c$ 和 η_{sp}/c 对 c 作图

上述作图求特性黏度 $[\eta]$ 的方法称为稀释法或外推法,结果较为可靠。但在实际工作中,往往由于试样少,或要测定大量同品种的试样,为了简化操作,可采用"一点法",即在一个浓度下测定 η_{sp},直接计算出特性黏度 $[\eta]$ 值。一点法求 $[\eta]$ 的方程:

$$[\eta] = \frac{1}{c}\sqrt{2(\eta_{sp} - \ln\eta_r)} \qquad (9)$$

5. 毛细管黏度计法

用黏度法测定聚合物分子量,关键在于聚合物溶液特性黏度$[\eta]$的测定。目前最常用的方法是毛细管黏度计法。常用的黏度计为稀释型乌氏(Ubbelohde)黏度计,如图 3-1-2 所示,其特点是溶液的体积对测量没有影响,所以可以在黏度计内对待测溶液进行逐步稀释以得到不同浓度的聚合物溶液。

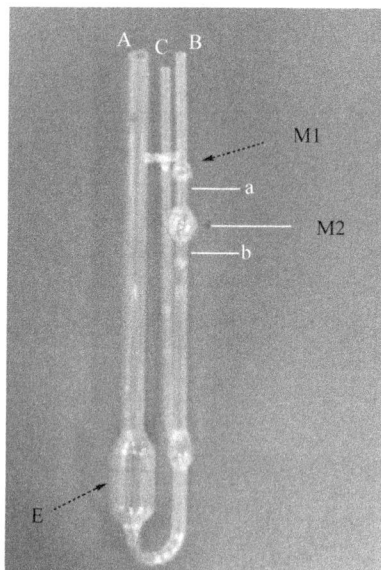

图 3-1-2 乌氏(Ubbelchde)黏度计

液体在毛细管黏度计内因重力作用而流出是遵守泊稷叶(Poiseuille)定律的:

$$\frac{\eta}{\rho} = \frac{\pi h g r^4 t}{8lV} - m\frac{V}{8\pi lt} \qquad (10)$$

ρ 为液体的密度;l 是毛细管长度;r 是毛细管半径;t 是流出时间;h 是流经毛细管液体的平均液柱高度;g 为重力加速度;V 是流经毛细管的液体体积;m 是与毛细管的几何形状有关的常数,在 $r/l \ll 1$ 时,可取 $m=1$。

对某一支指定的黏度计而言,令 $\alpha = \dfrac{\pi h g r^4}{8lV}$,$\beta = m\dfrac{V}{8\pi l}$,则

$$\frac{\eta}{\rho} = \alpha t - \frac{\beta}{t} \qquad (11)$$

式中 $\beta < 1$,当 $t > 100$s 时,等式右边第二项可以忽略。设溶液的密度 ρ 与溶剂密度 ρ_0 近似相等。这样,通过测定溶液和溶剂的流出时间 t 和 t_0(t 和 t_0 分别为溶液和溶剂在毛细管中的流出时间,即液面经过刻线 a 和 b 所需时间),就可求算黏度比 η_r:

$$\eta_r = \frac{\eta}{\eta_0} = \frac{t}{t_0} \qquad (12)$$

聚合物溶液浓度一般在 0.01 g/ml 以下,使 η_r 值在 1.05~2.5 之间较为适宜,η_r 最大不应超过 3.0。而对于给定的聚合物,溶剂的选择需要满足其在所用毛细管黏度计中流经

刻线 a 和 b 所需时间 t 和 t_o 均大于100s,这样公式(12)才适用。

三、仪器和药品

1)仪器　如表3-1-2所示。

表 3-1-2　黏度测定仪器一览表

名称	规格	数量
乌氏黏度计	溶剂流出时间大于100s	1 支
恒温水槽	温度波动不大于±0.05℃	1 套
容量瓶	100 ml	2 只
玻璃砂芯漏斗	3 号	2 只
移液管	5 ml	2 支
	10 ml	2 支
秒表	1/10s	1 只
洗耳球	橡胶	1 只

测量聚合物分子量用的主要仪器是毛细管黏度计和恒温槽,其中恒温槽温度由微电子调节系统,控制具有较高的温度控制精度,具有玻璃窗口,方便观察和测量,如图 3-1-3 所示。

图 3-1-3　实验用恒温槽

2)药品　①待测聚合物:聚苯乙烯;
②溶剂:甲苯,丙酮(分析纯)。

四、实验步骤

1)根据实验需要将恒温槽温度调节至 25±0.05℃ 或 30±0.05℃。

2)配制聚合物溶液
用黏度法测定聚合物分子量,选择高分子—溶剂体系时,常数 K、α 值必须是已知的而且所用溶剂应该具有稳定、易得、易于纯化、挥发性小、毒性小等特点。为控制测定过程中 η 在 1.2～2.0 之间,浓度一般为 0.001 g/ml～0.01 g/ml。于测定前几天,用 100 ml 容量瓶把待测聚合物试样溶解于溶剂中配成已知浓度的溶液。

准确称取 $100\sim500$ mg 待测聚合物放入 100 ml 清洁干燥的容量瓶中,倒入约 80 ml 甲苯,使之溶解,待聚合物完全溶解之后,放入已调节好的恒温槽中,容量瓶也放入恒温槽中。再加溶剂至刻度,取出摇匀,用 3 号玻璃砂芯漏斗过滤到另一 100 ml 容量瓶中,放入恒温槽恒温待用,容量瓶及玻璃砂芯漏斗,用后立即洗涤。玻璃砂芯漏斗要用含 30% 硝酸钠的硫酸溶液洗涤,再用蒸馏水抽滤,烘干待用。

3)洗涤黏度计

黏度计和待测液体是否清洁,是决定实验成功的关键之一。由于毛细管黏度计中毛细管的内径一般很小,容易被溶液中的灰尘和杂质所堵塞,一旦毛细管被堵塞,则溶液流经刻线 a 和 b 所需时间无法重复和准确测量,导致实验失败。若是新的黏度计,先用洗液浸泡,再用自来水洗三次,蒸馏水洗三次,烘干待用。对已用过的黏度计,则先用甲苯灌入黏度计中浸洗除去留在黏度计中的聚合物,尤其是毛细管部分要反复用溶剂清洗,洗毕,将甲苯溶液倒入回收瓶中,再用洗液、自来水、蒸馏水洗涤黏度计,最后烘干。

4)测定溶剂的流出时间

本实验用乌氏黏度计。它是气承悬柱式可稀释的黏度计,把预先经严格洗净,检查过的洁净黏度计垂直夹持于恒温槽中,使水面完全浸没小球 M1。用移液管吸 10 ml 甲苯,从 A 管注入 E 球中。于 25℃恒温槽中恒温 3 分钟,然后进行流出时间 t_0 的测定。用手捏住 C 升管口,使之不通气,在 B 管用洗耳球将溶剂从 E 球经毛细管、M2 球吸入 M1 球,然后先松开洗耳球后,再松开 C 管,让 C 管通大气。此时液体即开始流回 E 球。此时操作者要集中精神,用眼睛水平地注视正在下降的液面,并用秒表准确地测出液面流经 a 线与 b 线之间所需的时间,并记录。重复上述操作三次,每次测定相差不大于 0.2 s。取三次的平均值为 t_0,即为溶剂的流出时间。但有时相邻两次之差虽不超过 0.2 s,而连续所得的数据是递增或递减(表明溶液体系未达到平衡状态),这时应认为所得的数据不可靠的,可能是温度不恒定,或浓度不均匀,应继续测定。

5)溶液流出时间的测定

(a)测定 t_0 后,将黏度计中的甲苯倒入回收瓶,并将黏度计烘干,用干净的移液管吸取已恒温好的被测溶液 10 ml,移入黏度计(注意尽量不要将溶液沾在管壁上),恒温 3 分钟,按前面的步骤,测定溶液(浓度 c_1)的流出时间 t_1。

(b)用移液管加入 10 ml 预先恒温好的甲苯,对上述溶液进行稀释,稀释后的溶液浓度(c_2)即为起始浓度 c_1 的 1/2。然后用同样的方法测定浓度为 c_2 的溶液的流出时间 t_2。与此相同,依次加入甲苯 10 ml、10 ml,使溶液浓度成为起始浓度的 1/3 和 1/4,分别测定其流出时间并记录下来。注意每次加入纯试剂后,一定要混合均匀,每次稀释后都要将稀释液抽洗黏度计的 E 球、毛细管、M2 球和 M1 球,使黏度计内各处溶液的浓度相等,且要等到恒温后再测定。

6)黏度计洗涤

测量完毕后,取出黏度计,将溶液倒入回收瓶,用纯溶剂反复清洗几次,烘干,并用热洗液装满,浸泡数小时后倒去洗液,再用自来水,蒸馏水冲洗,烘干备用。

7)注意事项

(a) 黏度计必须洁净,高聚物溶液中若有絮状物不能将它移入黏度计中。

(b) 本实验溶液的稀释是直接在黏度计中进行的,因此每加入一次溶剂进行稀释时必须混合均匀,并抽洗毛细管、M1 球和 M2 球。

(c) 实验过程中恒温槽的温度要恒定,溶液每次稀释恒温后才能测量。

(d) 黏度计要垂直放置。实验过程中不要振动黏度计。

五、数据分析和结果处理

(1) 记录格式如表 3-1-3 所示。

(2) 采用外推法计算聚苯乙烯的粘均分子量 M_η。根据哈金斯方程和克拉默方程如图 3-1-1 作图,外推至浓度 $c \rightarrow 0$ 得截距,就得特性黏度 $[\eta]$,将 $[\eta]$ 代入式(6),即可换算出聚苯乙烯的粘均分子量 M_η。

(3) 采用"一点法"由每一个浓度下得到的黏度值计算聚苯乙烯的粘均分子量 M_η。

表 3-1-3　黏度测量记录表

日期 _____ ;试样 _____ ;溶剂 _____ ;黏度计号 _____ ;

恒温槽温度 _____ ;溶液浓度 $c1$ _____ ;

溶剂流出时间(1) _____ (2) _____ (3) _____ ;平均值 t_0 _____ 。

加入溶剂量 (ml)	相对浓度	流出时间(s)			平均值 (s)	η_r	η_{sp}	$[\eta]$
		(1)	(2)	(3)				

六、思考题

1. 乌氏黏度计与奥氏黏度计有何不同,此不同点起了什么作用,有何优点?

2. 为什么说黏度法测定聚合物分子量是相对方法?查 K、α 值时应注意什么?

3. 为什么测定黏度时黏度计一要垂直,二要放入恒温槽内?乌氏黏度计中的毛细管为什么不能太粗或太细?

4. 黏度法测定聚合物的分子量都有哪些影响因素?

七、参考文献

1. 何曼君等.高分子物理.上海:复旦大学出版社,2000.

2. 雷群芳.中级化学实验.北京:科学出版社,2005.

3. 李允明.高分子物理实验.杭州:浙江大学出版社,1996

实验二　相差显微镜法观察高分子合金的织态结构

一、目的和要求

1. 了解相差显微镜的原理和使用方法。
2. 制备聚苯乙烯(PS)/聚甲基丙烯酸甲酯(PMMA)合金薄膜。
3. 用相差显微镜观察不同配比的 PS/PMMA 合金薄膜的相结构。

二、原理

1. 高分子合金

从传统上说,合金是指金属合金,即在一种金属元素基础上,加入其他元素,组成具有金属特性的新材料。所谓高分子合金是由两种或两种以上高分子材料构成的复合体系,并非指真正含金属元素的高分子化合物,而是指不同种类的高聚物,通过物理或化学方法共混,以形成具有所需性能的高分子混合物新材料。在高分子合金中,不同高分子的特性可以得到优化组合,从而显著改进材料的性能,或赋予材料原不具有的性能。

高分子合金制备简易,并且随着组分的改变,可以得到多样化的物理性能。制备高分子合金的方法主要分化学方法和物理方法两大类。其中物理方法比较简单,如溶液共混法,即将两种以上高分子溶液混合在一起,然后蒸去溶剂即可以得到混合均匀的高分子合金;熔融共混法,即将两种以上高分子加热到其熔融温度以上,采用机械搅拌的方法让其混合均匀,然后冷却即得到高分子合金。化学方法主要有共聚、接枝和嵌段等方法;所谓共聚是指在合成过程中引入第二、第三单体,这样聚合得到主链含有不同单体重复单元的聚合物;接枝是指在某一聚合物主链上,采用共价键联接的方法将另一聚合物的链段键接上去,形成了一种带支链结构的聚合物;嵌段聚合物指两种以上不同聚合物的线性链间有共价键相连而形成的含多组分聚合物。与绝大多数金属合金都是互溶的均相体系不同的是,大多数高分子合金都是互不相溶的非均相体系,而组分的兼容性从根本上制约着合金的形态结构,是决定材料性能的关键。如何改善共混物组分间的兼容性,进而进行相态设计和控制,是获得有实用价值的高性能高分子合金材料的一个重要课题。对合金的织态结构形态、尺寸的研究对制备高性能高分子合金具有重要的意义。高分子合金织态结构的研究方法主要有电子显微镜法、光学显微镜法、光散射法和中子散射法等。光学显微镜法最为简单易行和直观,其中相差显微镜(也称相衬显微镜)适合于观察 $0.5~\mu m$ 以上的相态结构。

2. 相差显微镜原理

相差显微镜是荷兰科学家 Zermike 于 1935 年发明的,用于观察未染色标本的显微镜。活细胞和未染色的生物标本,因细胞各部细微结构的折射率和厚度的不同,光波通过时,波长和振幅并不发生变化,仅相位发生变化(振幅差),这种振幅差人眼无法观察。而相差显微镜通过改变这种相位差,并利用光的衍射和干涉现象,把相差变为振幅差来观察活细胞和未染色的标本。相差显微镜和普通显微镜的区别是:用环状光阑代替可变光阑,用带相板的物镜代替普通物镜,并带有一个合轴用的望远镜。

普通的显微观察是根据物体对光线的不同吸收来区别的,即图像的反差是由光的吸收差异产生的。对于单色光的场合,样品各个结构部分由于对光线吸收大小不同而显示出不同的亮度,也就是振幅的差别;在采用白光照明的场合则还会由于对不同光谱吸收的不同而改变光谱成分,从而显示出不同的颜色。这种能引起光线振幅变化的物体称为振幅物体。另有一类物体,它们是完全透明的,而由不同折射率的结构组成。由于不吸收光线,不能产生明暗或色彩反差,其结构不能被普通显微镜识别,但由于物体中不同结构部分具有不同的折射率,使光线通过物体后产生一定的相位差,这类物体称为相位物体。表 3-2-1 比较了振幅物体与相位物体间的区别和观察方法。

表 3-2-1　振幅物体与相位物体

物体类型	定　义	观察方式	观察原理
振幅物体	能引起光线振幅变化的物体称为振幅物体。	普通显微镜	根据物体对光线的吸收差异来区别: 1)单色光:样品各个结构部分由于对光线吸收大小的不同而显示出不同的亮度,也就是振幅的差别; 2)白光:除了因对同种光谱的吸收差异而产生振幅的差别外,还由于对不同光谱的吸收不同而改变光谱的成分,从而显示出不同的颜色。
相位物体	完全透明,不吸收光线,不能产生明暗或色彩反差,其结构不能被普通显微镜识别;但由于物体中不同结构部分具有不同的折射率,使光线通过物体后产生一定的相位差,这类物体称为相位物体。	相差显微镜	相位差不能被眼睛所识别,也不能在照相材料上形成反差,但通过一定的光学装置将相位差转变为振幅差后,就可以进行观察。

当光线穿过一折射率为 n,厚度为 d 的物体时,光程长度为 nd,其物理意义是光线穿过这一物体所需的时间。图 3-2-1 中 a 表示同一种物质,其折射率为 n,但不同地方物质的厚度不一样,物体在 M_0 处有一深度为 d 的微小凹口。此时通过物体其他地方与通过凹口处的光线的光程差为 Δ,$\Delta = (n-1)d$。图 3-2-1 中 b 为另一种情况,试样的厚度相同为 d,但不同的地方由不同的物质组成,其折射率不同,某部分的折射率为 n',周围部分的折射率为 n,其中光程差为 $\Delta = (n'-n)d$。但是,光程差不能被眼睛所识别,也不能在照相材料上形成反差。相差显微镜的基本原理是,把透过样品的可见光的光程差变成振幅差,从而提高了各种结构间的对比度,使各种结构变得清晰可见。光线透过样品后发生折射,偏离了原来的光路,同时被延迟了 1/4 波长,如果再增加或减少 1/4 波长,则光程差变为 1/2 波长,两束光合轴后干涉加强,振幅增大或减少,提高反差。

相差显微镜(图 3-2-2)将光程差变为振幅差的工作是由一个相环和相板完成的,它们可以将直接通过物体的直接光和衍射光区分开来,并进行干涉成像。环形光阑(相环)位于光源与聚光器之间,作用是使透过聚光器的光线形成空心光锥,聚焦到样品上。相板在物镜中加了涂有氟化镁的相板,可将直射光或衍射光的相位推迟 1/4 波长,从而使像的反差(对比度)大幅度增强。带有相板的物镜称为相差物镜。当光学系统性能良好时,人眼能分辨率的最小反差约为 0.02。

一般的相差聚光器上都装有数个环状光阑可以方便地进行转换,而相板是装在物镜中

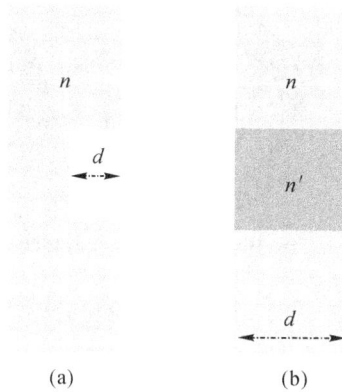

图 3-2-1　相位物体

的,因此环状光阑必须与物镜匹配,即在使用时应选择与物镜上号码相同的环状光阑。

　　环状光阑的像必须与相板共轭面完全吻合,才能实现对直射光和衍射光的特殊处理。否则应被吸收的直射光被泄掉,而不该吸收的衍射光反被吸收,应推迟的相位有的不能被推迟,这样就不能达到相差镜检的效果。相差显微镜配备有一个合轴调节望远镜,用于合轴调节。使用时拨去一侧目镜,插入合轴调节望远镜,旋转合轴调节望远镜的焦点,便能清楚看到一明一暗两个圆环。再转动聚光器上的环状光阑的两个调节钮,使明亮的环状光阑圆环与暗的相板上共轭面暗环完全重叠,如图 3-2-3 所示。调好后取下望远镜,换上目镜即可进行镜检观察。

　　另外,由于使用的光源为白光,常引起相位的变化,为了获得良好的相差效果,相差显微镜要求使用波长范围比较窄的单色光,通常是用绿色滤光片来调整光源的波长。

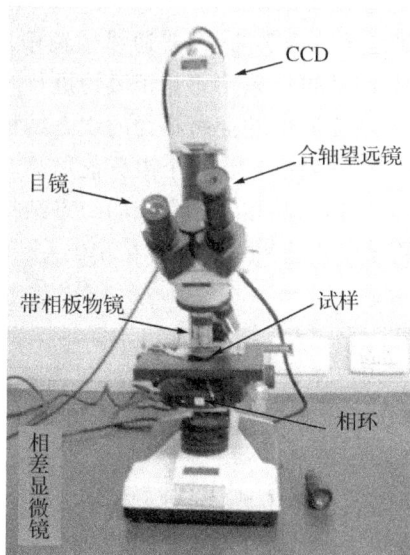

图 3-2-2　相差显微镜

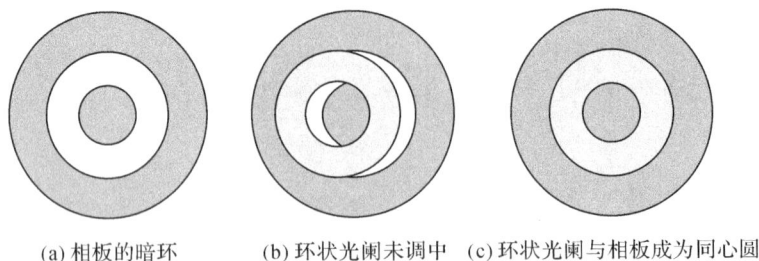

(a) 相板的暗环　　(b) 环状光阑未调中　(c) 环状光阑与相板成为同心圆

图 3-2-3　相板和环状光阑的调节

3. 相差显微镜使用中的几个问题

1）视场光阑与聚光器的孔径光阑必须全部开大，而且光源要强。因为环状光阑遮掉大部分光，物镜相板上共轭面又吸收大部分光。

2）晕轮和渐暗效应在相差显微镜成像过程中，某一结构由于相位的延迟而变暗时，并不是光的损失，而是光在像平面上重新分配的结果。因此在黑暗区域明显消失的光会在较暗物体的周围出现一个明亮的晕轮，这是相差显微镜的缺点，它妨碍了精细结构的观察。当环状光阑很窄时晕轮现象更为严重。相差显微镜的另一个现象是渐暗效应或称为作用带，它是指相差观察相位延迟相同的较大区域时，该区域边缘会出现反差下降。

3）样品厚度一般以 $5\sim10\ \mu m$ 为宜，否则会引起其他光学现象，影响成像质量。当采用较厚的样品时，样品的上层是清楚的，深层则会模糊不清并且会产生相位移干扰及光的散射干扰。

4）载玻片、盖玻片的厚度应遵循标准，不能过薄或过厚。当有划痕、厚薄不匀或凹凸不平时会产生亮环歪斜及相位干扰。玻片过厚或过薄时会使环状光阑亮环变大或变小。

4. 相差显微镜在高分子科学中的应用

几乎所有的高分子材料都是无色透明的，在普通显微镜中不能形成反差。由于高分子合金中不同组分折光指数不同，因此可以采用相差相微镜进行观察，其适用的折射率差值一般在 $0.002\sim0.004$ 以上。大多数实际的共混高聚物的织态结构很复杂，通常可能出现各种过渡形态，或者几种形式同时存在。特别对于一个组分能结晶、或者两个组分都能结晶的共混高聚物，则其聚集态结构中又增加了晶相和非晶相的织态结构，变得更为复杂。由于当光线透过结晶聚合物试样时在晶相和非晶相之间也存在相位差，可以用相差显微镜进行观察。

三、仪器和样品

（1）仪器：XSZ-H7 相差生物显微镜，其中一台相差显微镜配有 CCD 照相机，与电脑联机，可以记录合金薄膜的织态结构。真空烘箱，25 ml 容量瓶 2 个，10 ml 容量瓶 5 个，载玻片，盖玻片。

（2）样品：聚苯乙烯，聚甲基丙烯酸甲酯，甲苯。

四、实验步骤

1. 制样

（1）采用溶液共混的方法制备一系列聚苯乙烯和聚甲基丙烯酸甲酯的混合甲苯溶液：

首先将 12.5 mg 的聚苯乙烯和 12.5 mg 聚甲基丙烯酸甲酯分别溶于 25 ml 的甲苯溶液中得到浓度为 0.5 mg/ml 的聚苯乙烯甲苯溶液和聚甲基丙烯酸甲酯甲苯溶液；按 PS：PMMA＝1：9，PS：PMMA＝3：7. PS：PMMA＝5：5，PS：PMMA＝7：3，PS：PMMA＝9：1 于 10 ml 容量瓶内配制聚苯乙烯和聚甲基丙烯酸甲酯的混合甲苯溶液。例如：分别吸取 1 ml 0.5 mg/ml 的聚苯乙烯甲苯溶液和 9 ml 0.5 mg/ml 的聚甲基丙烯酸甲酯甲苯溶液放入 10 ml 的容量瓶中混合均匀。

（2）制备合金薄膜样片：

A. 用滴管吸取上述混合溶液滴几滴于干净的载玻片上，铺展开来，让甲苯溶液自然挥发完全，再置于真空烘箱中干燥 1 小时。

B. 用滴管吸取上述混合溶液滴几滴于干净的载玻片上，铺展开来，盖上盖玻片，置于真空烘箱中于 120℃退火处理 2 小时。

2. 显微观察

（1）接通相差显微镜电源，把光源亮度调整到合适的强度。

（2）把待观察的载玻片样品放到载物台上，选择 10 倍数的物镜，并选用与物镜配套的环状光阑，将物镜调到较接近于试样。

（3）取出一个目镜，插入合轴望远镜，调节望远镜聚焦螺旋使能清楚观察到物镜相板与环状形光阑的像，将环状光阑调整到与相板同心（如图 3-2-3）。取下对合轴望远镜，换上显微镜目镜。

（4）聚集观察，调节显微镜载物台的上下调节钮，先粗调（眼睛从侧面看着物镜端部，注意不要让物镜碰到样品），再细调到能清晰的观察到样品。可利用工作台纵向、横向移动手轮来移动样品，观察不同区域的分相情况。

（5）观察、对比不同配比的样品在相态结构上的区别。

3. 照相与记录

在配有 CCD 照相机的相差显微镜上对不同配比的合金薄膜的织态结构进行照相和记录。

五、数据分析和结果处理

对不同 PS/PMMA 样品的相态结构进行描述，并指出分散相的尺寸。比较样品制备方法 A 和 B 所得样品的分相情况和相形态。

六、思考题

1. 相差显微镜是根据试样的什么性质进行观察的？

2. 当载玻片或盖玻片有厚薄不匀等缺陷时，为什么说对相差显微镜观察的影响比普通显微镜大？

3. 随 PS/PMMA 比例的变化，PS/PMMA 共混薄膜的相态结构是如何演变的？

七、参考文献

1. 张留成等.高分子材料基础(第二版).北京:化学工业出版社,2007.
2. 何曼君等.高分子物理.上海:复旦大学出版社,2000.
3. XSZ-H7 相差生物显微镜说明书
4. 李允明.高分子物理实验.杭州:浙江大学出版社,1996.

实验三　高阻计法测定高分子材料的体积电阻率和表面电阻率

一、目的和要求

1. 了解聚合物电性能的一般知识。
2. 了解超高阻微电流计的使用方法和实验原理。
3. 测定聚合物样品的体积电阻率及表面电阻率,分析聚合物样品的电性能与聚合物样品的组成间的关系。

二、原理

1. 聚合物的电性能

高分子材料的电学性能是指在外加电场作用下材料所表现出来的介电性能、导电性能、电击穿性质以及与其他材料接触、摩擦时所引起的表面静电性质等。最基本的是电导性能和介电性能,前者包括电导(电导率 γ,电阻率 $\rho=1/\gamma$)和电气强度(击穿强度 E_b);后者包括极化(介电常数 ε_r)和介质损耗(损耗因数 $\tan\delta$)。共四个基本参数。

种类繁多的高分子材料的电学性能是丰富多彩的。就导电性而言,高分子材料可以是绝缘体、半导体和导体,如表 3-3-1 所示。多数聚合物材料具有卓越的电绝缘性能,其电阻率高、介电损耗小,电击穿强度高,加之又具有良好的力学性能、耐化学腐蚀性及易成型加工性能,使它比其他绝缘材料具有更大实用价值,已成为电气工业不可或缺的材料。高分子绝缘材料必须具有足够的绝缘电阻。绝缘电阻决定于体积电阻与表面电阻。由于温度、湿度对体积电阻率和表面电阻率有很大影响,为满足工作条件下对绝缘电阻的要求,必须知道体积电阻率与表面电阻率随温度、湿度的变化。

表 3-2-1　各种材料的电阻率范围

材料	电阻率($\Omega \cdot m$)	材料	电阻率($\Omega \cdot m$)
超导体	$\leqslant 10^{-8}$	半导体	$10^{-5} \sim 10^{7}$
导体	$10^{-8} \sim 10^{-5}$	绝缘体	$10^{7} \sim 10^{18}$

除了控制材料的质量外,测量材料的体积电阻率还可用来考核材料的均匀性、检测影响材料电性能的微量杂质的存在。另外,绝缘电阻或电阻率还可以用来指示绝缘材料在其他方面的性能,例如介质击穿、损耗因数、含湿量、固化程度、老化等。表 3-2-2 为高分子材料的电学性能及其测量的意义。

表 3-2-2　高分子材料的电学性能及测量的意义

电学性能	电导性能	①电导(电导率 γ,电阻率 $\rho=1/\gamma$)
		②电气强度(击穿强度 E_b)
	介电性能	③极化(介电常数 ε_r)
		④介电损耗(损耗因数 $\tan\delta$)
测量的意义	实际意义	①电容器要求材料介电损耗小,介电常数大,电气强度高。
		②仪表的绝缘要求材料电阻率和电气强度高,介电损耗低。
		③高频电子材料要求高频、超高频绝缘。
		④塑料高频干燥、薄膜高频焊接、大型制件的高频热处理要求材料介电损耗大。
		⑤纺织和化工为消除静电带来的灾害要求材料具适当导电性。
	理论意义	研究聚合物结构和分子运动。

2. 电阻和电阻率

(1)绝缘电阻:施加在与试样相接触的两电极之间的直流电压除以通过两电极的总电流所得的商。它取决于体积电阻和表面电阻。

(2)体积电阻:在试样的相对两表面上放置的两电极间所加直流电压与流过两个电极之间的稳态电流之商;该电流不包括沿材料表面的电流。在两电极间可能形成的极化忽略不计。

(3)体积电阻率:绝缘材料里面的直流电场强度与稳态电流密度之商,即单位体积内的体积电阻。

(4)表面电阻:在试样的某一表面上两电极间所加电压与经过一定时间后流过两电极间的电流之商;该电流主要为流过试样表层的电流,也包括一部分流过试样体积的电流成分。在两电极间可能形成的极化忽略不计。

(5)表面电阻率:在绝缘材料的表面层的直流电场强度与线电流密度之商,即单位面积内的表面电阻。

3. 高阻计的测量原理

根据上述定义,绝缘体的电阻测量基本上与导体的电阻测量相同,其电阻一般都用电压与电流之比得到。现有的方法可分为三大类:直接法,比较法,时间常数法。

这里介绍直接法中的直流放大法,也称高阻计法。该方法采用直流放大器,对通过试样的微弱电流经过放大后,推动指示仪表,测量出绝缘电阻,基本原理见图 3-3-1。

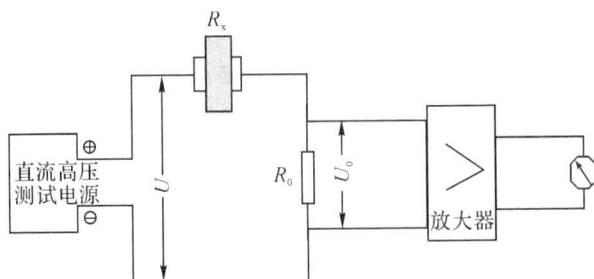

图 3-3-1　ZC36 型 $10^{17}\Omega$ 超高电阻测试仪测试原理图

U—测试电压(V);R_0—输入电阻(Ω);R_x—被测试试样的绝缘电阻(Ω)

当 $R_0 \ll R_x$ 时,则 $R_x = (U/U_0) \cdot R_0$ (1)

式中:R_x——试样电阻,(Ω),

    U ——试验电压,(V),

    U_0——标准电阻 R_0 两端电压,(V),

    R_0——标准电阻,(Ω)。

测量仪器中有数个不同数量级的标准电阻,以适应测不同数量级 R_x 的需要,被测电阻可以直接读出。高阻计法一般可测 $10^{17}\ \Omega$ 以下的绝缘电阻。

从 R_x 的计算公式看到 R_x 的测量误差决定于测量电压 U、标准电阻 R_0 以及标准电阻两端的电压 U_0 的误差。

4. 高阻计测量电阻的影响因素

通常,绝缘材料用于电气系统的各部件相互绝缘和对地绝缘,固体绝缘材料还起机械支撑作用。一般希望材料有尽可能高的绝缘电阻,并具有合适的机械、化学和耐热性能。绝缘材料的电阻率一般都很高,也就是传导电流很小。如果不注意外界因素的干扰和漏电流的影响,测量结果就会发生很大的误差。同时绝缘材料本身的吸湿性和环境条件的变化对测量结果也有很大影响。

影响体积电阻率和表面电阻率测试的主要因素是温度和湿度、电场强度、充电时间及残余电荷等。体积电阻率可作为选择绝缘材料的一个参数,电阻率随温度和湿度的变化而显著变化。体积电阻率的测量常常用来检查绝缘材料是否均匀,或者用来检测那些能影响材料质量而又不能用其他方法检测到的导电杂质。由于体积电阻总是要被或多或少地包括到表面电阻的测试中去,因此只能近似地测量表面电阻,测得的表面电阻值主要反映被测试样表面污染的程度。所以,表面电阻率不是表征材料本身特性的参数,而是一个有关材料表面污染特性的参数。当表面电阻较高时,它常随时间以不规则的方式变化。

(1)温度和湿度:固体绝缘材料的绝缘电阻率随温度和湿度的升高而降低,特别是体积电阻率随温度改变而变化非常大。因此,电瓷材料不但要测定常温下的体积电阻率,而且还要测定高温下的体积电阻率,以评定其绝缘性能的好坏。由于水的电导大,随着湿度增大,表面电阻率和有开口孔隙的电瓷材料的体积电阻率急剧下降。因此,测定时应严格地按照规定的试样处理要求和测试的环境条件下进行。

(2)电场强度:当电场强度比较高时,离子的迁移率随电场强度增高而增大,而且在接近击穿时还会出现大量的电子迁移,这时体积电阻率大大地降低。因此在测定时,施加的电压应不超过规定的值。

(3)残余电荷:试样在加工和测试等过程中,可能产生静电,电阻越高越容易产生静电,影响测量的准确性。因此,在测量时,试样应彻底放电,即可将几个电极连在一起进行短路。

(4)杂散电势的消除:在绝缘电阻测量电路中,可能存在某些杂散电势,如热电势、电解电势、接触电势等,其中影响最大的为电解电势。用高阻计测量表面潮湿的试样的体积电阻时,测量极与保护极间可产生 20mV 的电势。试验前应检查有无杂散电势。可根据试样加压前后高阻计的二次指示是否相同来判断有无杂散电势。如相同,证明无杂散电势;否则应当寻找并排除产生杂散电势的根源,才能进行测量。

(5)防止漏电流的影响:对于高电阻材料,只有采取保护技术才能去除漏电流对测量的影响。保护技术就是在引起测量误差的漏电路径上安置保护导体,截住可能引起测量误差的杂散电流,使之不流经测量回路或仪表。保护导体连接在一起构成保护端,通常保护端接地。测量体积电阻时,三电极系统的保护极就是保护导体。此时要求保护电极和测量电极间的试样表面电阻高于与它并联组件的电阻 10～100 倍。线路接好后,应首先检查是否存在漏电。此时断开与试样连接的高压线,加上电压。如在测量灵敏度范围内,测量仪器指示的电阻值为无限大,则线路无漏电,可进行测量。

(6)条件处理和测试条件的规定:固体绝缘材料的电阻随温度、湿度的增加而下降。试样的预处理条件取决于被测材料,这些条件在材料规范中规定。推荐使用 GB10580《固体绝缘材料在试验前和试验时采用的标准条件》中规定的预处理方法。可使用甘油—水溶液潮湿箱进行湿度预处理。测试条件应与预处理条件尽可能地一致,有些时候(如浸水处理)不能保持预处理条件和测试条件一致时,则应在从预处理环境中取出后在尽可能短时间内完成测试,一般不超过 5 分钟。

(7)电化时间的规定:当直流电压加到与试样接触的两电极间时,通过试样的电流会指数式地衰减到一个稳定值。电流随时间的减小可能是由于电介质极化和可动离子位移到电极所致。对于体积电阻率小于 $10^{10}\,\Omega\cdot m$ 的材料,其稳定状态通常在 1 分钟内达到。因此,要经过这个电化时间后测定电阻。对于电阻率较高的材料,电流减小的过程可能会持续几分钟、几小时、几天,因此需要用较长的电化时间。如果需要的话,可用体积电阻率与时间的关系来描述材料的特性。当表面电阻较高时,它常随时间以不规则的方式变化。测量表面电阻通常都规定 1 分钟的电化时间。

三、仪器和样品

1. 仪器

本实验选用 ZC36 型起高阻微电流计。该仪器工作原理属于直接法中的直流放大法,测量范围 $10^6\sim10^{17}\,\Omega$,误差$\leqslant10\%$。

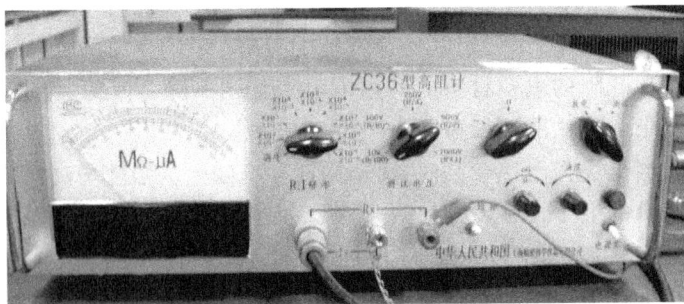

图 3-3-2 ZC36 高阻计外形图

为准确测量体积电阻和表面电阻,一般采用三电极系统,圆板状三电极系统见图 3-3-3。测量体积电阻 R_v 时,保护电极的作用是使表面电流不通过测量仪表,并使测量电极下的电场分布均匀。此时保护电极的正确接法见图 3-3-4。测量表面电阻 R_s 时,保护电极的作用是使体积电流减少到不影响表面电阻的测量。

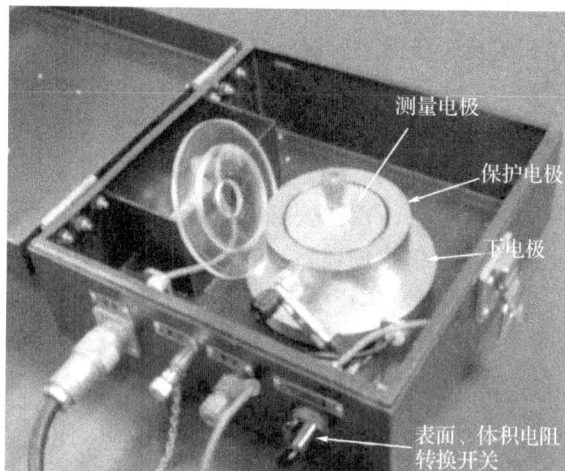

图 3-3-3　三电极电阻测量系统

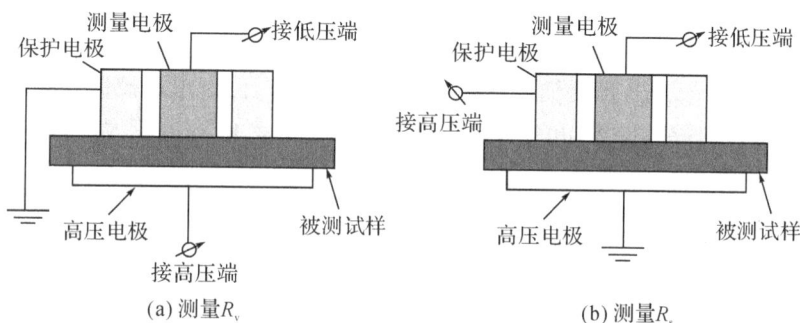

图 3-3-4　体积电阻 R_v 和表面电阻 R_s 测量示意图

2. 样品

不同比例的聚丙烯与碳酸钙共混物样片（φ100 圆板，厚 2±0.2 mm）5 只。实验前，把试样放在温度 23±2℃和相对湿度 65％±5％的条件下处理 24 小时。

四、实验步骤

1. 高阻计的预热

（1）使用前，高阻计面板上的各开关位置应如下：

电源总开关（POWER）置于"关"；倍率开关置于灵敏度最低档位置；测试电压开关置于"10V"处；"放电—测试"开关置于"放电"位置；输入短路撤键置于"短路"；极性开关置于"0"。

（2）接通电源预热 30 分钟，将极性开关置于"＋"，此时可能发现指示仪表的指针会离开"∞"及"0"处，这时可慢慢调节"∞"及"0"电位器，使指针置于"∞"及"0"处。

2. 聚合物样品的电阻测量

1）将被测试样放置于保护电极和下电极间（如图 3-3-4 所示），再用测量电缆线和导线分别与讯号输入端和测试电压输出端连接。

2）将测试电压选择开关置于所需要的测试电压挡。

3）将"放电—测试"开关置于"测试"档，输入短路开关仍置于"短路"。对试样经一定时间的充电以后（视试样的容量大小而定，一般为15秒。电容量大时，可适当延长充电时间），即可将输入短路开关撤至"测试"进行读数。

4）当输入短路开关置于测量后，如发现表头无读数，或指示很少，可将倍率开关逐步升高，直至读数清晰为止。通过旋转倍率旋钮，使示数处于半偏以内的位置，便于读数。测量时先将 R_v/R_s 转换开关置于 R_v 测量体积电阻，然后置于 R_s 测量表面电阻。

5）读数方法如下：用不同电压进行测量时，其电阻系数不一样，电阻系数标在电压值下方。将仪表上的读数（单位为兆欧）乘以倍率开关所指示的倍率及测试电压开关所指的系数（10V 为 0.01；100V 为 0.1；250V 为 0.25；500V 为 0.5；1000V 为 1）即为被测试样的绝缘电阻值。例如：读数为 $3.5\times10^6\Omega$ 倍率开关所指系数为 10^8，测量电压为 100V，则被测电阻值为：$3.5\times10^6\times10^8\times0.1=3.5\times10^{13}\Omega$。

6）在测试绝缘电阻时，如发现指针有不断上升的现象，这是由于电介质的吸收现象所致，若在很长时间内未能稳定，则一般情况下取接通测试开关后一分钟时的读数作为试样的绝缘电阻值。

7）一个试样测试完毕，即将输入短路撤键置于"短路"，测试电压控制开关置于"关"后，将方式选择开关拨向放电位置，几分钟后方可取出试样。对电容量较大的试样者需经 1 分钟左右的放电，方能取出试样，以免受测试系统电容中残余电荷的电击。若要重复测试时，应将试样上的残留电荷全部放掉方能进行。

8）然后进入下一个试样的测试：为了操作简便无误，测量绝缘材料体积电阻（R_v）和表面电阻（R_s）时采用了转换开关。当旋钮指在 R_v 处时，高压电极加上测试电压。保护电极接地，当旋钮指在 R_s 处时，保护电极加上测试电压，高压电极接地。

9）仪器使用完毕，应先切断电源，将面板上各开关恢复到测试前的位置，拆除所有接线，将仪器安放保管好。

3. 注意事项

（1）试样与电极应加以屏蔽（将屏蔽箱合上盖子），否则，由于外来电磁干扰而产生误差，其至因指针的不稳定而无法读数。

（2）测试时，人体不可接触红色接线柱，不可取试样，因为此时"放电—测试"开关处在"测试位置"，该接线柱与电极上都有测试电压，危险！！

（3）在进行体积电阻和表面电阻测量时，应先测体积电阻再测表面电阻，反之由于材料被极化而影响体积电阻。当材料连续多次测量后容易产生极化，会使测量工作无法进行下去，出现指针反偏等异常现象，这时须停止对这种材料测试，置于净处 8～10 h 后再测量或者放在无水酒精内清洗，烘干，等冷却后再进行测量

（4）经过处理的试样及测量端的绝缘部分绝不能被脏物污染，以保证实验数据的可靠性。

（5）若发现指针很快打出满刻度，应立即将输入短路开关置于"短路"，测试电压控制开关置于"关"，等查明原因并排除故障后再进行测量。

（6）若要重复测量时，应将试样上的残余电荷全部放掉方能进行。

五、数据分析和结果处理

1. 体积电阻率 ρ_v

$$\rho_v = R_v(A/h),$$
$$A = (\pi/4) \cdot d_2^2 = (\pi/4)(d_1 + 2g)^2 \tag{3}$$

式中，ρ_v——体积电阻率（$\Omega \cdot m$），

$\quad R_v$——测得的试样体积电阻（Ω），

$\quad A$——测量电极的有效面积（m^2），

$\quad d_1$——测量电极直径（m），

$\quad h$——绝缘材料试样的厚度（m），

$\quad g$——测量电极与保护电极间隙宽度（m），

2. 表面电阻率 ρ_s

$$\rho_s = R_s(2\pi)/\ln(d_2/d_1) \tag{4}$$

式中，ρ_s——表面电阻率（Ω），

$\quad R_s$——试样的表面电阻（Ω），

$\quad d_2$——保护电极的内径（m），

$\quad d_1$——测量电极直径（m）。

3. 需要的数据

$d_1 = 5$ cm

$d_2 = 5.4$ cm

$h = 0.2$ cm

$g = 0.2$ cm

六、思考题

1. 为什么测量样品电性能时要对样品进行处理？对环境条件有何要求？

2. 对同一块样品，采用不同的电压测量。测量电压升高时，测得的电阻值将如何变化？

3. 通过实验说明为什么在工程技术领域中，用体积电阻率来表示介电材料的绝缘性质，而不用绝缘电阻或表面电阻率来表示？

4. 讨论体积电阻率和表面电阻率与聚合物样品的组成间的关系。

七、参考文献：

1. 何曼君等. 高分子物理. 上海：复旦大学出版社，2000.

2. 张国光. 影响绝缘电阻测量值的主要因素. 机电技术. 2008.10.12

3. 张滨秋. 浅谈外界因素对电容器绝缘电阻测量值的影响. 信息技术，2001(2)

4. ZC36 高阻计说明书

5. 李允明. 高分子物理实验. 杭州：浙江大学出版社，1996.

实验四　偏光显微镜法观察聚合物球晶结构

一、目的和要求

1. 了解聚合物结晶的一般知识。

2. 了解偏光显微镜的原理、结构及使用方法。

3. 了解双折射体在偏光场中的光学效应及球晶黑十字消光图案的形成原理。

4. 观察聚丙烯熔体与浓溶液结晶生成的球晶形态,测定溶液结晶的球晶尺寸,判断球晶的正负性。

二、原理

1. 聚合物的结晶

晶态和无定形态是聚合物聚集态的两种基本形式,很多聚合物都能结晶。聚合物在不同条件下形成不同的结晶,比如单晶、球晶、纤维晶等等,聚合物从熔融状态冷却时主要生成球晶。球晶是聚合物中最常见的结晶形态,大部分由聚合物熔体和浓溶液生成的结晶形态都是球晶。结晶聚合物材料的实际使用性能(如光学透明性、冲击强度等)与材料内部的结晶形态、晶粒大小及完善程度有着密切的联系,如较小的球晶可以提高冲击强度及断裂伸长率。例如球晶尺寸对于聚合物材料的透明度影响更为显著,由于聚合物晶区的折光指数大丁非晶区,因此球晶的存在将产生光的散射而使透明度下降,球晶越小则透明度越高,当球晶尺寸小到与光的波长相当时可以得到透明的材料。因此,对于聚合物球晶的形态与尺寸等的研究具有重要的理论和实际意义。

球晶是以晶核为中心对称向外生长而成的。在生长过程中不遇到阻碍时形成球形晶体;如在生长过程中球晶之间因不断生长而相碰则在相遇处形成界面而成为多面体,在二维空间下观察为多边体结构。由分子链构成晶胞,晶胞的堆积构成晶片,芯片迭合构成微纤束,微纤束沿半径方向增长构成球晶。晶片间存在着结晶缺陷,微纤束之间存在着无定形夹杂物。球晶的大小取决于聚合物的分子结构及结晶条件,因此随着聚合物种类和结晶条件的不同,球晶尺寸差别很大,直径可以从微米级到毫米级,甚至可以大到厘米。球晶尺寸主要受冷却速度、结晶温度及成核剂等因素影响。球晶具有光学各向异性,对光线有折射作用,因此能够用偏光显微镜进行观察,该法最为直观,且制样方便、仪器简单。聚合物球晶在偏光显微镜的正交偏振片之间呈现出特有的黑十字消光图像。有些聚合物生成球晶时,晶片沿半径增长时可以进行螺旋性扭曲,因此还能在偏光显微镜下看到同心圆消光图像。对于更小的球晶则可用电子显微镜进行观察或采用激光小角散射法等进行研究。

2. 偏光显微镜原理

(1)偏振光和双折射

表 3-4-1　偏振光和双折射的相关概念

名称	意　义
天然光	天然光可分解为与传播方向垂直的所有方向上的振动的矢量,并且各方向上的振幅相等。
偏振光	偏振光是指矢量的振动方向有一定规律的光线。光矢量在一个平面内振动的光线称为线性偏振光,该平面称为振动面,可由天然光通过偏振器(如偏振片)获得。
光学各向同性体	介质中的原子、分子等在三维空间完全无规排列时,对于任何入射方向和偏振方向的光线的折射率都是相等的,称为光学各向同性体。
双折射体	对不同振动方向的偏振光有不同的折射率,这样的物体称为双折射体。
线性双折射体	对光线没有吸收的双折射体。这种物体对任意方向进入的光线一般都会分解成振动面互相垂直的两个偏振光,并具有不同的折射率。

(2)双折射体的光学效应

入射线性偏振光 PA 与光轴成一定角度,于是入射光波分解为平行于光轴振动的异常波和与之垂直的正常波两个偏振光,分别以折射率 n_e,n_o 传播。设平板的厚度为 d,则正常波与异常波在板中的光程分别为 $n_o d$ 和 $n_e d$,光线穿过平板时两波的光程差为 $\Delta = (n_e - n_o)d$,变换成相位差为

$$\delta = \frac{2\pi}{\lambda}\Delta = \frac{2\pi}{\lambda}(n_e - n_o)d \tag{1}$$

两个偏振光合成为具有 δ 相位差,振动方向互相垂直的光线。

在光路中放置两个互相垂直的偏振片 P(起偏镜)和 A(检偏镜),在两者之间放置一片双折射平板 M,其光轴和偏振光片的偏振方向成 45°,则由于偏光干涉作用,有光线通过检偏镜 A,透射光强为

$$l = 2l_0(1 - \cos\delta) = l_0 \sin^2\left(\frac{\delta}{2}\right) = l_0 \sin^2\left(\frac{\pi}{\lambda}\Delta\right) \tag{2}$$

其中 I_0 为起始透过光强。

偏光观察的意义:求得光程差 Δ,然后——①由 Δ 和 M 的厚度即可以求得双折射率;②已知双折射率而求得平板的厚度。

光程差的测量:直接法——在白色照明光下进行偏光干涉,由式(2)可知,对于给定的 Δ,不同波长的光有不同的透过强度。例如当 $\Delta = 540\text{nm}$ 时,根据上式此时波长为 540nm 黄绿色的光通过为零,视野呈紫红色;相反可以通过透过光的颜色确定光程差,光程差在500~600nm 附近变化时颜色变化最为显著,540nm 最为敏感,称为敏锐色,可以认为是显微观察中的标准波长。

3. 球晶的光学效应

1)黑十字消光

球晶是由放射形的微纤束组成,这些微纤束为片晶,具有折叠链结构,其晶轴成螺旋取向。高聚物球晶在偏光显微镜下可以看到黑十字消光图案(maltese cross)。在正交偏光显微镜下观察,非晶体聚合物因为其各向同性,没有发生双折射现象,光线被正交的偏振镜阻碍,视场黑暗。球晶会呈现出特有的黑十字消光现象,黑十字的两臂分别平行于两偏振轴的

方向。而除了偏振片的振动方向外,其余部分就出现了因折射而产生的光亮。黑十字消光图像是高聚物球晶的双折射性质和对称性的反映。一束自然光通过起偏器后,变成平面偏振光,其振动方向都在单一方向上。一束偏振光通过高分子球晶时,发生双折射,分成两束电矢量相互垂直的偏振光,它们的电矢量分别平行和垂直于球晶的半径方向,由于这两个方向上折射率不同,这两束光通过样品的速度是不等的,必然要产生一定的相位差而发生干涉现象,结果使通过球晶的一部分区域的光可以通过与起偏器处在正交位置的检偏器。而另一部分区域不能,最后分别形成球晶照片上的亮暗区域。球晶在偏光显微镜下可以看到黑十字消光图案。

如图 3-4-1 所示,pp 为通过起偏镜后的光线的偏振方向,aa 为检偏镜的偏振方向。在球晶中,b 轴为半径方向,c 轴为光轴,当 c 轴与光波方向传播方向一致时,光率体切面为一个圆,当 c 轴与光率体切面相交时为一椭圆。在正交偏光片之间,光线通过检偏镜后只存在 pp 方向上的偏振光,当这一偏振光进入球晶后,由于在 pp 和 aa 方向上的晶体光率体切面的两个轴分别平行于 pp 和 aa 方向,光线通过球晶后不改变振动方向,因此通过球晶后不改变振动方向,因此不能通过检偏镜,呈黑暗。而介于 pp 和 aa 之间的区域由于光率体切面的两个轴与 pp 和 aa 方向斜交,pp 振动方向的光进入球晶后由于光振动在 aa 方向上的分量,因此这四个区域变得明亮,聚乙烯球晶在偏光显微镜下还呈现一系列的同心消光圆环,这是由于在聚乙烯球晶中芯片是螺旋形的.即 a 轴与 c 轴在与 b 轴垂直的方向上转动,而 c 轴又是光轴,即使在四个明亮区域中的光率体切面也周期性地呈现圆形而造成消光。

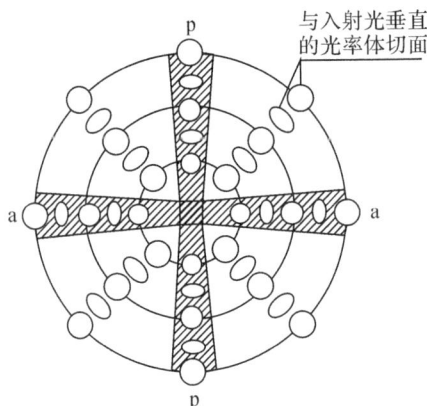

图 3-4-1　正交偏光场中球晶的偏光干涉

2) 球晶的正负

我们用半径方向上的折光指数 n_r 和垂直于半径方向(切线方向)的折光指数 n_t 来描述球晶的正负性,如果 $n_r > n_t$,则此球晶为正球晶,反之则称为负球晶。n_r 和 n_t 是由微晶的三个方向(a,b,c)上的折光指数 n_a, n_b, n_c 决定的。

正负球晶的判断:在正交偏振镜间插入一块补色器就可以从图像中观察到的干涉色来判断球晶的正负性。补色器是具有固定光程差的双折射平板。补色器是与正交偏振镜的偏振方向成 45°插入的,当球晶为正时,Ⅰ,Ⅲ 象限中光率体切面的长轴与补色器中的光率体椭圆切面的长轴一致,光程差增加,干涉色为蓝色;而 Ⅱ,Ⅳ 象限中的球晶光率体椭圆切面的长轴与补色器中的长轴不一致是,光程差减小,干涉色为黄色。如为负球晶则正好相反。

三、仪器和样品

1) 仪器

偏光显微镜(配有显微摄影仪,并与计算机相联接),如图 3-4-2 所示。

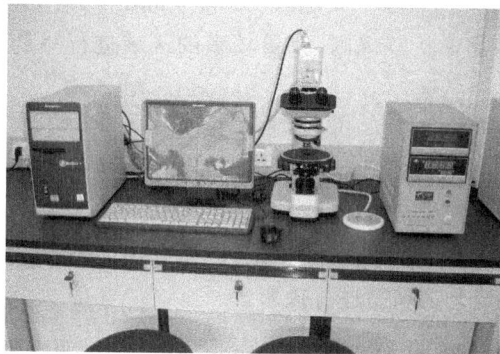

图 3-4-2　实验用偏光显微镜实物图

2) 样品

①全同聚丙烯熔体结晶试样(慢冷);

②全同聚丙烯浓溶液结晶得到的球晶悬浮液(慢冷,溶剂为十氢萘);

③全同聚丙烯浓溶液结晶得到的球晶悬浮液(自然冷,溶剂为十氢萘)。

四、实验步骤

1. 球晶的制备

1) 熔体结晶:将加热台的温度调整到 230℃ 左右,在加热台上放上载玻片,并将一小颗聚丙烯试样放在载玻片上,盖上盖玻片,熔融后用镊子小心地压成薄膜状。做两块同样的试样,做好后恒温 10 分钟,将其中的一片取出放在石棉板上以较快的速度冷却,另一片在加热台上并关掉加热电源,以较慢的速度冷却。

2) 浓溶液结晶:取聚丙烯数颗置于标记好的三只 25 ml 磨口三角烧瓶中,加入适量的十氢萘并加热溶解,然后分别置于不同温度下进行冷却结晶。根据实验时间的安排,样品制备可由教师预先完成。

2. 偏光显微镜观察

1) 在显微镜上装上物镜和目镜,打开照明电源,推入检偏镜,调整起偏镜角度至正交位置。

2) 在试板孔插入 1λ 石膏试板,观察干涉色。

3) 取少量溶液结晶生成的球晶悬浮液(慢冷)滴于载玻片上,并盖上盖玻片。

4) 将试样置于载物台中心,调焦至图像清晰。

5) 取少量溶液结晶生成的悬浮液(自然冷)制样观察。

6) 熔体结晶的样品进行同样观察。

3. 球晶直径的测量

1）用物镜测微尺对目镜测微尺进行校正。将物镜测微尺放在载物台上,采用与观察试样时相同的物镜与目镜进行调焦观察,并将物镜测微尺与目镜测微尺在视野中调至平行或重叠,如测得目镜测微尺的 N 格与物镜测微尺的 X 格重合,则目镜测微尺上每格代表的真正长度 D 为:

$$D = 0.01X/N \quad (mm) \tag{3}$$

2）移动视野,选择球晶形状较规则,数量较多的区域进行测量,然后寻找另一个视野,重复测量。

4. 球晶正负性的确定

对溶液结晶样品调好黑十字图像后再插入敏锐色补色器(1λ 石膏试板),确定球晶的正负。

5. 摄影

使用 CCD 照相机对聚合物球晶进行摄影。

6. 注意事项

调焦时,应先使物镜接近样片,仅留一窄缝(不要碰到),然后一边从目镜中观察一边调焦(调节方向务必使物镜离开样片)至清晰。

五、数据分析和结果处理

1. 球晶直径的测量数据

表 3-4-2　目镜测微尺校正

物镜放大倍数	目镜测微尺格数 N	物镜测微尺格数 X	目镜测微尺每格代表的真正长度 D(μm)

其中,目镜测微尺每格代表的真正长度 D 根据式(3)计算。

表 3-4-3　*it*-PP 溶液结晶(慢冷)的球晶尺寸(物镜放大倍数 10X 下观察)

序号	1	2	3	4	5	6	7	8	9	10
目镜测微尺格数 N										
球晶直径 d(mm)										
平均直径 d_0(mm)										

其中,球晶直径 d 根据 $d = N \cdot D$ 计算。

表 3-4-4　*it*－PP 溶液结晶(自然冷)的球晶尺寸(物镜放大倍数 10X 下观察)

序号	1	2	3	4	5	6	7	8	9	10
目镜测微尺格数 N										
球晶直径 d(mm)										
平均直径 d_0(mm)										

其中,球晶直径 d 根据 $d = N \cdot D$ 计算。

2. 偏光显微图像例子

图 3-4-3 为不同结晶条件下的 *it*－PP 试样照片(物镜 10X,摄影目镜 10X)。

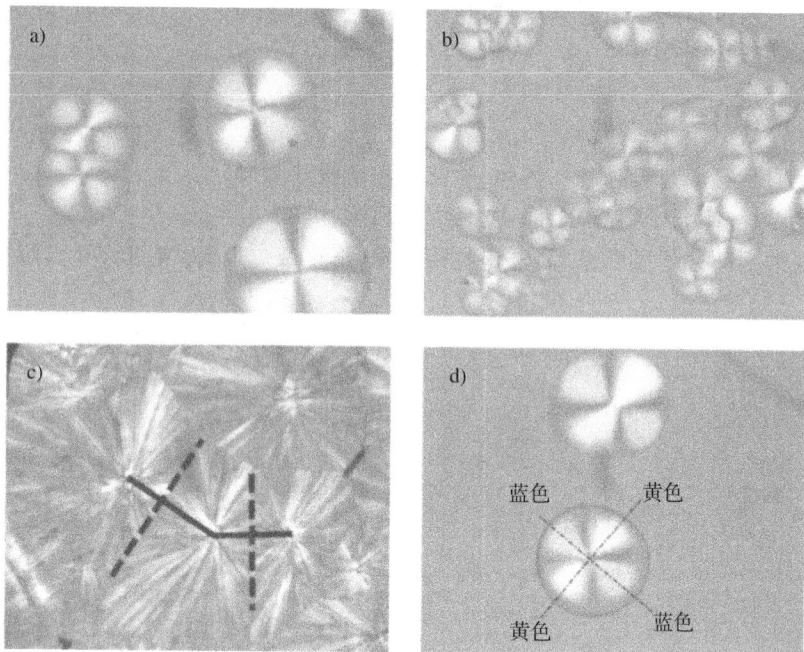

a) 溶液结晶(慢冷),b) 溶液结晶(自然冷),c) 溶液结晶,d) 球晶正负的判断

图 3-4-3 不同结晶条件下的 $it-$PP 试样照片(物镜 10X,摄影目镜 10X)

3. 球晶正负性的确定

如图 3-4-3 d) 所示,当插入敏锐色补色器后,球晶的Ⅰ、Ⅲ象限为黄色,Ⅱ、Ⅳ象限为蓝色,证明 $it-$PP 由溶液结晶得到的球晶为负球晶。

六、注意事项

1. 在溶液结晶样品的制样过程中,取样量不宜过多,半滴即可,因为十氢萘对皮肤黏膜有刺激性,并且对人体有麻醉作用,而且量过多也容易造成球晶堆叠而影响观察。

2. 测量球晶直径时,应在不同的视野下,选取尺寸具有代表性的球晶进行测量。

3. 偏光显微镜的载物台与相差显微镜或普通光学显微镜不同,是可以沿旋转轴转动的。因为在偏光显微镜的光学系统中,载物台的旋转轴,物镜中轴及目镜中轴应当严格在一条直线上。如果它们不在一条直线上,当转动载物台时,视域中心的物像将离开原来的位置,连同其他部分的物像绕另一中心旋转。在这种情况下,不仅可能把视域内的某些物像转出视域之外,妨碍观察,而且影响某些光学数据的测定精度。特别是使用高倍物镜时,根本无法观察。因此,必须进行校正,称为"校正中心"。实验中由于对测量精度要求不高,主要目的是观察球晶形态,所以没有进行校正。

七、思考题

1. 解释球晶黑十字消光图案的原因。
2. 溶液结晶与熔体结晶形成的球晶的形态有何差异? 造成这种差异的原因是什么?
3. 本实验中,溶解聚丙烯的溶剂为什么采用十氢萘而不选用环己烷等?

4. 对所得实验数据和图像进行分析,讨论冷却速度对球晶尺寸、球晶的形成机理和球晶的形状、正负性的影响。

八、参考文献:

1. 李允明.高分子物理实验.杭州:浙江大学出版社,1996.

2. 何曼君等.高分子物理.上海:复旦大学出版社,2000.

3. 复旦大学高分子科学系.高分子实验技术(修订版).上海:复旦大学出版社,1996.

实验五　聚合物温度—形变曲线的测定

一、目的和要求

1. 了解聚合物的力学性能与温度间的关系。
2. 掌握测定聚合物温度—形变曲线的方法。
3. 测定聚甲基丙烯酸甲酯的玻璃化转变温度 T_g 和黏流转变温度 T_f。

二、原理

1. 热机械分析(TMA)

TMA 是在过程控制温度下测量物质在非振动负荷下的形变与温度关系的一种技术。实验室对具有一定形状的试样施加外力(方式有压缩、扭转、弯曲和拉伸等),根据所测试样的温度—形变曲线就可以得到试样在不同温度(时间)时的力学性质。

2. 温度—形变曲线

在一定的力学负荷下,高分子材料的形变量与温度的关系称为高聚物的温度—形变曲线(或称热机械曲线)。测定聚合物温度—形变曲线,是研究高分子材料力学状态的重要手段。高分子材料由于其结构单元的多重性而导致了运动单元的多重性,在不同的温度(时间)下可表现出不同的力学行为,因此通过温度—形变测量可以了解聚合物的分子运动与力学性质间的关系,可求得不同分子运动能力区间的特征温度如玻璃化温度、黏流温度、熔点和分解温度等。在实际应用方面,温度—形变曲线可以用来评价高分子材料的耐热性、使用温度范围及加工温度等。测定聚合物温度—形变曲线可以了解(1)聚合物的分子运动与力学性质间的关系;(2)分析聚合物的结构形态(如结晶、交联、增塑、分子量等);(3)反应在加热过程中发生的化学变化(如交联、分解等);(4)求聚合物的特征温度(如玻璃化温度、黏流温度等);(5)评价聚合物的耐热性、使用温度范围及加工温度等。

影响温度—形变曲线的因素有:(1)聚合物的组成、化学结构、分子量、结晶度、交联度等因素。(2)实验条件的设定如升温速率,其由运动的松弛性质决定,升温速度快,测得的 T_g、T_f 都较高;载荷大小,如增加载荷有利于运动过程的进行,因此 T_g、T_f 均会下降,且高弹态会不明显;和聚合物样品的尺寸。

(1)非晶态聚合物的温度—形变曲线

图 3-5-1 是线型非晶态聚合物的温度—形变曲线,具有"三态"——玻璃态、高弹态和黏流态,以及"两区"——玻璃化转变区和黏流转变区,虚线表示分子量更大时的情形。由于链段的长度主要取决于链的柔性,与分子量关系不大,因此当分子量达到一定值以后玻璃化温度与分子量的关系不大。而分子链整链的相对滑移要克服整链上的分子间作用力,因此分子量越大其黏流温度也越高。表 3-5-1 为线型非晶态聚合物在各个状态下的一些特征。

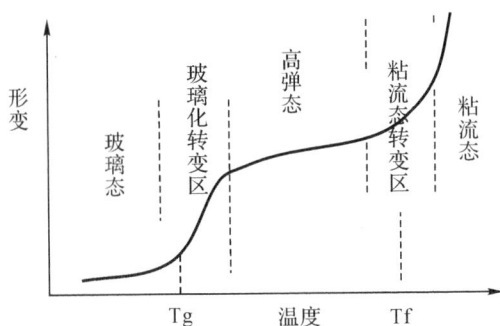

1) 玻璃态,2)玻璃化转变区,3)高弹态,4)黏流转变区,5)黏流态

图 3-5-1　线型非晶态聚合物的温度—形变曲线

表 3-5-1　线型非晶态聚合物各状态的特征

状态	微观	宏观
玻璃态	玻璃态时由于分子热运动能量低,不足以克服主链内旋转位垒,链段处于被冻结的状态,仅有侧基、链节、短支链等小运动单元可作局部振动,以及键长、键角的微小变化,因此不能实现构象的转变。或者说链段运动的松弛时间远大于观察时间,因此在观测时间内难以表现出链段的运动。	宏观上表现为普弹形变,质硬而脆,形变小(1%以下),模量高($10^9 \sim 10^{10}$ Pa)。
玻璃化转变区	链段运动开始解冻,链构象开始改变、进行伸缩。	表现出明显的力学松弛行为,形变量迅速上升,具有坚韧的力学特性。
高弹态	聚合物受到外力时,分子链单键的内旋转使链段运动,即通过构象的改变来适应外力的作用; 一旦外力除去,分子链又可以通过单键的内旋转和链段的运动回复到原来的蜷曲状态。	在宏观上表现为高弹性,形变量较大(100%~1000%),模量很低($10^5 \sim 10^7$ Pa),容易变形; 一旦外力除去,则表现为弹性回缩。
黏流转变区	链段运动加剧,分子链能进行重心位移。	模量下降至 10^4 Pa 左右,表现出黏弹性特征。
黏流态	整个分子链可以克服相互作用和缠结,链段沿作用力方向协同运动而导致高分子链的质量中心互相位移,即分子链整链运动的松弛时间缩短到与观测时间为同一数量级。	宏观表现为黏性流动,为不可逆形变。

(2)交联聚合物的温度—形变曲线

交联聚合物由于相互交联而不可能发生黏流性流动。当交联度较低时,链段的运动仍可进行,因此仍可表现出高弹性;而当交联度很高,交联点间的链长小到与链段长度相当时,链段的运动也被束缚,此时在整个温度范围内只表现出玻璃态。

(3)结晶聚合物的温度—形变曲线

由于存在晶区和非晶区,聚合物的微晶起到类似交联点的作用。当结晶度较低时,聚合物中非晶部分在温度 T_g 后仍可表现出高弹性,而当结晶度大于40%左右时,微晶交联点彼

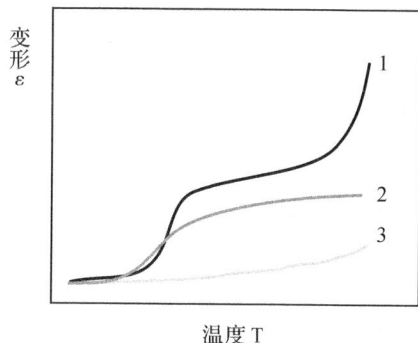

图 3-5-2　无定形高聚物 1 与交联高聚物 2、3 温度形变曲线的比较,其中交联度高聚物 2>高聚物 3

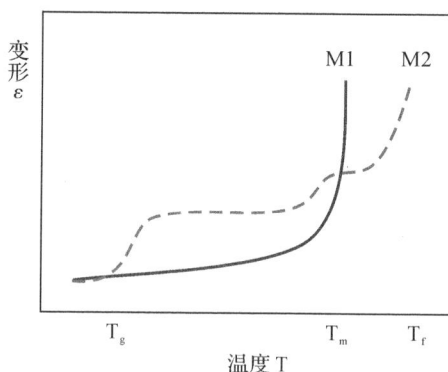

图 3-5-3　结晶聚合物的温度—形变曲线(虚线表示结晶度较低,分子量 M2>M1)

此连成一体,形成贯穿整块材料的连续结晶相,此时链段的运动被抑制,在 T_g 以上也不能表现出高弹性。结晶高聚物当温度大于熔点 T_m 时,其温度—形变曲线即重合到非晶高聚物的温度—形变曲线上,此时又分两种情况,如 $T_m>T_f$,则熔化后直接进入黏流态,如 $T_m<T_f$,则先进入高弹态。

对于结晶性高分子固体急速冷却得到的非晶或低结晶度的高聚物材料,在升温过程中会产生结晶使模量上升。这时如采用间歇加载的方式进行温度—形变测量,就会发现当温度达到 T_g 后形变上升,然后随结晶过程的进行变形又会下降。

三、仪器和样品

1. 仪器

温度—形变测定仪,如图 3-5-4 所示。

2. 样品

聚甲基丙烯酸甲酯(有机玻璃)样品若干(厚度约为 2 mm)。

四、实验步骤

1. 开机:经检查线路无误后接通电源,打开主机和记录仪开关,按下"复位"按钮,预热

图 3-5-4　实验用温度—形变测定仪实物图

机器 10 min;

2. 放样品:打开哈夫炉子,将试样放入,使得压杆中心压在试样中心;

3. 位移零点调零:闭合炉子,调节记录笔零点;

4. 设置程序升温:设置升温速度为 5℃/min、走纸速度为 5 mm/min、位移量程 0.5 V;

5. 开始升温:升温速率控制在 5℃/min;

6. 升温至形变曲线不再有明显变化时按下"复位"按钮;

7. 打开风扇降温;

8. 取样并清除试样残渣,关机;

9. 取下记录纸进行后期处理。

五、注意事项

(1)在开始测量前,应使两记录笔横向画出一段印记,便于数据处理时测量笔距。

(2)实验完毕应使哈夫炉自然冷却,以延长其使用寿命。

六、数据分析和结果处理

1.数据记录:按照表 3-5-2 的格式记录实验过程中的一些参数。

表 3-5-2　温度—形变曲线测量数据表

试样	起始温度 T_0(℃)	加压负荷 E (MPa)	升温速度 v (℃/min)	T_g(℃)	T_f(℃)
PMMA					

其中:

起始温度 T_0:开始记录曲线时的炉温。

加压负荷 E:根据 $E=F\times g/(\pi d^2/4)$ 计算。式中,加压总负荷 F 包括压杆重、砝码和位移传感器弹簧力;重力加速度 $g=9.8$ N/kg;压力面直径 $d=2$ mm。

升温速度 v:在温度曲线线性区域内取 a、b 两点,横向距离为 5 小格(横向为温度坐标,4℃/小格——由温度量程为 400℃可得),纵向距离为 2 大格(纵向为时间坐标,2 min/大格——由纸速 5 mm/min 可得），于是可得升温速度＝$5 \times 4/4 = 5$℃/min，与设定的升温速度相同。

T_g 和 T_f：从温度—形变曲线上，以相应转折区两侧的直线部分外推得到的焦点作为转变点。根据两记录笔的笔距在温度线上找出相应的转变温度。

实验测得 PMMA 试样的玻璃化温度 T_g＝__℃，黏流温度 T_f＝____℃。

查得 PMMA 的 T_g 数据见表 3-5-3。由表 3-5-3 可知，PMMA 中等规三元组的含量越高，T_g 越低；而间规三元组的含量越高，T_g 越高。通常认为 PMMA 的 T_g 在 85～105℃ 范围内。

表 3-5-3　PMMA 立构规整性对 T_g 的影响

T_g	Tacticity (triad analysis)		
	so	Hetero	Syn
41.5	0.95	0.05	0.00
54.3	0.73	0.16	0.11
61.6	0.62	0.20	0.18
104.0	0.06	0.37	0.56
114.2	0.10	0.31	0.59
119.0	0.04	0.37	0.59
120.0	0.10	0.20	0.70
125.6	0.09	0.36	0.64
134.0	0.01	0.18	0.81

Polymer Handbook (J. Brandrup, et al, A Wiley Interscience, 1999，4th edition)

2．误差分析

误差主要有以下来源：

①由于升温速度较快，测得的 T_g、T_f 可能比实际值偏高；

②试样的分子量分布较宽，或者载荷较大，导致高弹平台不明显，黏流转变区较宽，不利于对 T_f 的判断，主观误差的影响变大；

③载荷较大还会使得测得的 T_g、T_f 相对偏低，但升温速度较快又会使 T_g、T_f 偏高，所以总的影响难以判断；

④PMMA 试样尺寸及形状可能对实验结果有影响；

⑤形变记录笔笔尖较粗，记录的曲线有一定宽度，因而造成误差。

七、说明和补充知识

从方法上来说，测定聚合物的温度—形变曲线简单、方便，但由于升温速度对实验结果的影响较大，所以往往需要较长的时间。而为了使测得的曲线之间更具有可比性，通常需要在同一台仪器上面进行测定，所以耗时较长，缺乏效率，这也是这种方法的缺点。

1．影响 T_g 的因素

1）化学结构的影响

T_g 是高分子链段从冻结到运动（或反之）的转变温度，而链段运动是通过主链的单键内旋转来实现的。因此，凡是能影响高分子链柔性的结构因素，都对 T_g 有影响。减弱高分子链柔性或增加分子间作用力的因素，如引入刚性基团或极性基团、交联和结晶都使 T_g 升高,而增加分子链柔性的因素,如加入增塑剂或溶剂、引进柔性基团等都使 T_g 降低。

2)交联的影响

随着交联点密度的增加,聚合物的自由体积减小,分子链的活动受到约束的程度也增加,相邻交联点(化学交联点和物理交联点全考虑在内)之间的平均链长变小,所以交联作用使 T_g 升高。

3)分子量的影响

分子量的增加使 T_g 升高,特别是当分子量较低时,这种影响更为明显。分子量对 T_g 的影响主要是链端的影响。处于链末端的链段比中间的链段受到牵制要小些,因而有比较剧烈的运动。分子量增加意味着链端浓度减少,从而预期 T_g 增加。根据自由体积的概念可以导出 T_g 与 $\overline{M_n}$ 的关系如下:

$$T_g = T_{g,\infty} - \frac{K}{M_n}$$

链端浓度与数均分子量成反比,T_g 与 M_n^{-1} 有线性关系。实际上当分子量超过某一临界值后,链端的比例可以忽略不计,T_g 与 M_n 的关系不大。常用聚合物的分子量要比上述临界值大得多,所以分子量对 T_g 基本上没有影响。

4)增塑剂或稀释剂的影响

玻璃化温度较高的聚合物,在加入增塑剂后,可以使 T_g 明显地下降。

5)两相体系的影响

许多高分子共混物及其相应的接枝与嵌段共聚物以及高分子互传网络等,都会发生相分离。在这种情况下,每一相都有其自身的 T_g。

6)结晶度的影响

结晶高分子,如聚乙烯或聚丙烯或者尼龙与聚酯类,也具有玻璃化转变。此时,玻璃化转变只是发生在这些高分子的无定形部分。微晶区的存在限制了无定形分子的运动,常使 T_g 温度升高。

7)压力的影响

压力增加导致总体积降低,根据自由体积理论,自由体积降低将导致 T_g 升高。研究发现,在转变温度附近,体积对压力图同样具有拐点,类似于体积—温度图。转变温度对压力的关系为:

$$\frac{\mathrm{d}T_g}{\mathrm{d}P} = \frac{K_f}{\alpha_f} = \frac{\Delta K}{\Delta \alpha}$$

上式表明,增加压力可以导致玻璃化。这一结论对于工程操作比如模压或者挤压成型十分重要。

8)外界条件的影响

①升温速度。由于玻璃化转变不是热力学平衡过程,所以 T_g 与外界条件有关。升温速度高,降温速度高都将导致测得的 T_g 高,相反地,升温速度慢,降温速度慢都将导致测得的 T_g 低。②外力作用时间。由于聚合物链段运动需要一定的松弛时间,如果外力作用时间短(频率大,即作用速度快,观察时间短),聚合物形变跟不上环境条件的变化,聚合物就显得比较刚硬,使测得的 T_g 偏高。

2. 影响 T_f 的因素

1)分子结构的影响

分子链柔性好,链内旋转的位垒低,流动单元链段就短,按照高分子流动的分段移动机理,柔性分子链流动所需要的空穴就小,流动活化能也较低,因而在较低的温度下即可发生黏性流动;反之,分子链柔顺性较差的,需要较高的温度下才能流动,同时也只能在较高的温度下,分子链的热运动能量才大到足以克服刚性分子的较大的内旋转位垒。所以分子链越柔顺,黏流温度就越低;而分子链越刚性,黏流温度越高。黏性流动是分子与分子间的相对位置发生显著改变的过程,如果分子之间的相互作用力很大,则必须在较高的温度下才能克服分子间的相互作用而产生相对位移,如果分子间的相互作用力小,则在较低的温度下就能产生分子间的相对位移,因此分子间的极性大,则黏流温度高。

2)分子量的影响

黏流温度是整个高分子链发生运动时的温度,这种运动不仅与聚合物的结构有关,而且与分子量有关。分子量越大则黏流温度越高,因为分子运动时分子量越大内摩擦阻力越大;而且分子链越长,分子链本身的热运动阻碍着整个分子向某一方向运动。所以分子量越大,位移运动越不易进行,黏流温度就要提高。

3)外力大小和外力作用时间

外力增大实质上是更多地抵消分子链沿着与外力相反方向的热运动,提高链段沿外力方向向前跃迁的记录,使分子链的中心有效地发生位移,因此有外力作用时,在较低的温度下,聚合物即可发生流动。延长外力作用的时间也有助于高分子链产生黏性流动,因此增加外力作用的时间就相当于降低黏流温度。

八、思考题

1. 线型非晶态聚合物的温度—形变曲线与分子运动有什么内在联系?

2. 聚合物的温度—形变曲线受哪些条件的影响? 研究聚合物的温度—形变曲线有什么理论与实际意义?

3. 为什么黏流转变点曲线的转折没有玻璃化转变陡?

九、参考文献:

1. 李允明.高分子物理实验.杭州:浙江大学出版社,1996.

2. 何曼君等.高分子物理.上海:复旦大学出版社,2000.

3. 张留成等.高分子材料基础(第二版).北京:化学工业出版社,2007.

4. 钱人元,于燕生.高聚物从高弹态到流体态的转变,化学通报,2008(3)

5. 复旦大学高分子科学系.高分子实验技术(修订版).上海:复旦大学出版社,1996.

6. J. Brandrup, et al; Polymer Handbook (4th edition), A Wiley Interscience, 1999.

实验六　聚合物的差示扫描量热分析

一、目的和要求

1. 掌握差示扫描量热法(DSC)的基本原理及仪器使用方法。
2. 了解 DSC 在聚合物研究中的应用。
3. 测量聚乙烯的 DSC 曲线,并求出其 T_m、ΔH_m 和 X_c。

二、原理

1. DSC 简介

差热分析(Differential Thermal Analysis—DTA)法是一种重要的热分析方法,是指在程序控温下,测量物质和参比物的温度差与温度或者时间的关系的一种测试技术。该法广泛应用于测定物质在热反应时的特征温度及吸收或放出的热量,包括物质相变、分解、化合、凝固、脱水、蒸发等物理或化学反应,广泛应用于无机、有机、特别是高分子聚合物、玻璃钢等领域。差热分析操作简单,但在实际工作中往往发现同一试样在不同仪器上测量,或不同的人在同一仪器上测量,所得到的差热曲线结果有差异。峰的最高温度、形状、面积和峰值大小都会发生一定变化。其主要原因是因为热量与许多因素有关,传热情况比较复杂所造成的。虽然过去许多人在利用 DTA 进行量热定量研究方面做过许多努力,但均需借助复杂的热传导模型进行繁杂的计算,而且由于引入的假设条件往往与实际存在差别而使得精度不高,差示扫描热法(简称 DSC)就是为克服 DTA 在定量测量方面的不足而发展起来的一种新技术。20 世纪 60 年代,差示扫描量热法(Differential Scanning Calorimetry,DSC)被提出,其特点是使用温度范围比较宽,分辨能力和灵敏度高,根据测量方法的不同,可分为功率补偿型 DSC 和热流型 DSC,主要用于定量测量各种热力学参数和动力学参数。

差示扫描量热法是在程序升温的条件下,测量试样与参比物之间的能量差随温度变化的一种分析方法。差示扫描量热法有补偿式和热流式两种。在差示扫描量热中,为使试样和参比物的温差保持为零在单位时间所必须施加的热量与温度的关系曲线为 DSC 曲线。曲线的纵轴为单位时间所加热量,横轴为温度或时间。曲线的面积正比于热焓的变化。DSC 与 DTA 原理相同,但性能优于 DTA,测定热量比 DTA 准确,而且分辨率和重现性也比 DTA 好。由于具有以上优点,DSC 在聚合物领域获得了广泛应用,大部分 DAT 应用领域都可以采用 DSC 进行测量,灵敏度和精确度更高,试样用量更少。

(1)差热分析(DTA)的缺点

1) 精确度不高,只能得到近似值;

2) 需要使用较多的试样,在发生热效应时试样温度与程序温度间有明显的偏差;

3) 试样内部温度均匀性较差。

(2)差示扫描量热法(DSC)的优点

1) 灵敏度和精确度更高;

2) 试样用量更少;

3）定量方便,易于测量结晶度、结晶动力学以及聚合、固化、交联氧化、分解等反应的反应热及研究其反应动力学。

2. 功率补偿型 DSC 的原理

功率补偿型 DSC 的主要特点是试样和参比物分别具有独立的加热器和传感器。整个仪器由两个控制系统进行监控,其中一个是控制温度,使试样和参比物以预定的程序升温或降温;另一个用于补偿试样和参比物间的温差。这个温差是由试样的吸热或放热效应产生的。从补偿功率可以直接求得热流率

$$\Delta W = \frac{\mathrm{d}H_S}{\mathrm{d}t} - \frac{\mathrm{d}H_R}{\mathrm{d}t} = \frac{\mathrm{d}H}{\mathrm{d}t} \tag{1}$$

式中:ΔW——所补偿的功率;

ΔH_S——试样的热熔;

ΔH_R——参比物的热熔;

$\mathrm{d}H/\mathrm{d}t$——单位时间内熔变,即热流率(mJ/s)。

如果试样产生热效应则立即进行功率补偿,所补偿的功率为

$$\Delta W = I_S^2 R_S - I_R^2 R_R \tag{2}$$

式中:R_S 和 R_R 分别为试样与参比物加热器的电阻。

令 $R_S = R_R = R$,总电流 $I_T = I_S + I_R$,设 V_S 和 V_R 分别为试样加热器和参比加热器的加热电压,其电压差 $\Delta V = V_S - V_R$,所以

$$\Delta W = R(I_S + I_R)(I_S - I_R) = I_T(I_S R - I_R R) = I_T(V_S - V_R) = I_T \Delta V \tag{3}$$

在式(3)中,I_T 为常数,则 ΔW 与 ΔV 成正比,因此用 ΔV 作为纵轴即可直接表示热流率 $\mathrm{d}H/\mathrm{d}t$。

3. 仪器校正

试样变化过程中的总熔变即为吸热或放热峰的面积:

$$\Delta H = \int_{t_1}^{t_2} \Delta W \mathrm{d}t \tag{4}$$

实际上由于补偿加热器与试样及参比物间有热阻,补偿的热量有部分漏失,因此仍需通过校正再求得熔变。如峰面积为 S,则总熔变为:

$$\Delta H = KS \tag{5}$$

K 为仪器常数,不随温度和操作条件而变,只需取一温度点以标准物质校正即可。由于 DSC 的基线与试样及参比物的传热阻力无关,可以尽量减小热阻而提高灵敏度,此时仪器的响应也更快,峰的分辨率也更高。校准一般由老师事先做好。

4. DSC 在聚合物中的应用

DSC 在聚合物研究领域有广泛的应用:①物性(如玻璃化转变温度、熔融温度、结晶温度、结晶度、比热容等)测定;②材料测定;③混合物组成的含量测定;④吸附和解吸附过程研究;⑤反应性研究(聚合、交联、氧化、分解,反应温度或温区等);⑥动力学研究。

图 3-6-1 为聚合物的典型 DSC 曲线,从中可以得到聚合物的各种物性参数。

1)固—固一级转变,2)偏移的基线,3)熔融转变,4)降解或气化,5)玻璃化转变,6)结晶,7)固化,交联,氧化等

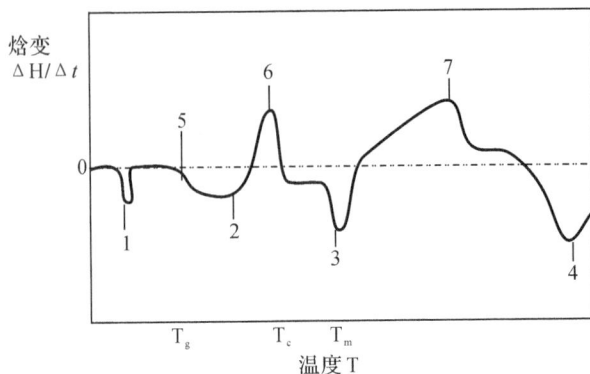

图 3-6-1 聚合物的典型 DS 曲线

1) 结晶度 X_C 的计算

$$X_C = \frac{\Delta H_m}{\Delta H^*} \times 100\% \tag{6}$$

式中 ΔH_m 为试样的熔融热，ΔH^* 为完全结晶聚合物的熔融热。

2) 反应动力学

DSC 用于反应动力学研究时的前提是反应进行的程度与反应放出或吸收的热效应成正比，即与 DSC 曲线下的面积成正比，于是反应率 α 可表示为：

$$\alpha = \frac{\Delta H}{\Delta H_T} = \frac{S'}{S} \tag{7}$$

$$1 - \alpha = \frac{\Delta H_T - \Delta H}{\Delta H_T} = \frac{S - S'}{S} = \frac{S''}{S} \tag{8}$$

$$\frac{d\alpha}{dt} = \frac{1}{\Delta H_T} \frac{dH}{dt} \tag{9}$$

式中：ΔH——温度 T 时的反应热；

ΔH_T——反应的总热量；

S'——从 T_0 到 T 曲线下的面积（图中曲线下阴影部分）；

S——DSC 曲线下的总面积；

$S'' = S' - S$（图中曲线下空白部分）。

反应动力学方程可写为

$$\frac{d\alpha}{dt} = A e^{-\frac{E}{RT}} (1-\alpha)^n = A e^{-\frac{E}{RT}} \left(\frac{\Delta H_T - \Delta H}{\Delta H_T} \right)^n = \frac{1}{\Delta H_T} \frac{dH}{dt} \tag{10}$$

式中：E 为活化能，A 为频率因子，R 为气体常数，T 为温度，n 为反应级数。

取对数形式，

$$\ln \frac{1}{\Delta H_T} \frac{dH}{dt} - n \ln \frac{\Delta H_T - \Delta H}{\Delta H_T} = -\frac{E}{RT} + \ln A \tag{11}$$

如果反应级数已知，那么上式左边对 $1/T$ 作图应为一直线，由斜率可求得 E，由截距可求得 A。

3) 等温结晶动力学

等温结晶过程的实验方法是采用响应速度快的 DSC，将熔融状态的试样急冷到熔点以下的某一温度(结晶温度),并保持恒温进行测定。曲线首先回到基线,然后经过诱导期 t_{id} 后出现放热峰。

此时式(8)中的 $1-\alpha$ 为时间 t 时未结晶的部分的分率。根据 Avrami 结晶动力学方程

$$1-\alpha=1-\frac{X_t}{X_\infty}=\exp(-Kt^n) \tag{12}$$

式中:X_t 为 t 时刻结晶相的重量分率,X_∞ 为结晶终了时结晶相的重量分率。

上式可写成

$$\lg[-\ln(1-\alpha)]=\lg K+n\lg t \tag{13}$$

以 $\lg[-\ln(1-\alpha)]$ 对 $\lg t$ 作图得一直线,由斜率可得 n,由截距可得结晶速率常数 K。

5. DSC 分析的影响因素

表 3-6-1　DSC 分析的影响因素

因素	影响
样品	①试样粒度对表面反应或受扩散控制的反应影响较大,粒度减小,峰温下降。 ②参比物的导热系数也受到粒度、密度、比热容、填装方法等影响,还要考虑到气体和水分的吸附,在制样过程中进行粉碎可能改变样品结晶度等。 ③试样的装填方式影响到传热情况,装填是否紧密又和力度有关。测试玻璃化转变和相转变时,最好采用薄膜或细粉状试样,并使试样铺满坩埚底部,加盖压紧,尽可能平整,保证接触良好。放置坩埚的操作及位置也会有影响,每次应统一。
实验条件	①一般试样量小,曲线出峰明显、分辨率高,基线漂移小;试样量大,峰大而宽,相邻峰可能重叠,峰温升高。测 T_g 时,热容变化小,试样量要适当多一些。试样的量和参比物的量要匹配,以免两者热容相差太大引起基线漂移。 ②升温速率提高时峰温上升,峰面积与峰高也有一定上升,对于高分子转变的松弛过程(如玻璃化转变),升温速率的影响更大。升温速率太慢,转变不明显,甚至观察不到;升温速率太快,转变明显,但测得 T_g 偏高。升温速率对 T_m 影响不大,但有些聚合物在升温过程中会发生重组、晶体完善化,使 T_m 和 X_c 都提高。升温速率对峰的行装也有影响,升温速率慢,峰尖锐,分辨率高;升温速率快,基线漂移大。 ③炉内气氛则对有化学反应的过程产生大的影响。对玻璃化转变和相转变测定,气氛影响不大。
仪器	①加热方式及炉子的形状会影响到向样品中传热的方式、炉温均匀性及热惯性的不同。 ②样品支架也对热传递及温度分布有重要影响。 ③测温位置、热电偶类型及与样品坩埚的接触方式都会对温度坐标产生影响。 仪器因素一般是不变的,可以通过温度标定检定参样对仪器进行检定。

三、仪器和样品

1. 仪器
①差动热分析仪,如图 3-6-2 所示;
②电子天平。

2. 样品
①样品:聚乙烯;
②参比:$\alpha\text{-}Al_2O_3$。

四、实验步骤

1) 开机预热 30 min。

图 3-6-2　实验用差动热分析仪实物图

2）转动手柄将电炉的炉体升到顶部，然后将炉体向前方转出。

3）准确称量 5～6 mg PE 样品于坩埚中，放在样品支架的左侧托盘上，α-Al_2O_3 参比坩埚放在右侧的托盘上。

4）小心地合上炉体，转动手柄将电炉的炉体降回到底部。

5）将"差动/差热"开关置于"差动"的位置，量程开关置于 $\pm 100\mu V$ 的位置。设定升温范围为 0～300℃，升温时间为 30 min，并在软件中设定相关参数。

6）打开加热开关，开始升温，同时软件开始采集曲线。

7）测量结束后，停止采集，保存曲线。

8）停止升温，关闭加热开关。

9）关闭软件，关闭各仪器开关。

五、注意事项

1）样品应装填紧密、平整，如在动态气氛中测试，还需加盖铝片。

2）升温程序的第二段设为 300～－121℃，－121℃ 为停止指令，即温度达到 300℃ 后停止加热。

3）"斜率"旋钮用于调整基线水平，已由任课教师调整好，不再自行调整。

六、数据分析和结果处理

1. 聚合物熔点 T_m

从 DSC 曲线熔融峰的两边斜率最大处引切线，相交点所对应的温度作为 T_m。

2. 聚合物的熔融热 ΔH_m

熔融热 ΔH_m 由标准物的 DSC 曲线熔融峰测出单位面积所对应的热量（数据已储存于计算机中），然后根据被测试样的 DSC 曲线熔融峰面积，即可求得其 ΔH_m。

3. 聚合物的结晶度 X_c

根据式（6）计算聚合物的结晶度 X_c，式中 ΔH^* 为完全结晶聚合物的熔融热，用三十二烷的熔融热（270.38J/g）代替。

4. 结果分析

对所得到的 DSC 曲线进行分析,图 3-6-3 为实验所得 DSC 曲线示意图,讨论实验过程的注意事项和影响因素。

七、补充知识

(1)T_m 和 ΔH_m 除与聚合物分子量有关,且受测试方法影响外,究其本质,应当取决于结晶度以及结晶的完善程度,所以制样过程中应当尽量避免对其晶体造成破坏。

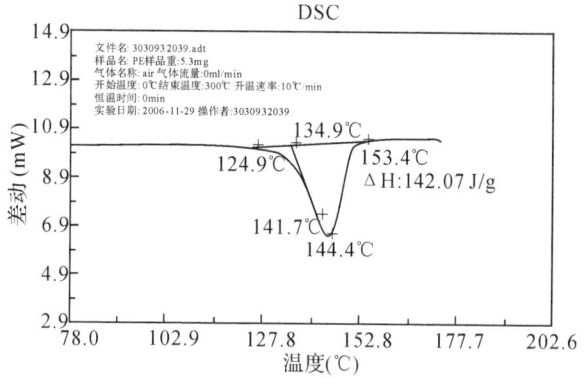

图 3-6-3 DSC 曲线示意图

(2)DSC 的缺点是适用的温度较低,功率补偿型 DSC 最高温度只能做到 725℃。目前超高温 DTA 可以做到 2400℃,一般的高温炉也能做到 1500℃。所以,需要用高温的矿物、冶金等领域还只能用 DTA。但是对于温度要求不高,而灵敏度要求很高的有机高分子以及生物化学领域,DSC 则是一种很有用的技术。

(3)由于测试时试样内部必定存在温度梯度,所以其热导率对实验结果也应当是有影响的,而且这一影响不会因为标准物的校正而消除——因为标准物与试样的热导率是不同的,校正只能消除仪器因素的影响。但由于 DSC 灵敏度较高,所以可以通过减小试样量来降低这一影响。

八、思考题

1. DSC 的基本原理是什么? 在聚合物研究中有哪些用途?
2. DSC 测试过程中都有哪些影响因素?

九、参考文献

1. 李允明.高分子物理实验.杭州:浙江大学出版社,1996.

2. 何曼君等.高分子物理.上海:复旦大学出版社,2000.

3. 复旦大学高分子科学系.高分子实验技术(修订版).上海:复旦大学出版社,1996.

4. 丁恩勇,梁学海.不同实验条件对 DSC 峰形的影响以及镶边温度的确定.分析测试学报,1993,12(5)

实验七　密度梯度管法测定聚合物的密度和结晶度

一、目的和要求

1. 掌握用密度梯度法测定聚合物密度、结晶度的基本原理和方法。
2. 测定不同条件下制备的聚丙烯样品的结晶度，讨论制备条件对结晶度的影响。

二、原理

密度梯度法是测定聚合物密度的方法之一。聚合物的密度是聚合物的重要参数。对于无规则外型的聚合物材料，密度梯度法是测定其密度的最简单有效方法。而对于结晶性聚合物，其晶区的密度与非晶区的密度是不同的，一般晶区的密度大于非晶区的密度；对于一给定的聚合物，其在 100%完全结晶的情况下密度最高，而 100%非晶的情况下其密度最低。由于一般情况下结晶性聚合物并不是 100%完全结晶的，也就是说聚合物中存在结晶区域和非晶区域，因此根据结晶聚合物的密度值可以定性或定量的计算该聚合物的结晶度。另外，通过对聚合物结晶过程中密度变化的测定，还可研究其结晶速率。所谓聚合物结晶度就是聚合物结晶的程度，就是结晶部分的重量或体积对全体重量或体积的百分数。结晶聚合物的物理和机械性能、电性能、旋光性能在相当的程度上受结晶程度的影响。由于结晶作用使大分子链段排列规整，分子间作用力增强，因而使制品的密度、刚度、拉伸强度、硬度、耐热性、抗溶性、气密性和耐化学腐蚀性等性能提高，而依赖于链段运动的有关性能，如弹性、断裂伸长率、冲击强度则有所下降。因此聚合物结晶度的测量对研究聚合物的物理性能和加工条件、过程对性能的影响有重要的意义。

聚合物的结晶度的测定方法有 X 射线衍射法、红外吸收光谱法、核磁共振法、差热分析、反相色谱和密度梯度管法等等，其中前面几种方法均需要复杂和昂贵的仪器设备，而密度梯度管法由于其设备简单、操作和数据处理方便，而且准确度高，因此在实验室得到了广泛的使用。用密度梯度管法从测得的密度可以换算得到样品的结晶度，而且能同时测定一定范围内多个不同密度的样品，配好的密度梯度管可以重复使用，特别对很小的样品或是密度改变极小的一组样品，此法既方便又灵敏。

1. 密度梯度管法测量密度的原理

密度梯度管法测量样品密度的原理是将两种密度不同而又能互相混合的液体，以一定的方式进行混合后流入密度梯度管中，高密度液体在下，低密度液体轻轻沿壁倒入，由于液体分子的扩散作用，使两种液体界面被适当地混合，达到扩散平衡，形成密度从上至下逐渐增大，并呈现连续的线性分布的液柱，即得到自上而下密度连续变化的密度梯度液体。梯度管某一高度面上的液体密度由该处混合液中两种组分的比例决定。用标准密度的玻璃小球可以标定密度梯度管中不同位置高度的密度值，根据悬浮原理，平衡状态下，与玻璃小球处于同一水平面的液体的密度等于玻璃小球的密度。根据不同密度玻璃小球所对应的悬浮高度，可以得到密度与梯度高度图表，即 $\rho \sim H$ 标定曲线，如图 3-7-1 示意图所示。然后，将待测聚合物样品投入标定后的密度梯度管中，测出聚合物样品静止时在密度梯度管中的位置

（高度值），求出此高度相对应的密度值，即为聚合物样品的密度。

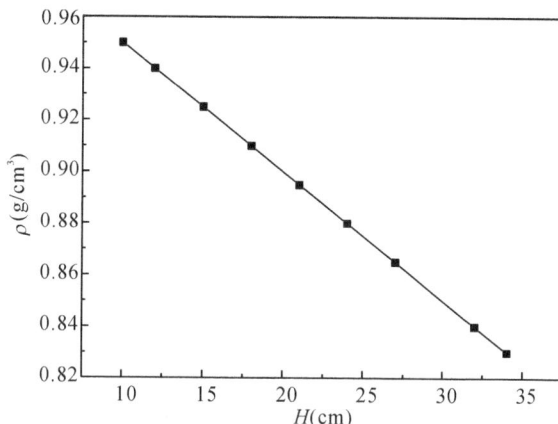

图 3-7-1　密度与梯度高度 $\rho \sim H$ 标定曲线示意图

2. 密度法测定聚合物结晶度的原理

聚合物的结晶总是不完善的，通常是结晶相与非晶相共存，聚合物结晶度是指聚合物样品中晶区部分重量占全部重量的百分数，或晶区部分体积占全部体积的百分数。在结晶聚合物中（如聚丙烯 PP 和聚乙烯 PE 等），晶区分子链排列规则，堆砌紧密，因而密度大；而非晶区分子链排列无序，堆砌松散，密度小。所以，晶区与非晶区以不同比例两相共存的聚合物，结晶度的差别反映了密度的差别。测定聚合物样品的密度，便可求出聚合物的结晶度。

假定在结晶聚合物中，结晶部分和非结晶部分并存，而且两者间具有密度加和性。如果能够测得完全结晶聚合物的密度（ρ_c）和完全非结晶聚合物的密度（ρ_a），则试样的结晶度可按两部分共存的模型来求得。

如果根据体积加和性去求得试样的比体积 $V(ml/g)$：

$$X_c^v = \frac{V_c}{V} = \frac{V_c}{V_c + V_a} = \frac{\rho - \rho_a}{\rho_c - \rho_a} \tag{1}$$

式中：X_{cv}——结晶度（体积结晶度）

　　　V_c——完全结晶聚合物的比容（ml/g）

　　　V_a——完全无定形聚合物的比容（ml/g）

则质量结晶度为：

如果考虑质量的加和性，则有

$$X_c^w = \frac{\rho_c(\rho - \rho_a)}{\rho(\rho_c - \rho_a)} \tag{2}$$

式中：ρ——试样的比重（g/ml）

　　　ρ_a——完全无定形聚合物的密度（g/ml）

　　　ρ_c——完全结晶聚合物的密度（g/ml）

　　　X_{cw}——重量结晶度

采用密度梯度法测量聚合物结晶度是需要知道完全结晶聚合物的密度（ρ_c）和完全非结晶聚合物的密度（ρ_a），一般可以从工具手册和文献中查到。ρ_c 可以采用广角 X-射线衍射法测定晶胞参数,根据该聚合物晶系进行计算;ρ_a 可以通过熔融淬冷的方法得到完全非晶的聚合物,然后采用密度梯度法测量其密度。原则上一个给定的结晶性聚合物,其 ρ_c 和 ρ_a 均有固定的值,但由于实验测量误差,文献中发表的数据仍有一定的差别。另外,对于有多晶型的聚合物,其 ρ_c 还与其晶型所属晶系和晶胞参数相关。表 3-7-1 为一些常用聚合物的晶区和非晶区的密度。

表 3-7-1　一些常用聚合物的晶区和非晶区的密度

聚合物	密度（g/cm³）	
	ρ_c	ρ_a
高密度聚乙烯	1.014	0.854
全同聚丙烯	0.936	0.854
等规聚苯乙烯	1.120	1.052
尼龙 6	1.230	1.084
全同聚丁烯	0.95	0.868

三、仪器和样品

1. 仪器:带磨口塞玻璃密度梯度管、恒温槽、测高仪、标准玻璃小球一组、密度计、磁力搅拌器。

2. 样品:去离子水、工业乙醇、聚乙烯样品和聚丙烯样品。

四、实验步骤:

1. 密度梯度管的制备

根据欲测样品密度的大小和范围,确定梯度管测量范围的上限和下限,然后选择两种合适的液体,使轻液的密度等于上限,重液的密度等于下限。同时应该注意到,如选用的两种液体密度值相差大,所配制成的梯度管的密度梯度范围就大,密度随高度的变化率较大,因而在同样高度管中其精确度就低。选择好液体体系是很重要的,选择密度梯度管的液体,要求:①不被样品吸收,不与样品起任何物理、化学反应;②两种液体能以任何比例相互混合;③两种液体混合时不发生化学作用;④具有低的黏度和挥发性。常用的典型体系如表 3-7-2 所示。

表 3-7-2　常用的密度梯度管混合溶液体系

混合溶液	密度范围（g/cm³）
乙醇—水	0.79—1.00
乙醇—四氯化碳	0.79—1.59
甲苯—四氯化碳	0.87—1.59
四氯化碳—二溴丙烷	1.60—1.99

本实验测定聚乙烯和聚丙烯的密度,选用水—工业乙醇体系。

密度梯度管的配制方法简单,一般采用连续注入法配制,如图 3-7-2 所示。A、B 是两个同样大小的锥形瓶,A 盛轻液(这里是乙醇),B 盛重液(这里是去离子水),它们的体积之和为密度梯度管的体积,B 锥形瓶下部有搅拌子在搅拌,初始流入梯度管的是重液,开始流动后 B 管的密度就慢慢变化,显然梯度管中液体密度变化与 B 管的变化是一致的。关闭锥形瓶 A、B 之间的双通阀 f_1 以及锥形瓶 B 的出口阀 f_2。分别将轻液与重液各 300 ml 装进锥形瓶 A、B 内。打开磁力搅拌器 C。完全打开双通阀 f_1。打开出口阀 f_2(适当调节 f_2 启开程度,保证液流缓慢),直至密度梯度管 D 内液量达到约 500 ml,关闭 B 瓶出口阀 f_2。

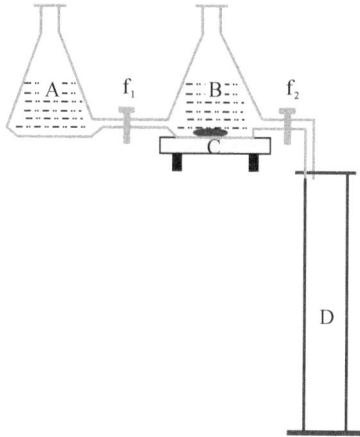

图 3-7-2　连续注入法制备密度梯度液

2. 密度梯度管的校验

配制成的密度梯度管在使用前一定要进行校验,观察是否得到较好的线性梯度和精确度。校验方法是将已知密度的一组玻璃小球,由比重大至小依次投入管内,平衡后(一般要 2 小时左右)用测高仪测定小球悬浮在管内的重心高度,然后做出小球密度对小球高度的曲线,如果得到的是一条不规则曲线,必须重新制备梯度管。校验后梯度管中任何一点的密度可以从标定曲线上查得。密度梯度是非平衡体系,随温度和使用的操作等原因会使标定曲线发生改变。标定后,小球可停留在管中作参考点,实验中已知密度的一组玻璃浮标(玻璃小球)8 个,每隔 15 min,记录一次高度,在连续两次之间各个浮标的位置读数,相差在 ± 0.1 mm 时,就可以认为浮标已经达到平衡位置(一般约需 2 小时)。

3. 聚合物密度测定

待测样品事先要在真空烘箱中干燥 24 h,取准备好的样品(聚乙烯、聚丙烯)先用轻液(去离子水)浸润已避免附着气泡,然后轻轻放入密度梯度管中,平衡后,测定试样在管中的高度,重复测定 3 次,从标定曲线上读出试样密度。

4. 实验完毕,用金属丝网勺按由上至下的次序轻轻地逐个捞起小球,并且事先将标号袋由小到大严格排好次序,使每取出一个小球即装入相应的袋中,待全部玻璃小球及样品依次捞起后,盖上密度梯度管盖子。

五、数据分析和结果处理

1. 标定曲线,按下表记录实验数据,并作出标定曲线

轻组分:＿＿＿＿＿＿　　重组分:＿＿＿＿＿＿＿　　温度:＿＿＿＿

轻组分密度:＿＿＿＿＿　　重组分密度:＿＿＿＿＿　稳定时间:＿＿＿＿

被测样品		高度 H (第1次)	高度 H (第2次)	高度 H (第3次)	高度 H (平均)	密度 $\rho(g/cm^3)$
标准玻璃小球	1					
	2					
	3					
	4					
	5					

2. 试样密度的测定

被测样品		高度 H (第1次)	高度 H (第2次)	高度 H (第3次)	高度 H (平均)	密度 $\rho(g/cm^3)$
聚乙烯	1					
	2					
	3					
聚丙烯	1					
	2					
	3					

3. 结晶度的计算

从文献上查得样品的晶区密度 ρ_c 和非晶区密度 ρ_a,根据公式(1)和(2)计算样品的结晶度

六、思考题

1. 如要测定一个样品密度,是否一定要用密度梯度管,还可以用什么方法测定?
2. 影响密度梯度管精确度的因素是什么?
3. 为什么密度梯度柱能使用很长时间(数周甚至数月)而保持密度梯度基本不变?
4. 为什么通过测定聚合物的密度可以得到聚合物的结晶度?

七、参考文献

1. 李允明.高分子物理实验.杭州:浙江大学出版社,1996.
2. 何曼君等.高分子物理.上海:复旦大学出版社,2000.

实验八　凝胶渗透色谱法测定聚合物的分子量分布

一、目的和要求

1. 了解凝胶渗透色谱法的测量原理和操作技术。

2. 掌握分子量分布曲线的分析方法,得到样品的数均分子量、重均分子量和多分散性指数。

二、原理

合成聚合物一般是由不同分子量的同系物组成的混合物,具有两个特点:分子量大和同系物的分子量具有多分散性。目前在表示某一聚合物分子量时一般同时给出其平均分子量和分子量分布。分子量分布是指聚合物中各同系物的含量与其分子量间的关系,可以用聚合物的分子量分布曲线来描述。聚合物的物理性能与其分子量和分子量分布密切相关,因此对聚合物的分子量和分子量分布进行测定具有重要的科学和实际意义。同时,由于聚合物的分子量和分子量分布是由聚合过程的机理所决定,通过聚合物的分子量和分子量分布与聚合时间的关系可以研究聚合机理和聚合动力学。测定聚合物分子量的方法有多种,如黏度法、端基分析法、超离心沉降法、动态/静态光散射法和凝胶色谱法(GPC)对等;测定聚合物分子量分布的方法主要有三种:

(1)利用聚合物溶解度的分子量依赖性,将试样分成分子量不同的级分,从而得到试样的分子量分布,例如沉淀分级法和梯度淋洗分级法。

(2)利用聚合物分子链在溶液中的分子运动性质得出分子量分布.例如:超速离心沉降法。

(3)利用聚合物体积的分子量依赖性得到分子量分布,例如:凝胶色谱法(或称为体积排除色谱法)。

凝胶色谱法具有快速、精确、重复性好等优点,目前成为科研和工业生产领域测定聚合物分子量和分子量分布的主要方法。

1. 凝胶色谱法的分离机理

凝胶色谱法是液相色谱的一个分支,其分离部件是一个以多孔性凝胶作为载体的色谱柱,凝胶的表面与内部含有大量彼此贯穿的大小不等的空洞。色谱柱总面积 V_t 由载体骨架体积 V_g、载体内部孔洞体积 V_i 和载体粒间体积 V_0 组成。GPC 的分离机理通常用"体积排斥效应"解释,因此 GPC 有时也称为体积排除色谱(SEC)。待测聚合物试样以一定速度流经充满溶剂的色谱柱,溶质分子流经填料孔洞几率与分子尺寸有关,分为以下三种情况:(1)高分子尺寸大于填料所有孔洞孔径,高分子只能存在于凝胶颗粒之间的空隙中,淋洗体积 $V_e=V_0$ 为定值;(2)高分子尺寸小于填料所有孔洞孔径,高分子可在所有凝胶孔洞之间填充,淋洗体积 $V_e=V_0+V_i$ 为定值;(3)高分子尺寸介于前两种之间,较大分子流经孔洞的几率比较小分子流入的几率要小,在柱内流经的路程要短,因而在柱中停留的时间也短,从而达到了分离的目的。当聚合物溶液流经色谱柱时,较大的分子被排除在粒子的小孔之外,只能从粒子间的间隙通过,速率较快;而较小的分子可以进入粒子中的小孔,通过的速率要慢得多。经过一定长度的色谱柱,分子根据相对分子质量被分开,相对分子质量大的在前面(即淋洗时间短),相对分子质量小的在后面(即淋洗时间长)。自试样进柱到被淋洗出来,所接受到的淋出液总体积称为该试样的淋出体积。当仪器和实验条件确定后,溶质的淋出体积与其分子量有关,分子量愈大,其淋出体积愈小。分子的淋出体积为:

$$V_e = V_0 + KV_i \quad (K \text{ 为分配系数 } 0 \le K \le 1, \text{分子量越大越趋于 } 1) \tag{1}$$

对于上述第(1)种情况 $K=0$,第(2)种情况 $K=1$,第(3)种情况 $0<K<1$。综上所述,对于分子尺寸与凝胶孔洞直径相匹配的溶质分子来说,都可以在 V_0 至 V_0+V_i 淋洗体积之间按照分子量由大到小一次被淋洗出来。

2. 凝胶色谱法的检测机理

除了将分子量不同的分子分离开来,还需要测定其含量和分子量。实验中用示差折光仪测定淋出液的折光指数与纯溶剂的折光指数之差 Δn,而在稀溶液范围内 Δn 与淋出组分的相对浓度 Δc 成正比,则以 Δn 对淋出体积(或时间)作图可表征不同分子的浓度。图 3-8-1 为折光指数之差 Δn(浓度响应)对淋出体积(或时间)作图得到的 GPC 谱图示意图。

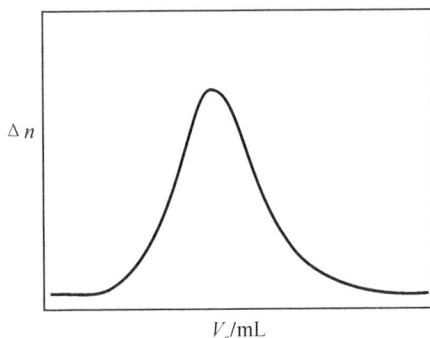

图 3-8-1　折光指数之差 Δn 对淋出体积作图得到的 GPC 示意谱图

3. 凝胶色谱法校正曲线

用已知相对分子质量的单分散标准聚合物预先做一条淋洗体积或淋洗时间和相对分子质量对应关系曲线,该线称为"校正曲线"。聚合物中几乎找不到单分散的标准样,一般用窄分布的试样代替。在相同的测试条件下,做一系列的 GPC 标准谱图,对应不同相对分子质量样品的保留时间,以 $\lg M$ 对 t 作图,所得曲线即为"校正曲线";用一组已知分子量的单分散性聚合物标准试样,以它们的峰值位置的 V_e 对 $\lg M$ 作图,可得 GPC 校正曲线(如图 3-8-2)。

由图 3-8-2 可见,当 $\lg M > a$ 与 $\lg M < b$ 时,曲线与纵轴平行,说明此时的淋洗体积与试样分子量无关。$V_0+V_i \sim V_0$ 是凝胶选择性渗透分离的有效范围,即为标定曲线的直线部分,一般在这部分分子量与淋洗体积的关系可用简单的线性方程表示:

$$\lg M = A + BV_e \tag{2}$$

式子中 A、B 为常数,与聚合物、溶剂、温度、填料及仪器有关,其数值可由校正曲线得到。

对于不同类型的高分子,在分子量相同时其分子尺寸并不一定相同。用聚苯乙烯作为

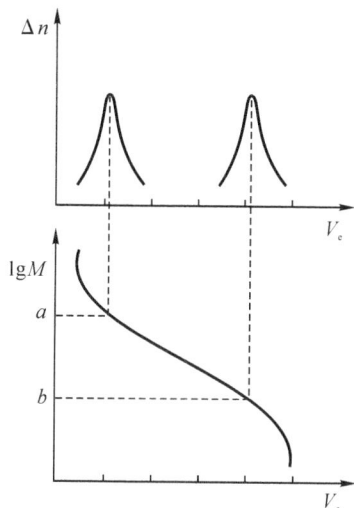

图 3-8-2　GPC 校正曲线示意图

标准样品得到的校正曲线不能直接应用于其他类型的聚合物。而许多聚合物不易获得窄分布的标准样品进行标定,因此希望能借助于某一聚合物的标准样品在某种条件下测得的标准曲线,通过转换关系在相同条件下用于其他类型的聚合物试样。这种校正曲线称为普适校正曲线。根据 Flory 流体力学体积理论,当两种柔性链高分子具有相同的流体力学体积时有:

$$[\eta]_1 M_1 = [\eta]_2 M_2 \tag{3}$$

再将 Mark-Houwink 方程 $[\eta] = KM^\alpha$ 代入上式可得:

$$\lg M_2 = \frac{1}{1+\alpha_2} \lg \frac{K_1}{K_2} + \frac{1+\alpha_1}{1+\alpha_2} \lg M_1 \tag{4}$$

由此,如已知在测定条件下两种聚合物的 K、α 值,就可以根据标样的淋出体积与分子量的关系换算出试样的淋出体积与分子量的关系,只要知道某一淋出体积的分子量 M_1,就可算出同一淋出体积下其他聚合物的分子量 M_2。

4. 柱效率和分离度

与其他色谱分析方法相同,实际的分离过程并非是理想的分离过程,即使对于分子量完全均一的试样,其在 GPC 的图谱上也有一个分布。采用柱效率和分离度能全面反映色谱柱性能的好坏。色谱柱的效率是采用"理论塔板数"N 进行描述的。测定 N 的方法是使用一种分子量均一的纯物质,如邻二氯苯、苯甲醇、乙腈和苯等作 GPC 测定,得到色谱峰如图 3-8-3 所示。

从图中得到峰顶位置淋出体积 V_R,峰底宽 W,按照下式计算 N:

$$N = 16(V_R/W)^2 \tag{5}$$

对于相同长度的色谱柱,N 值越大意味着柱子效率越高。

GPC 柱子性能的好坏不仅看柱子的效率,还要注意柱子的分辨能力,一般采用分离度 R 表示:

$$R = 2(V_2 - V_1)/(W_1 + W_2) \tag{6}$$

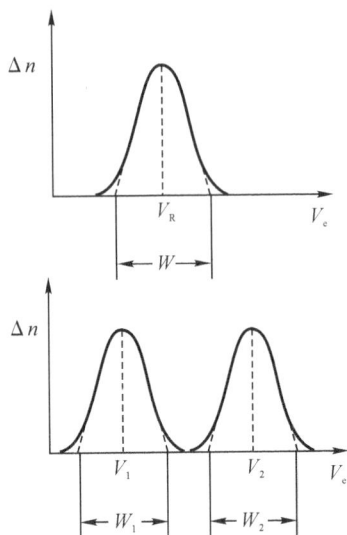

图 3-8-3　柱效率和分离度示意图

如图 3-8-3 所示的完全分离情形,此时 R 应大于或等于 1,当 R 小于 1 时分离是不完全的。

三、仪器和样品

1. 仪器:Waters 1515 Isocratic HPLC 型凝胶色谱仪(带有示差折光检测装置,B 型号色谱管×2),如图 3-8-4 所示。凝胶色谱仪主要由输液系统、进样器、色谱柱(可分离分子量范围 $2×10^2 \sim 2×10^6$)、示差折光仪检测器、记录系统等组成。

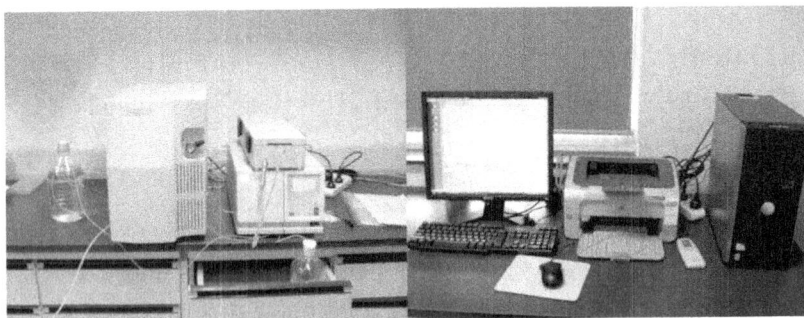

图 3-8-4　Waters 1515 Isocratic HPLC 型凝胶色谱仪

2. 样品:质量分数为 3‰的聚苯乙烯溶液试样、一系列不同分子量的窄分布聚苯乙烯溶液、四氢呋喃。

四、实验步骤

1. 调试运行仪器:选择匹配的色谱柱,在实验条件下测定校正曲线(一般是 40℃)。这一步一般由任课教师事先准备。

2. 配制试样溶液:使用纯化后的分析纯溶剂配制试样溶液,浓度 3‰。使用分析纯溶剂,需经过分子筛过滤,配置好溶液需静置一天。这一步一般由任课老师事先准备。

3. 用注射器吸取四氢呋喃,进行冲洗,重复几次。然后吸取 5 mL 试样溶液,排除注射器内的空气,将针尖擦干。

将六通阀扳到"准备"位置,将注射器插入进样口,调整软件及仪器到准备进样状态,将试样液缓缓注入,而后迅速将六通阀扳到"进样"位置。将注射器拔出,并用四氢呋喃清洗。

抽取试样时注意赶走内部的空气;试样注入至调节六通阀至 INJECT 的过程中注射器严禁抽取或拔出。在注入试样时,进样速度不宜过快。速度过快,可能导致定量环内靠近壁面的液体难以被赶出,而影响进样的量;稍慢可以使定量环内部的液体被完全平推出去。

4. 获取数据。

5. 实验完成后,用纯化后的分析纯溶剂流过清洗色谱柱。

五、数据分析和结果处理

实验参数:

色谱柱:_____

内部温度:_____   外加热器温度:_____   流量:_____

进样体积:____μL

GPC 仪都配有数据处理系统,同时给出 GPC 谱图(如图 3-8-5)和各种平均分子量和多分散系数。

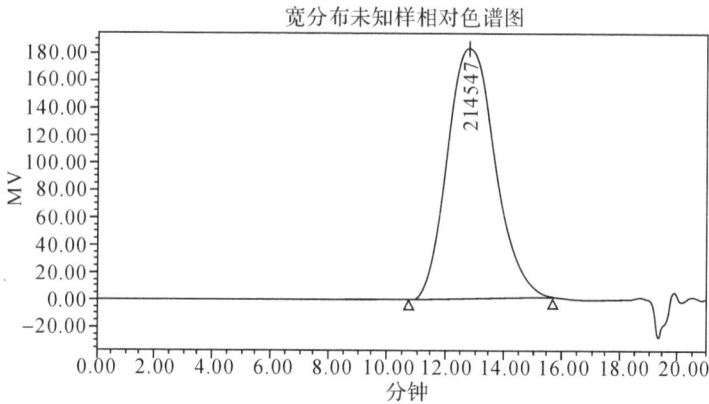

图 3-8-5　GPC 仪器给出宽分布未知样色谱图

切片面积对淋出体积(时间)作图得到样品淋出体积与浓度的关系,以切片分子量对淋出体积(时间)作图得到淋出体积与分子量的关系,记 i 为切片数,A_i 为切片面积,则第 i 级分的重量分率 w_i 为

$$w_i = \frac{A_i}{\sum A_i}$$

第 i 级分的重量累计分数 I_i 为

$$I_i = \frac{1}{2}w_i + \sum_{i=1}^{i-1} w_i$$

数均分子量 M_n 为 $\qquad \overline{M_n} = \dfrac{1}{\sum\limits_i \dfrac{w_i}{M_i}}$

重均分子量 M_w 为 $\qquad \overline{M_w} = \sum\limits_i w_i M_i$

分散度 d 为 $\qquad d = \dfrac{\overline{M_w}}{\overline{M_n}}$

以 I_i 对 M_i 作图,得到积分分子量分布曲线;以 w_i 对 M_i 作图,得到微分分子量分布曲线

六、思考题

1. 为什么 GPC 测定聚合物分子量是一种间接的方法?

2. GPC 测定聚合物分子量时有哪些影响因素?

3. 对于嵌段共聚物,能不能通过 GPC 计算每一嵌段的长度? 如果不能,为什么? 可以采用哪种实验手段测定嵌段共聚物的链段长度?

七、参考文献

1. 何曼君等. 高分子物理. 上海:复旦大学出版社,2000.

2. 李允明. 高分子物理实验. 杭州:浙江大学出版社,1996.

3. Waters 1515 Isocratic HPLC 型凝胶色谱仪操作说明.

实验九　AFM 观察嵌段共聚物薄膜的微相结构

一、目的和要求

1. 了解原子力显微镜的测量原理和探针工作模式,初步了解原子力显微镜在高分子科学研究领域的应用。

2. 了解三嵌段共聚物薄膜的制备、微相分离结构和形貌的调控。

二、原理

1. 嵌段共聚物

嵌段共聚物是由两种或两种以上不同均聚物链段通过共价键相连而成的特殊共聚物。嵌段共聚物的合成方法有多种,可以通过用各种"活性"/可控自由基聚合方法,如原子转移自由基聚合法(ATRP)、可逆加成—断裂转移自由基聚合法(RAFT)等,得到分子量可控及窄分子量分布的线形或非线型的嵌段聚合物,如:五角形、星形、Y 形和 H 形嵌段共聚物。在"相差显微镜法观察高分子合金的织态结构"的实验中我们认识到,当不相容的不同均聚物共混在一起时将产生相分离,使得高分子合金具有一定的织态结构。同样的,对应嵌段聚合物,当不同嵌段之间不相容时,嵌段共聚物在其熔体和固体状态也将发生相分离,但由于不同嵌段之间有共价键相连,其无法形成均聚物共混物的大尺寸相结构,嵌段共聚物只能在纳米尺度上产生微相分离,其微相结构与嵌段的长度和环境条件密切相关。图 3-9-1 为 A—B 两嵌段共聚物在本体中的典型微相分离结构随嵌段 A 的体积分数的变化图。随着 A 嵌段含量的增大,嵌段 A 从分散相到连续相产生变化;随 f_A 的增大,其分散相从球状相(S)、柱状相(C)、到双连续相(G)和层状相(L)产生变化。嵌段聚合物在本体中的微相分离可以用 X-射线反射、X-射线散射和中子散射、透射电镜等进行实验观察和研究,同时有许多计算机模拟和纯理论研究,目前对其已经有较深入的理解。

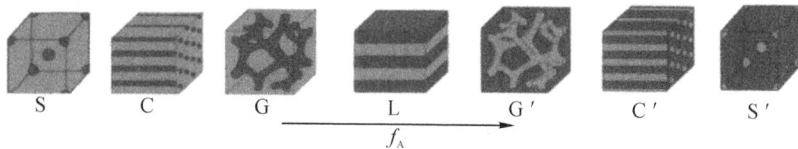

图 3-9-1　A—B 两嵌段共聚物在本体中的典型微相分离结构示意图

嵌段共聚物薄膜同样具有与本体相似的微相结构,而且还存在一些本体中没有的微相结构,如图 3-9-2 为不同制样条件下云母片上聚苯乙烯—聚丁二烯—聚苯乙烯三嵌段共聚物薄膜的微相分离结构原子力显微镜图。在当今纳米科技飞速发展的年代,嵌段共聚物薄膜的微相结构可用作纳米材料自组装的基体和一些纳米结构的模板。同时由于薄膜的厚度很小,一般为几到几百纳米,因此在受限作用下,嵌段共聚物薄膜的微相分离现象比本体时更为复杂,受到外界的影响因素更多,能形成更为丰富的微相结构,因此对嵌段共聚物薄膜的微相分离和微相进行研究具有重要的科学与实际意义。嵌段共聚物薄膜的微相分离结构可以采用透射电镜和原子力显微镜进行研究。

图 3-9-2　不同制样条件下云母片上聚苯乙烯—聚丁二烯—聚苯乙烯三嵌段共聚物薄膜
在的微相分离结构原子力显微镜图

2. 原子力显微镜的基本原理

原子力显微镜的基本原理是:将一个对微弱力极敏感的微悬臂一端固定,另一端有一微小的针尖,针尖与样品表面轻轻接触,由于针尖尖端原子与样品表面原子间存在极微弱的排斥力,通过在扫描时控制这种力的恒定,带有针尖的微悬臂将对应于针尖与样品表面原子间作用力的等位面而在垂直于样品的表面方向起伏运动。利用光学检测法,可测得微悬臂对应于扫描各点的位置变化,从而可以获得样品表面形貌的信息。原子力显微镜的探针工作模式有(1)非接触模式(non-contact),即扫描过程中,针尖与样品不接触。(2)接触模式(contact),即扫描过程中,针尖与样品相接触。(3)间歇接触模式(intermittent contact),即扫描过程中,针尖与样品产生周期性间歇接触。

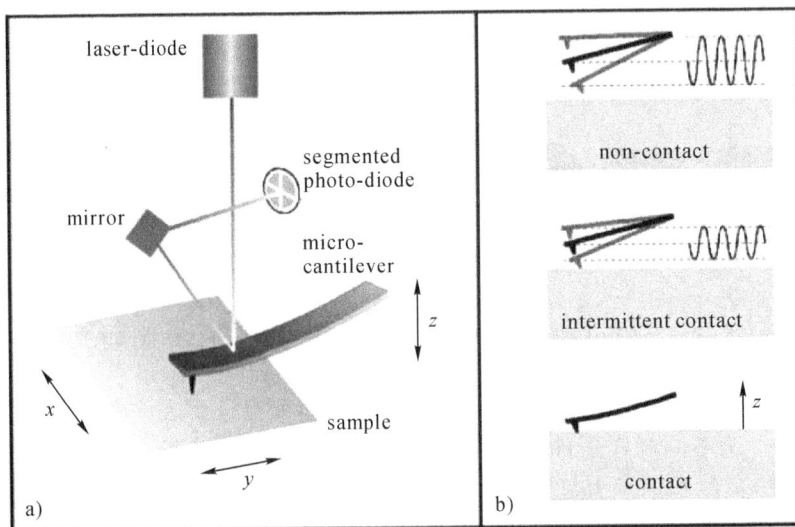

图 3-9-3　原子力显微镜原理图(a)和探针工作模式示意图(b)

三、仪器和样品

1. 仪器

日本精工 Seiko SPI3800N 环境气氛可控原子力显微镜一台,如图 3-9-4 所示;中科院北京微电子所 KW-4A 型旋涂仪一台,如图 3-9-5 所示;真空烘箱 1 台;25 ml 容量瓶 1 个、电子天平 1 台、干净玻璃滴管若干、剪刀 1 把、透明胶带 1 卷,玻璃培养皿若干;原子力显微镜间歇接触(共振)模式用 Si 探针若干,图 3-9-6 为某型号的 Si 探针的扫描电镜图。

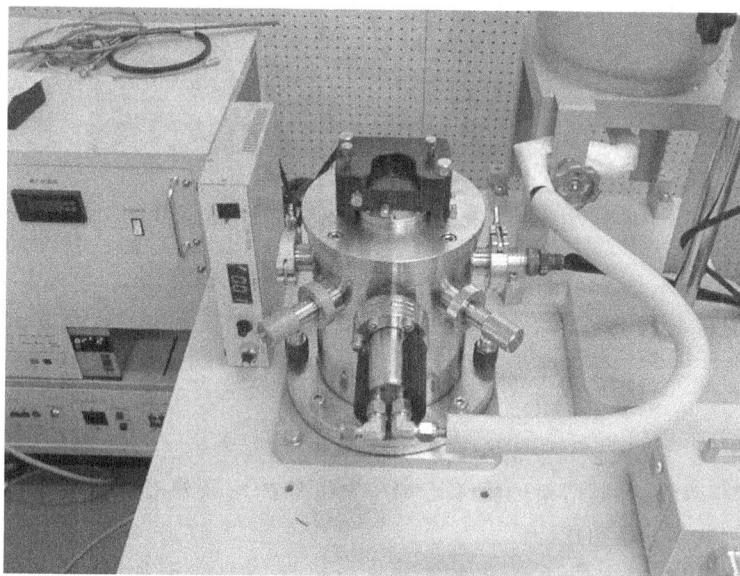

图 3-9-4　日本精工 Seiko SPI3800N 环境气氛可控原子力显微镜

图 3-9-5　中科院北京微电子所 KW-4A 型旋涂仪

图 3-9-6　某型号原子力显微镜共振模式用 Si 探针

2. 样品

三嵌段共聚物聚苯乙烯—聚丁二烯—聚苯乙烯（polystryene-b-polybutylene-b-polystryene，PS-PB-PS，分子量为 140 K Dalton，PS 含量为 30wt%），甲苯、云母片。

四、实验步骤

1. 配制试样溶液：称取适量的聚苯乙烯—聚丁二烯—聚苯乙烯溶解于甲苯中，在容量瓶中配制成浓度为 5 wt‰的溶液。

2. 将云母片用剪刀剪成适合于原子力显微镜扫描台的小片（大约为 1.5 cm × 1.5 cm），再用透明胶带将受污染的表面进行剥离，得到干净的云母片表面。

3. 用一干净的玻璃滴管，吸取适量的聚苯乙烯—聚丁二烯—聚苯乙烯甲苯溶液，采用旋涂的方法，在云母片上旋涂得到聚苯乙烯—聚丁二烯—聚苯乙烯薄膜。同时制备样品 2 个。

4. 取上述样品 1 个，将其放入到玻璃培养皿中，同时在样品周围滴上几滴甲苯，盖上玻璃盖子，留出些缝隙供甲苯挥发。等溶剂挥发完全后，所有样品放入真空烘箱中真空干燥 2 小时。

5. 开启 Seiko SPI3800N 环境气氛可控原子力显微镜稳压电源，待电源稳定后（日本仪器电压为 110V），开启 Seiko SPI3800N 主机和电脑主机。同时打开缓冲气垫的氮气开关，氮气分压控制在第 5 小格。这时会听到气垫充气的声音，防震气垫起作用。

图 3-9-7　Seiko SPI3800N 原子力显微镜探针支架

6. 将探针装载到探针支架上，如图 3-9-7 所示，其中楔型物为辅助装探针工具。

7. 将样品放入样品台,盖上探针支架。请注意样品和探针间的距离,太近会损坏探针和探针支架。

8. 放上激光发生器和调节黑匣子,旋紧,进行激光光轴的调整,将激光聚焦到探针针尖,调节反射激光强度和在检测器的位置。

9. Q曲线的测量,通过Q曲线自动寻找探针的工作共振频率。

10. 在上述步骤4~9均正确完成的情况下,点击AUTO进针按钮,让仪器自动进针,这时仪器会自动判断探针与样品表面的距离和相互作用力的大小,当探针接触样品时仪器会告知进针已经成功。

11. 正确进针完成后,可以选择需要的扫描范围对样品表面进行扫描成像。

12. 将所得的图像保存。要求至少要扫描样品三处不同的位置。

13. 第1个样品扫描结束后,要对探针进行退针操作,连续点击Withdraw退针按钮6下,每下探针会离开样品100 μm,依次曲线激光发生和调节黑匣子、探针支架和样品。

14. 放上需要进行扫描的第2个样品,重复7~13的操作。

15. 实验完毕,按照步骤5逆循序关闭仪器,放置好样品。

五、数据分析和结果处理

实验参数:

探针型号:——————   共振频率:——————

保存所有得到的图像以便进行深入的比较和讨论。

样品号	样品制备方法	扫描面积	分散相形态	分散相尺寸
1				
1				
1				
2				
2				
2				

六、思考题

1. PS-PB-PS三嵌段共聚物薄膜为什么会产生微相分离?什么情况下PS相为分散相?

2. 经过甲苯溶剂处理过的样品与直接旋涂得到的样品其表面形貌和微相结构有何区别?试讨论溶剂蒸汽处理对PS-PB-PS三嵌段共聚物薄膜微相分离产生的可能影响。

七、参考文献

1. Martin Munz et al. Adv. Polym. Sci. 2003,164,87 - 210.

2. Qingling Zhang, Ophelia K. C. Tsui, Binyang Du, Fajun Zhang, Tao Tang, Tianbai He, Macromolecules 2000,33,9561−9567.

实验十　用 DSC、高阻微电流计研究导电高分子复合材料

一、目的和要求

1. 了解高分子导电复合材料的概念及种类。

2. 综合运用 DSC、高阻微电流计等测试手段，测试研究材料成分、聚合物结晶度等因素对导电性能的影响。

3. 探讨导电机理。

二、原理

自 1978 年，Macdiarmid 等人在聚乙炔薄膜中掺杂 AsF_5 或 I_2，使膜呈现明显的金属特性，电导率达到 10^3 S/cm 后（比未掺杂前提高了十几个数量级）。由此有机聚合物不能作为导电介质的观念被打破，全世界范围内掀起了导电高分子的研究热潮。如今导电高分子材料在能源、光电子器件、信息、传感器、分子导线和分子器件，以及电磁屏蔽、金属防腐和隐身技术等方面有着广泛的应用前景，其研究仍吸引着人们的广泛关注。

常见的导电高分子主要分为本征型、离子导电型和导电复合材料三类。高分子导电复合材料指由绝缘的高分子材料和导电物质以一定的复合方式制成的功能高分子材料，其中的导电物质可以是碳系材料，金属、金属氧(硫)化物、结构型导电高分子材料，复合方式包括分散复合、层积复合、表面复合、梯度复合。炭黑是目前应用最广、用量最大的导电填料，其体积电阻率为 $0.1 \sim 10\Omega \cdot cm$，导电性能稳定持久，可以大幅度调整材料的导电性能（$1 \sim 1 \times 10^8 \Omega \cdot cm$），炭黑填充的高分子导电复合材料导电效果好，被广泛应用于抗静电和导电材料、压敏导电胶和电磁波屏蔽等领域。

相对于本征型导电高分子而言，填充型导电高分子复合材料由于具有加工性好、成本低、物理力学性能佳等优势，对其研究和应用更为广泛。事实上，不同的高分子基体种类、基体与填充粒子的相互作用以及由此相关的粒子的分布状态对材料的导电性以及力学性能都有着很大的影响。在设计导电聚合物复合材料时，必须在电导率、力学性能、加工性能三者之间选择一个合适的平衡。

高分子导电复合材料的导电机理比较复杂。自从导电高分子复合材料出现后，人们对其导电机理进行了广泛的研究，目前比较流行的有三个理论：一是宏观的渗流理论，即导电通道学说；二是微观量子力学的隧道效应理论；三是微观量子力学的场致发射效应理论。

渗流理论该理论主要用来解释高分子导电复合材料的电阻率和添加的导电填料含量之间的关系，它不涉及复合体系的导电本质，只是从宏观角度解释复合体系的导电现象。大量的实验研究结果表明，当复合体系中导电填料的含量增加到某一临界含量时体系的电阻率急剧下降，体系的电阻率—导电填料含量曲线出现一个狭窄的突变区域，在此区域内，导电填料含量的任何细微变化均会导致电阻率的显著改变，这种现象通常称为渗滤现象，导电填料的临界含量通常称为渗滤阀值；在突变区域之后，体系电阻率随导电填料含量的变化又恢复平缓。

隧道效应理论是应用量子力学的结果。当复合体系中导电填料含量较低、导电粒子间距较大时仍存在导电现象，该理论认为导电是电子迁移的结果。复合导电体系中依然存在导电网络，但导电不是靠导电粒子的接触来实现，而是热振动时电子在导电粒子之间的迁移造成的，且导电电流即隧道电流是导电粒子间间隙宽度的指数函数。隧道效应几乎仅发生在距离很接近的导电粒子之间，间隙过大的导电粒子之间无电流传导行为。

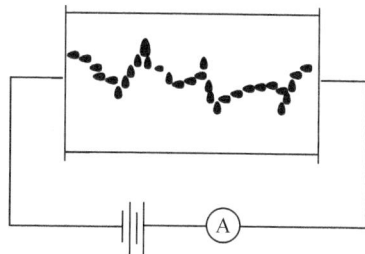

图 3-10-1　导电链的形成(统计渗透模型)

场致发射效应理论认为，当复合体系中导电填料含量较低、导电粒子间距较大、导电粒子之间的内部电场很强时，电子将有很大的几率飞跃树脂界面势垒而跃迁到相邻的导电粒子上，产生场致发射电流，形成导电网络。

三、仪器和药品

1. 仪器

DSC、Z-36 型高阻微电流计及相关配套设备。

2. 药品

聚丙烯；疏水改性炭黑；未改性炭黑。

四、实验步骤

1. 制样

在聚丙烯中加入不同量的炭黑混合挤出造粒，得到炭黑填充 PP 导电复合材料，并混炼模压成测导电性能试样。试样尺寸参照验证性实验《高阻计法测定高分子材料体积电阻率和表面电阻率》的要求执行。试样可由任课教师制备完成。

2. 性能测试

(1)用高阻微电流计测试研究不同试样的体积和表面电阻率。

(2)在 N_2 气氛下，用 DSC 测量复合材料的热性能，计算聚丙烯的结晶度。

3. 记录并分析数据

五、数据分析和结果处理

1. 不同炭黑加入量对复合材料导电性能的影响。分析在相同炭黑比例下，为何不同聚合物材料的导电性存在明显差异。

2. 结晶度对导电性能的影响。

3. 导电粒子对导电性能的影响。

	纯聚丙烯	添加改性炭黑的聚丙烯	添加未改性炭黑聚丙烯
体积电阻率			
表面电阻率			

分析导电粒子改性前后材料的导电性相关变化。

六、思考题

1. 结合高分子导电复合材料的导电原理,分析制备工艺(或复合方式)对材料的导电性有何影响。

2. 除了 DSC 和高阻微电流计之外,还有别的方法可用于分析导电机理或导电性的影响因素吗?

七、参考文献

1. 何曼君等.高分子物理.上海:复旦大学出版社,2000.
2. 李允明.高分子物理实验.杭州:浙江大学出版社,1996.

实验十一　多种方法判断聚丙烯的规整度

一、目的和要求

1.掌握相差显微镜、偏光显微镜,DSC,温度形变曲线仪的使用。

2.掌握 DSC 曲线,温度形变曲线的分析。

3.加深对聚合物的结构性能关系的理解。

4.通过现有的仪器分析手段,对样品进行综合分析,鉴定物质结构。本实验旨在培养同学们综合鉴定,全面分析物质性质的意识,从而提高同学们分析鉴定物质结构的能力和水平。

二、原理

1. 立构规整度

立构规整度的定义是立构规整聚合物占聚合物总量的百分数。

直接测定立构规整度的方法有:红外、核磁共振等波谱法。间接的方法有:通过测量结晶度、密度、溶解度等物理性质进行表征,如用沸腾正庚烷萃取剩余物占聚丙烯试样的质量百分数来表示聚丙烯的等规度,也可以通过测定无规和等规聚丙烯的密度来计算结晶度,用 X 射线衍射法直接测定等规聚丙烯的结晶度。

2. 立构规整聚合物的性能

聚合物的立构规整性影响大分子堆砌的紧密程度和结晶度,进而影响到密度、熔点、溶解性能、强度、高弹性等一系列宏观性能。

立构规整性不同,聚合物的物理性能不同。如聚二烯烃中,全同和间同 1,2-聚二烯烃是熔点较高的塑料;顺式 1,4-聚丁二烯、顺式 1,4-聚异戊二烯都是 T_g 和 T_m 较低、不易结晶、高弹性能良好的橡胶,而反式 1,4-聚二烯烃则是 T_g 和 T_m 相对较高、易结晶、弹性较差、硬度大的塑料。

聚 a-烯烃以聚丙烯为代表。无规聚丙烯熔点低(75℃),易溶于烃类溶剂,强度差,用途有限。而等规聚丙烯却是熔点高(175℃),耐溶剂、比强度(单位质量的强度)大的结晶性聚合物,广泛用于塑料和合成纤维(丙纶)。除 1-丁烯外,等规聚 a-烯烃的熔点随取代基增大而显著提高,如高密度聚乙烯的熔点为 120~130℃,全同聚丙烯熔点为 175℃,聚 3-甲基-1-丁烯熔点为 300℃,聚 4-甲基-1-戊烯熔点为 250℃等。因此,高级的聚 a-烯烃可用于耐热场合。

3. DSC-结晶度—立构规整度

差示扫描量热法(DSC),是一种常用的聚合物表征手段。它是一种在程序控温的条件下,测量输入到样品和参比物的能量差与温度关系的一种技术。当聚合物发生各种转变时,在 DSC 曲线上会出现基线上升或下降、峰等现象,由此可以判断聚合物的转变温度以及结晶聚合物的结晶度等信息。同时对于由手性单体聚合而成的聚合物,其结晶度直接受到立构规整度的影响。通常情况下,聚合物的立构规整度越高,相同条件下其结晶度也越高。

利用 DSC 确定聚合物的结晶度的基本步骤:(1)找到 DSC 曲线上聚合物的熔融结晶

峰;(2)利用计算机确定所选峰的面积;(3)利用下式计算聚合物的结晶度:

$$\theta = \frac{\Delta H_s}{\Delta H_f^*} \times 100\% \tag{1}$$

式中,θ 为结晶度,ΔH_s 为试样熔化热,ΔH_f^* 为 100% 结晶物质的熔化热(通常选用模拟物正三十二碳烷的熔化热作为完全结晶的聚乙烯的熔化热,则 $\Delta H_f^* = 270.38J/g$)。

4. 光学性质

立构规整度高的聚合物结晶度高。聚合物结晶度可以用相差显微镜观察。结晶聚合物的折射率大于非晶聚合物。由于聚合物结晶是不完善的,因此当光线透过结晶聚合物样品时,在晶相和非晶相之间存在相位差。这样,可以用相差显微镜进行观察。

同时,用于观察晶体结构的偏光显微镜也可以用来观察结晶型的样品。

5. 热-力学性能

聚合物中的微晶起到类似交联点的作用。当结晶度较低时,聚合物中的非晶部分在温度达到 T_g 后仍可表现出高弹性,而当结晶度大于 40% 左右时,微晶交联点彼此连在一体,形成贯穿整块材料的连续结晶相,此时链段运动被抑制,在 T_g 以上也不能表现出高弹性。

室温下,非晶区 PP 处于橡胶态,模量较低。随着结晶度增加,聚合物模量升高。这在温度—形变曲线中能体现出来。

本实验用偏光显微镜、相差显微镜观察无规和等规聚丙烯的晶体结构。采用 DSC 测定无规和等规聚丙烯结晶度,从而得到立构规整度。通过热形变性能测量仪比较无规和等规聚丙烯热—力学性能的差异。

三、仪器和样品

1. 仪器:偏光显微镜,GTSⅢ型热形变性能测量仪,CDR-4P 差动热分析仪,分析天平,玻片,电炉;

2. 样品:等规聚丙烯,无规聚丙烯。

四、实验步骤

1. 偏光显微镜观察样品

1)样品制备

熔体结晶制备球晶　将加热台的温度调整到 230℃ 左右,在加热台上放上载玻片,并将一小颗无规聚丙烯试样放在载玻片上,盖上盖玻片,熔融后用镊子小心地压成薄膜状。放在已升温至 230℃ 左右的烘箱内并关掉加热电源,以较慢的速度冷却待用。

同样的方法制得等规聚丙烯试样。

2)偏光显微镜观察

3)显微摄影

2. 相差显微镜观察

1)样品制备

采用偏光显微镜观察中使用的样品。

2)显微观察

3)照相和记录

3. DSC 测定结晶度

1）样品制备

将无规聚丙烯、等规聚丙烯颗粒磨成粉末状待用。

分别按10：0,7：3,5：5,3：7,0：10 比例共混无规、等规聚丙烯,得到结晶度不同的一系列样品。

2）DSC 准备工作,零位及斜率调整。

3）装样、一系列样品 DSC 测量

4. 热—形变性能测试

1）样品

5～10毫米厚的无规聚丙烯、等规聚丙烯。

2）热—形变性能测试

五、数据分析和结果处理

1. 对偏光显微镜观察结果进行描述,对物镜测微尺进行校正,并对熔体结晶样品的测量结果进行统计,计算出平均粒径。比较两种样品显微结构的差别。

2. 描述相差显微镜观察到的结晶区/非晶区织态结构,并比较两种样品显微成像的差别。

3. 根据 DSC 谱图,测定两种样品的 T_g 和结晶度。

4. 分析比较两种样品的温度—形变曲线。

5. 根据以上三种分析手段的结构,综合判断两种样品的等规度高低。

六、思考题

1. 当用偏光显微镜、相差显微镜观察时,你的无规聚丙烯和等规聚丙烯样品和别的同学制备的样品分别比较,等规度一样吗？如果有差别,可能与哪些因素什么有关？

2. 两种样品的温度—形变曲线分别有几个平台？如何判断哪个样品的等规度更高？

3. 利用偏光显微镜测量熔体结晶样品的球晶尺寸,测量结果的可靠性受哪些因素的影响？如何提高实验结果的可靠性？

4. 聚合物的结晶受到哪些因素的影响？

七、参考文献

1. 何曼君等.高分子物理.上海:复旦大学出版社,2000.

2. 李允明.高分子物理实验.上海:浙江大学出版社,1996.

第四章　高分子材料加工实验

实验一　热塑性聚合物成型物料配制及双辊混炼实验

进行本实验前,同学们需要初步掌握下面的预备知识:聚合物配方设计基础知识;塑料助剂及其应用基础知识;双辊混炼机基本结构及原理;双辊混炼机安全操作规程。

一、目的和要求

1. 初步了解软质聚氯乙烯、硬质聚氯乙烯的基本配方以及配方中各助剂的作用;
2. 掌握采用双辊混炼机混合和塑炼热塑性聚合物的基本方法;
3. 了解双辊混炼机的基本结构、混炼原理,掌握其基本操作方法;
4. 了解双辊混炼过程的基本工艺参数及其对热塑性聚合物性能的影响。

二、原理

当单一组分的聚合物不能满足制备工艺或应用性能要求时,常常需要添加其他聚合物或其他助剂进行改性,将各种组分有机配合在一起,使其发挥最佳作用的过程就是配方、混合过程。热塑性聚合物可以通过熔融混合的方法将助剂等其他组分混合在一起,并经过适当的塑炼,得到性能满足使用要求的材料。

聚氯乙烯(PVC)是应用广泛的热塑性聚合物之一,但由于其熔体黏度大,流动性差,同时黏流温度与其分解温度接近,在熔融加工时易分解。故必须在 PVC 树脂中添加增塑剂、热稳定剂、润滑剂等各种助剂,使其熔体黏度和黏流温度降低,同时分解温度升高才能实现熔融加工。另一方面,当助剂的添加量与品种不同时,经配方得到的成型物料,即 PVC 塑料表现出不同的性能。因此,PVC 塑料的配方及成型物料的配制是其制品制备的重要环节。

双辊混炼机,又称开炼机,是相对简便的聚合物加工设备。能对热塑性塑料熔体施加一定的剪切作用,使配方中各组分在无本质变化的情况下,相互进入其他组分所占空间位置,从而均匀分布于基体聚合物中,得到性能满足使用要求的成型物料。

三、实验方案

① PVC 树脂、助剂的选择及配方设计:

首先根据材料用途的不同,选择所需 PVC 树脂分子量的大小,确定 PVC 树脂的牌号。一般,分子量大的树脂,其力学性能较好,但熔体黏度较大,不适宜选作硬质 PVC 制品。这是因为硬质 PVC 配方中一般不含或仅含少量的增塑剂,树脂黏度较大时,难以成型。相反,软质 PVC 制品制备时一般需添加较大量的增塑剂,而增塑剂的添加能够降低聚合物的熔体黏度,利于熔融加工,则可以选择分子量较大的 PVC 树脂,以获得较优的力学性能。

配方中助剂的选择,需根据材料的性能确定。一般 PVC 配方中需要添加的助剂基本可分为两类,一是功能或性能助剂,如增塑剂、阻燃剂、抗静电剂、抗氧剂、填料等;另一类是加工助剂,如热稳定剂、润滑剂等。

② 工艺路线

配方设计好后,需确定采取怎样的工艺路线进行物料的共混和塑炼。一般包含以下工艺路线:

$$\boxed{物料称量} \rightarrow \boxed{捏合} \rightarrow \boxed{双辊混炼}$$

物料称量在工业上可采用电脑控制的多组分自动称量计量系统,而一般实验室均采用手工称量;捏合是将 PVC 树脂与热稳定剂、改性剂、润滑剂、填料、色料等助剂混合均匀的过程。

③ 工艺条件

物料配方及混炼工艺条件主要包括加料方式、加料顺序、捏合温度、捏合时间及转速、双辊温度及混炼时间等。特别需要注意的是加料方式和加料顺序,配方中含有微量组分(如颜料)时,直接添加难以混合均匀,则需要事先与树脂及其他助剂预混。加料时,所选择的加料顺序应有利于助剂作用的发挥,在避免助剂的反协同效应同时,有利于混合分散速度的提高。

PVC 混料的加料顺序一般为:树脂→稳定剂→皂类稳定剂和内润滑剂→填料→蜡类外润滑剂。另外,加工改性剂应在蜡类外润滑剂加入之前,稳定剂加入之后加入;抗冲击改性剂可与树脂同时添加;对于粒径较小的粉末状加工改性剂,一般选择在混合后期,物料温度较高,黏度较大时加入,以避免混合过程粉尘较大,或防止混合过程随排气而损失;液体助剂应在混合搅拌进行中缓缓加入。

物料捏合目前较多采用高速搅拌机,可以对 PVC 树脂颗粒施加强剪切。在较低温度($< 50\,℃$)时,其强剪切作用使 PVC 树脂颗粒团聚体粉碎,颗粒尺度变小;随着温度升高,在其玻璃化温度附近(约 $80 \sim 120\,℃$ 左右)时,PVC 树脂颗粒颗粒尺寸趋于均匀,且由于颗粒吸收了助剂,其表观密度迅速增加;继续升温($> 120\,℃$),在 PVC 树脂颗粒尺寸减小的同时,物料表观密度继续升高,有利于制品的后续加工。另一方面,捏合时较高的物料温度,有利于物料中水分的蒸发。总之,温度的设定应根据具体配方而定。

四、仪器和样品

① 手工称量主要用电子秤、天平等称量器具;捏合用设备主要是高速搅拌机;混炼所用设备为双辊开炼机;另准备若干容器,如搪瓷盘等供盛放称好的原料,准备研钵供研磨用。

② 用到的材料主要有:PVC 树脂,增塑剂 DOP,热稳定剂三盐基性硫酸铅、二盐基性亚磷酸铅、有机锡等,润滑剂硬脂酸及其盐类,填料碳酸钙,颜料。

五、实验步骤

实验开始前,先将搅拌机、双辊开炼机清理干净,关闭搅拌机排料阀门,将双辊开炼机辊筒温度升至设定值,约为:前辊 $160 \sim 170\,℃$,后辊 $155 \sim 165\,℃$,恒温至少 10 min。

① 配方:按照表 4-1-1 所示配方,在电子秤或天平上准确称量原料,并放置于不同的容器中。若遇到助剂聚集成较大的团块,需研磨后备用。

表 4-1-1　软质或硬质 PVC 配方示例

原料　　　　配方号	1#	2#	3#
PVC*	100	100	100
DOP	60	5	5
三盐基性硫酸铅	3	5	
二盐基性亚磷酸铅	1	2	
有机锡			3
硬脂酸钡	1.5	1.5	
硬脂酸钙		1.0	0.2
硬脂酸锌			0.2
硬脂酸	0.5		0.2
环氧大豆油			3
液体石蜡		0.5	
碳酸钙	10	10	
颜料	0.08	0.08	

* 称量时,以 PVC 质量分 100 为基准,按配比准确称取助剂的质量。

② 将称取好 PVC 树脂和热稳定在容器中搅拌,放入事先清洁好的高速搅拌机中,盖好加料盖,拧紧螺栓;将剩余粉状助剂混合在容器中搅拌均匀,备用。

③ 启动搅拌机的低速挡,搅拌 2 min 左右,停止搅拌,打开加料盖,将润滑剂、填料、颜料等混合助剂加入搅拌机中,盖好加料盖,拧紧螺栓;

④ 启动搅拌机高速挡,搅拌 1 min 左右,停止搅拌,使物料温度不超过 60℃,打开加料盖,将增塑剂等液体助剂缓慢加入到搅拌机的物料当中,注意避免加到搅拌桨、混合室内壁等不利于混合的地方,盖好加料盖,拧紧螺栓。

⑤ 启动搅拌机高速挡,搅拌 3～5 min,视配方中增塑剂等液体助剂的量而定,使液体助剂完全被吸收为前提;待混合物料温度升至 100～120℃时,转至搅拌机低速挡,边搅拌边打开搅拌机排料阀门,将物料放到搪瓷盘中待用。注意此时料温较高,不能用塑料薄膜袋等不耐高温的容器盛装。

⑥ 一个配方的物料配置好后,将搅拌机清理干净,重复上述步骤配置其他配方的物料。

⑦ 启动双辊开炼机,将辊隙调整至 2～3 mm,将配置好的物料在辊间隙上方缓缓加入两个辊筒间隙,并在辊隙下方放置接料盘,将从辊隙间漏下的物料尽快加到辊隙中混炼。待物料熔融并包住辊筒后,适当放宽辊隙,同时用刮刀将辊筒表面的熔融物料带刮下,拉成料带,折叠翻转再送回辊间隙混炼。待全部物料熔融后,不断翻转折叠物料,使之重复辊压,以利于物料充分混合。

⑧ 在辊压过程中随时观察物料表面状态,当辊压 5～8 min 后,若物料外观光亮、色泽均匀、料片截面观察不到固态或粉状物料、料片具有一定强度时,将辊间隙调整至需要的料片厚度尺寸,辊压 2～3 次,从辊筒表面割断料片,并迅速牵引出料,摊放平整,趁热将料片裁剪成需要尺寸的料块。

六、数据分析和结果处理

记录实验过程的温度、时间等实验数据,同时将每一个所记录的工艺条件下的物料外观记录于表 4-1-2 中。实验报告包括以下内容:

① 所用原辅材料名称、牌号、生产厂家;

② 所用实验仪器的名称、型号、生产厂家及主要技术性能参数;

③ 实验所用配方及工艺路线;

④ 实验步骤、工艺参数及实验记录,实验现象记录及分析;

⑤ 对实验的体会、意见和建议;

⑥ 思考题解答。

表 4-1-2　实验记录

配方号	高速搅拌			双辊混炼		
	时间/min	温度/℃	现象	时间/min	温度/℃	现象
1#						
2#						
3#						

七、思考题

1. 3 个配方所得到的物料在外观或性能上有何异同?为什么?如何通过配方设计得到需要性能的物料(举例说明)?

2. 为什么物料需要按照一定的顺序添加?

3. 双辊混炼过程的主要工艺参数是什么?设定工艺参数的依据是什么?

4. 双辊混炼操作中应注意哪些重要的安全操作规程?

八、参考文献

1. 王贵恒主编.高分子材料成型加工原理.北京:化学工业出版社,2004.

2. 黄锐主编.塑料成型工艺学.北京:中国轻工业出版社,2007.

3. 刘廷华主编.聚合物成型机械.北京:中国轻工业出版社,2005.

实验二　热塑性聚合物压制成型实验

进行本实验前,同学们需要初步掌握下面的预备知识:热压机基本结构及原理;热压机安全操作规程。

一、目的和要求

1. 掌握采用热压机制备硬质聚氯乙烯模压、层压板材的基本方法;
2. 了解热压机的基本结构、成型原理,掌握其基本操作方法;
3. 了解热塑性聚合物压制成型的基本工艺参数及其对热塑性聚合物板材性能的影响。

二、原理

压制成型,亦称模压成型是聚合物加工技术中历史悠久的重要方法,常用于热固性聚合物的成型,也可以用于成型形状相对简单的热塑性聚合物制品,如聚合物板材。成型热塑性聚合物时,将成型物料或预成型的片材放入模具型腔中,合模后加热使其熔化,并在压力作用下使物料充满模腔,形成与模腔形状一样的模制品,再经冷却使其硬化,脱膜后即得制品。压制成型具有工艺易于控制、设备及模具较简单、可制备较大平面制品、利用多模槽可进行大量生产等优点;但也具有生产周期长、效率低、难以自动化、不能成型形状复杂的制品、尺寸精度差等不足。特别是用于成型热塑性塑料时,其工艺过程不断经历聚合物熔融成型、冷却固化脱模的升温、降温过程,使得生产效率低下,故对于热塑性聚合物,只有在成型较大平面的制品(如板材)时才采用压制成型。

硬质聚氯乙烯(PVC)板材具有广泛的应用,可以采用压制成型的方法制备。同时,可以将厚度较小的多层硬质PVC板材或片材叠合在一起,加热熔融,板材各层熔融粘合,再经压制可以得到厚度较大的板材,这种成型技术,也称为层压成型。当将不同外观或性能的硬质PVC板材,如将透明和不透明的PVC板材经层压成型,可以得到双色PVC板材。

热压机是相对简便的聚合物成型设备。能对热塑性聚合物熔体施加一定压力,使其充满模腔,形成一定形状的制品。

三、实验方案

① 硬质PVC预成型片材的选择或制备:

按照实验一的实验方案制定原则,确定硬质PVC的配方,并制备得到硬质PVC预成型片材。可采用双辊混炼机将PVC成型物料经辊压成型为一定厚度的PVC片材。为了更好地观察层压效果,选择两种配方,一种是透明PVC,一种是不透明PVC。

② 工艺路线

热塑性聚合物模压成型板材的工艺路线为:

成型物料 $\xrightarrow{\text{高温}}$ 模压 $\xrightarrow[\text{固化}]{\text{低温}}$ 板材

将所得到的多层聚合物板材叠合后再压制,即得层压板。

③ 工艺条件

根据所成型板材的厚度及尺寸大小,计算所需预成型的物料重量及尺寸。成型过程中主要工艺参数是成型温度及压力。由于需要将预成型物料或片材加热熔融,则压机模板及模具的温度必须高于成型物料的熔融温度;压制过程中,加热模具和物料的热量,来源于压机的上下模板,故将物料放置于模具加到压机中时,需要一定的时间才能使热量传递到模具中的物料,故熔融时间是重要的工艺参数;物料熔体必须在一定的压力作用下,才能流动充满模腔,故压力也是一个重要的压制工艺参数。当成型厚度较大的板材时,为了减少物料在压机中的受热时间,使加热更为均匀,还需将成型物料预热。另一方面,由于成型物料之间积存有大量空气,在板材压制过程中,还需增加排气工艺,以期得到外观光亮,质地均匀的硬质 PVC 板材。

四、仪器和样品

① 物料称量主要用电子秤、天平等称量器具;压制用设备主要是热压机,热压机最好准备两台,一台成型用,另一台作为保压冷却用,以缩短成型周期;钢制模具 2 副,其中一副型腔长、宽略大于另一副,且较深(如约 8 mm),另一副模具型腔深度较浅(约 5 mm),使得较浅模具成型的板材能够很容易的放入较深模具的型腔中;另需准备温度计、游标卡尺、剪刀、手套等实验用品。

② 用到的材料主要有:PVC 树脂,增塑剂 DOP,热稳定剂三盐基性硫酸铅、二盐基性亚磷酸铅、有机锡等,润滑剂硬脂酸及其盐类,填料碳酸钙,颜料。或用实验一方法制备的硬质 PVC 透明及不透明片材若干。

五、实验步骤

实验开始前,先将模具及热压机模板清理干净,将成型用热压机上下模板温度升至设定值,约为:175～185 ℃,恒温 30 min。

配方:按照表 4-2-1 所示配方,采用实验一的方法配置成型用物料,并经双辊混炼得到 1～2 mm 厚的 PVC 片材,裁剪成小片备用。

表 4-2-1 硬质 PVC 配方示例

原料	不透明	透明
PVC*	100	100
DOP	5	5
三盐基性硫酸铅	5	
二盐基性亚磷酸铅	2	
有机锡		3
硬脂酸钡	1.5	
硬脂酸钙	1.0	0.2
硬脂酸锌		0.2
硬脂酸		0.2
环氧大豆油		3
液体石蜡	0.5	
碳酸钙	10	
颜料	0.08	

* 称量时,以 PVC 质量分 100 为基准,按配比准确称取助剂的质量。

② 选择型腔深度较小的模具作为模压板材成型模具,根据其尺寸计算所需物料的大致质量。将适量的硬质 PVC 小片,放入模具型腔中,将模具放入热压机上下模板之间,合拢模板,保温 5～10 min。

③ 将模板打开排气,再合模。

④ 增加压力,至 10～20 MPa,停止加压,保压 10～20 min。

⑤ 卸掉压力,打开压机,将模具连同物料一起移至冷却用压机,加压至 10～20 MPa,保压冷却 20～30 min,打开模具,取出制品。

⑥ 将型腔较小的模具装满物料,重复上述步骤,成型另一配方的 PVC 板材。

⑦ 如果需要较多数量的板材,可重复上述实验步骤。

⑧ 将不同配方的 PVC 透明、不透明板材叠合在一起,放入型腔较深的模具中,然后放入压机成型空间,保温 10～20 min,排气,然后加压 15～20 MPa,保温保压 10～20 min,再移至冷却压机中加压 15～20 MPa,保压冷却,取出制品,得到一半透明一半不透明的硬质 PVC 板材。

六、数据分析和结果处理

记录实验过程的温度、时间、压力、制品厚度等实验数据。实验报告包括以下内容:

① 所用原辅材料名称、牌号、生产厂家;

② 所用实验仪器的名称、型号、生产厂家及主要技术性能参数;

③ 实验所用配方及工艺路线;

④ 实验步骤、工艺参数及实验记录,实验现象记录及分析;

⑤ 制品的尺寸;

⑥ 对实验的体会、意见和建议;

⑦ 思考题解答。

表 4-2-2　实验记录

	模板温度/℃	时间/min	压力/MPa	制品厚度/mm
透明模压板				
不透明模压板				
层压板				

七、思考题

1. 压制成型过程为什么要排气?

2. 制品冷却时为什么要保压?

3. 热压机操作过程应注意哪些重要的安全操作规程?

八、参考文献

1. 黄锐主编. 塑料成型工艺学. 北京:中国轻工业出版社,2007.

2. 刘廷华主编. 聚合物成型机械. 北京:中国轻工业出版社,2005.

实验三　热固性聚合物板材模压成型实验

进行本实验前,同学们需要初步掌握下面的预备知识:热压机基本结构及原理;热压机安全操作规程;酚醛塑料基本知识,一般配方、组成及固化原理。

一、目的和要求

1. 掌握采用热压机制备酚醛塑料板材的基本方法;
2. 了解热压机的基本结构,掌握其基本操作方法;
3. 了解热固性聚合物模压成型的基本工艺参数及其对热固性聚合物板材性能的影响;
4. 了解酚醛模塑粉的性能,了解酚醛模塑粉的组成及其作用。

二、原理

热固性塑料是以热固性树脂为主要原理,添加各种助剂配合而成的可塑性聚合物。热固性树脂在固化前呈线型分子结构,固化后分子链之间形成化学键,成为三维网状结构,不仅不能再熔融,在溶剂中也不能溶解。常用的热固性塑料有酚醛、三聚氰胺甲醛、环氧、不饱和聚酯、有机硅等塑料。热固性塑料模塑粉第一次加热时可以流动,继续加热到一定温度,在固化剂作用下,产生化学反应而交联固化。热固性聚合物的模压成型原理即基于此,成型热固性聚合物时,利用第一次加热时的塑化流动,将物料放入预热的阴模模槽中,合上阳模后加热使其熔化,并在压力作用下使物料充满模腔,形成与模腔形状一样的模制品,再经加热使其进一步发生交联反应与固化,脱膜后即得制品。

模压成型是聚合物加工技术中历史悠久的重要方法,具有工艺易于控制、设备及模具较简单、可制备较大平面制品、利用多模槽可进行大量生产等优点;但也具有生产周期长、效率低、难以自动化、不能成型形状复杂的制品、尺寸精度差等不足。用于成型热固性塑料时,其工艺过程一直处于加热熔融物料,同时加热反应固化的高温过程,故相对于热塑性聚合物,热固性聚合物更适宜于模压成型。

酚醛塑料由酚类(主要是苯酚)和醛类(主要是甲醛)缩聚而成,是最早应用的热固性塑料品种。热固性酚醛树脂具有优良的机械强度、耐湿性、耐腐蚀性、耐磨性、电绝缘性、可加工性,且价格低廉。可在酚醛树脂中添加不同的填料、固化剂等助剂,配置成不同的模塑粉,可制得不同的酚醛塑料,满足不同的使用性能要求。如,可将各种片状填料加入热固性树脂,经层压后可得不同性能的层压板;加入发泡剂可制得酚醛泡沫塑料等。尽管酚醛塑料具有广泛的应用,但由于其主要原料是苯酚和甲醛,都有一定毒性,故不宜作食品包装材料。本实验将以酚醛模塑粉为主要原料,用压机模压成型酚醛塑料板材。

三、实验方案

① 配方

苯酚和甲醛缩聚时,根据催化剂的酸、碱性,以及苯酚与甲醛比例的不同,可得到热塑性树脂或热固性树脂。酚醛塑料一般分为非层压酚醛塑料和层压酚醛塑料两类,非层压酚醛塑料又可分为铸塑酚醛塑料和压制酚醛塑料。另外,根据用途的不同,还有耐酸用石棉酚醛塑料、绝缘用涂胶纸及涂胶布、绝热隔音用酚醛泡沫塑料及蜂窝塑料等。为此需要根据材料的用途选择适宜的原材料,并制定配方。另一方面,考虑到酚醛塑料的成型特性,尽管成型性较好,但收缩及方向性较大,并含有水分挥发物。故成型前应预热,成型过程中应排气,不预热则应提高模温和成型压力。模温对物料流动性影响较大,一般超过160℃时,流动性会迅速下降。其硬化速度较慢,硬化时放出的热量大,使得大型厚壁塑件的内部温度易过高,容易发生硬化不均和过热。

② 工艺路线

热固性酚醛模压成型板材的工艺路线为:

成型物料 ——高温——→ 模压 ——高温 交联——→ 板材

③ 工艺条件

根据所成型板材的厚度及尺寸大小,计算所需预成型的物料重量及尺寸。成型过程中主要工艺参数是成型温度及压力。由于需要将成型物料加热使其具有良好的流动性,则压机模板及模具的温度需要根据制品厚度、物料性质、配方设定,一般在150~180℃之间;成型过程中,加热模具和物料的热量,来源于压机的上下模板,故将物料放置于模具加到压机中时,需要一定的时间才能使热量传递到模具中的物料,故预加热时间是重要的工艺参数;物料必须在一定的压力作用下,才能流动充满模腔,故压力也是一个重要的压制工艺参数。同时,为了排除挥发物、提高物料温度、改善流动性、加快压制时的流动和硬化速率、缩短模塑周期、降低模压压力、提高产品质量等,还需将成型物料预热,预热温度80~120℃,时间约5 min。最后,根据物料的实际情况,成型过程还需排气1~2次。

四、仪器和样品

1. 物料称量主要用电子秤、天平等称量器具;压制用设备主要是热压机;成型用钢制模具;另需准备温度计、游标卡尺、剪刀、手套等实验用品。

2. 用到的材料主要有:热固性酚醛树脂、木粉、六次甲基四胺、炭黑、氧化锌、石蜡。

五、实验步骤

实验开始前,先将模具及热压机模板清理干净,将成型用热压机上下模板温度升至设定值,约为:160~180 ℃,恒温30 min。

物料预热:在80~120℃烘箱中预热酚醛树脂,时间5 min。

配方:按照表4-3-1所示配方,称取各原辅材料,在容器中搅拌均匀。

③ 选择模压板材成型模具,根据其尺寸计算所需物料的大致质量。将适量的物料放入模具型腔中,将模具放入热压机上下模板之间,合拢模板,保温5~10 min。将模板打开排气,再合模。

④ 增加压力,至10~20 MPa,停止加压,保压5~10 min。

⑤ 卸掉压力,打开压机,打开模具,取出制品。

表 4-3-1　热固性酚醛塑料配方示例

材料	配比
热固性酚醛树脂	100
木粉	88
六次甲基四胺(乌洛表托品)	4.5
炭黑	2.5
氧化锌	5
石蜡	2.5

* 称量时,以酚醛树脂质量分 100 为基准,按配比准确称取助剂的质量。

六、数据分析和结果处理

记录实验过程的温度、时间、压力、制品厚度等实验数据。实验报告包括以下内容:

① 所用原辅材料名称、牌号、生产厂家;

② 所用实验仪器的名称、型号、生产厂家及主要技术性能参数;

③ 实验所用配方及工艺路线;

④ 实验步骤、工艺参数及实验记录,实验现象记录及分析;

⑤ 制品的尺寸;

⑥ 对实验的体会、意见和建议;

⑦ 思考题解答。

表 4-3-2　实验记录

	预热温度 /℃	预热时间 /min	模板温度 /℃	模压时间 /min	压力 /MPa	制品厚度 /mm
酚醛模压板						

七、思考题

1. 给出苯酚和甲醛缩聚的反应式。

2. 模压热固性塑料为何不需要保压冷却?

八、参考文献

1. 胡浚编著. 塑料压制成型. 北京:化学工业出版社,2005.

2. 刘廷华主编. 聚合物成型机械. 北京:中国轻工业出版社,2005.

实验四　热塑性聚合物挤出成型实验

进行本实验前,同学们需要初步掌握下面的预备知识:塑料挤出机基本结构及原理;塑料挤出成型原理;聚合物流变学基础;挤出机安全操作规程。

一、目的和要求

1. 掌握采用单螺杆挤出机制备聚乙烯型材的基本方法;

2. 了解单螺杆挤出机、管材成型口模及辅助设备的基本结构、成型原理,掌握其基本操作方法;

3. 了解热塑性聚合物挤出成型的基本工艺参数及其对热塑性聚合物板材性能的影响;

4. 了解聚合物流变特性与挤出成型口模设计的关系。

二、原理

挤出成型,亦称挤出模塑或挤塑,是热塑性聚合物成型加工应用较为广泛的重要成型方法。所谓挤出成型,是将颗粒状的塑料,通过挤出机料筒壁的加热系统和螺杆旋转而产生的磨擦热,使热塑性聚合物颗粒熔融成熔体,同时在挤压和剪切力的作用下,使聚合物熔体强制通过模头,制成具有一定截面形状、任意长度的型材制品的一种成型方法。通过调整口模的形状,可以制备不同的挤出制品,如:单丝、薄膜、片材、板材、管材、异型材等。挤出成型具有工艺易于控制、设备及模具较简单、可制备具有相同截面的连续出制品、生产连续、生产效率高等优点。

热塑性聚合物管材是应用最为广泛,品种繁多的挤出制品。根据用途和材质的不同,可以用挤出成型法制备硬质、半硬质、软质,或透明、不透明等不同外观及性能的管材制品。管材挤出成型通常采用管材生产线,包括挤出成型、定径、冷却、牵引、切割、卷取或制品收集等主机及其辅助设备(图表 4-4-1)。通过调整口模尺寸,能够得到不同尺寸的管材。

塑料挤出机是用途最为广泛的聚合物加工设备,不仅可以用作制品成型,还能用做加工辅助设备,以达到熔融、塑化、混合物料的目的。塑料挤出机一般可分为单螺杆挤出机、双螺杆挤出机等,皆可用于制备管材。通常,由于双螺杆挤出机具有优良的共混效果,常用于制备 PVC 管材,能够直接使用经过配方和混合的 PVC 粉状物料,从而将物料配制与管材成型一步完成,简化了工艺。而通常的热塑性聚合物管材的制备,采用单螺杆挤出机作为主机。

三、实验方案

① 原料干燥

由于原料中的水分易导致制品内部出现气泡,并使制品表面粗糙,影响管材外观及质量。故根据成型所采用的原料不同,需要确定成型前是否需要干燥。如,尼龙、ABS 等易吸湿的聚合物,必须在成型前进行物料干燥。而聚烯烃是非极性聚合物,原料水分含量极低,通常不用干燥即可满足挤出管材的需要。但当聚烯烃含大量填料或颜料时,其含水量会增大,则需要进行相应的干燥处理。

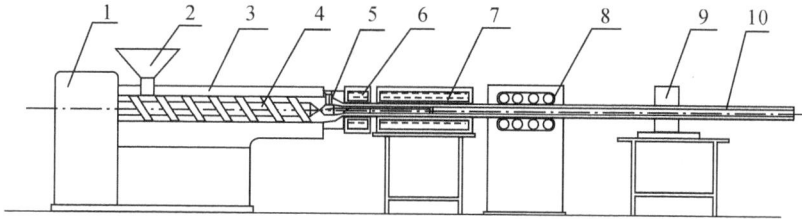

1. 挤出机变速箱　2. 挤出机料斗　3. 挤出机料筒　4. 挤出机螺杆　5. 机头与口模
6. 定型装置　7. 冷却装置　8. 牵引装置　9. 切割装置　10. 管材

图表 4-4-1　管材挤出成型生产线示意图

② 工艺路线

热塑性聚合物管材挤出成型的工艺路线为：

物料干燥 → 挤出成型 → 定型 → 冷却 → 牵引 → 切割 → 管材

所得到的管材，如果为软制品，则可以采取卷取的方式收集堆放，硬管则在切割成一定长度的制品后，包装堆放。

③ 工艺条件

根据挤出管材工艺流程，需要确定以下工艺条件。

物料干燥温度及时间：干燥温度及时间的确定，需根据成型物料的性能而定。如聚乙烯，一般在 60～90℃ 干燥 2～4 小时即可，而尼龙，则需要在 95～105℃ 干燥 6～8 小时。

挤出成型工艺条件：挤出成型工艺条件包括料筒温度、机头与口模温度、挤出机螺杆转速、机头压力等。温度的设定非常重要，料筒的温度必须高于挤出物料的熔融温度，而模头温度的高低会影响管材的外观质量；螺杆转速的大小与挤出成型产率直接相关，但螺杆转速太大，会引起挤出物料熔体破碎，同样影响外观；机头压力高，则制品密实度大，性能好，但压力过大显然不利于安全挤出，一般熔体压力通常控制在 10～30Mpa，机头压力通过挤出机多孔板及滤网的数目和目数确定。

定型工艺条件：挤出管材的形状和尺寸通过定型装置，如定径套确定，定径套可分为内定径、外定径或内外同时定径，分别得到不同的表面质量和尺寸精度。如采用内定径，则管材的内壁光滑，内径精确，而外径尺寸通过壁厚确定。

冷却工艺条件：管材的形状和尺寸的固定，最终取决于冷却装置，冷却工艺条件主要关注冷却水温度及流量，以及给水方式。有时，冷却水槽的温度设定，需形成温度梯度，使得靠近模头的冷却水温度较高，然后逐渐降低，从而使管材冷却比较均匀。另一方面，冷却水流量过大，管材表面粗糙，而流量过小，管材表面产生亮斑易拉断，流量如分布不均匀，则管材壁厚不均，产生不圆度。

牵引及切割工艺条件：管材的牵引速度是管材生产过程中重要的工艺条件之一，其大小与管材壁厚、尺寸公差、性能及外观密切相关。一般而言，牵引速度首先要平稳，其次必须与挤出线速度相匹配，且略大于挤出线速度，以使管材受到一定程度的拉伸，在制品中形成一定的取向度，取向度的大小取决于牵引速度与挤出线速度的比值即拉伸比。由于管材的壁厚可由挤出机口模环隙的尺寸大致决定，但拉伸比越大，即当挤出线速度一定时，牵引速度越大，则管材壁厚越薄，管材内部分子取向程度越大，则可能造成冷却后的制品在长度方向的收缩率过大。相反,若牵引速度越小,管材壁厚越厚;牵引速度过小则易导致口模与定径套之间积料,难以正常挤出生产。另一方面,切割速度应该与挤出及牵引速度匹配,能快速稳定的切割管材,不影响正常生产。

四、仪器和样品

1. 真空干燥箱;挤出管材生产线,包括主机及辅助设备;游标卡尺、剪刀、手套、装料容器等实验用品。

2. 用到的材料主要有:挤出级高密度聚乙烯。

五、实验步骤

实验开始前,根据成型管材的尺寸及挤出机大小,确定所需物料的多少,将聚乙烯粒子在真空烘箱中于 80℃ 干燥 2 小时,备用。挤出机及各辅助设备清理干净,放好冷却水。根据挤出机具体结构及成型物料的性质,设定料筒各段加热温度,从加料口到机头温度逐渐增加,如可设定范围为 150~190℃,口模温度比前一段温度高约 20℃,温度到达设定值后,恒温 30 min。

① 开启牵引、冷却、切割等装置,开启挤出机主机。

② 将成型用的聚乙烯粒子倒入料斗,逐渐增加挤出机转速至设定值,待有熔体通过口模挤出时,观察其外观,根据熔体表面光泽等外观质量,调整料筒及口模温度。

③ 将挤出物通过定径套、冷却装置、牵引装置引出产品。

④ 根据测量管材的壁厚、同心度、圆度等外观尺寸,调整口模、定径套、冷却水、牵引速度等工艺参数,使得到的管材制品满足要求。

⑤ 待挤出管材达到所需长度后,切割,得到制品。

⑥ 测试管材的壁厚、直径等外观尺寸,观察外观质量。

⑦ 改变牵引速度等工艺参数,考察管材壁厚、直径等外观尺寸随该工艺参数的变化。

⑧ 实验完毕,降低螺杆转速,关闭辅助设备,将料筒中剩余物料对空挤出排空,逐步降低螺杆转速至停机,关闭加热系统,排放冷却水,清理实验现场。

六、数据分析和结果处理

记录实验过程的温度、时间、压力、制品尺寸等实验数据。实验报告包括以下内容:

① 所用原辅材料名称、牌号、生产厂家;

② 所用实验仪器的名称、型号、生产厂家及主要技术性能参数;

③ 实验步骤、工艺参数及实验记录,实验现象记录及分析;

④ 制品的尺寸;

⑤ 对实验的体会、意见和建议;

⑥ 思考题解答。

表 4-4-1　实验记录

序号	工艺参数值		管材壁厚及偏差/mm	管材直径及偏差/mm	管材外观
1	挤出机料筒温度/℃				
	口模温度/℃				
	螺杆转速/rpm				
	机头压力/MPa				
	牵引速度				
	冷却水温度				
2	挤出机料筒温度/℃				
	口模温度/℃				
	螺杆转速/rpm				
	机头压力/MPa				
	牵引速度				
	冷却水温度				
3	挤出机料筒温度/℃				
	口模温度/℃				
	螺杆转速/rpm				
	机头压力/MPa				
	牵引速度				
	冷却水温度				

七、思考题

1. 简述螺杆挤出机的基本结构和主要参数；
2. 简述普通挤出机螺杆的基本结构及其主要参数；
3. 挤出机操作过程应注意哪些重要的安全操作规程？
4. 影响挤出管材的外观质量及尺寸的因素有哪些？如何影响？

八、参考文献

1. 黄锐主编. 塑料成型工艺学. 北京:中国轻工业出版社,2007.

2. 刘廷华主编. 聚合物成型机械. 北京:中国轻工业出版社,2005.

3. 周殿明,张丽珍. 塑料管挤出成型简明技术手册. 北京:化学工业出版社,2006.

实验五　热塑性聚合物注塑成型实验

进行本实验前,同学们需要初步掌握下面的预备知识:聚合物熔体流变学基础知识;注塑机基本结构及工作原理;注塑机安全操作规程。

一、目的和要求

1. 掌握采用注塑机制备热塑性聚合物制品的基本方法;
2. 了解注塑机的基本结构、成型原理,掌握其基本操作方法;
3. 了解热塑性聚合物注塑成型的基本工艺参数及其对热塑性聚合物注塑制品性能的影响;
4. 了解塑料注塑模具的基本构造、安装方式、基本设计原则;
5. 掌握注塑成型试模方法。

二、原理

注塑成型,亦称注射模塑或注塑,是热塑性聚合物成型加工应用领域最广的成型方法。所谓注塑成型,是将颗粒状的塑料,通过注塑机料筒壁的加热系统和/或螺杆旋转而产生的摩擦热,使热塑性聚合物颗粒熔融成熔体,同时在高压下,将熔体高速注入已闭合的模具型腔,经一定时间冷却定型后,开启模具即得制品的一种成型方法。通过注射模具的设计,可以制备不同形状、尺寸的注塑制品。注塑成型具有生产周期短、生产效率高、适应性强、易于自动化等优点。注塑成型制品通常占塑料制品总量的 $20\%\sim30\%$,在电气、电子、汽车、日用品、计算机、通讯及工程设备等领域有广泛的应用。

采用注塑成型方法,可以制备不同质地、不同尺寸的制品,如硬质、半硬质、软质、发泡等塑料制品,以及钟表齿轮等精密制件、大型周转箱等制品。几乎所有热塑性聚合物材料都可用于注塑成型方法。

注塑机是注塑成型的主要设备,注塑机一般按照对聚合物熔融塑化方式可分为柱塞式注塑机和螺杆式注塑机,也可按其外观分为卧式注塑机和立式注塑机。螺杆式注塑机使用较多,一般为卧式,具有很广的适用范围,能用于成型多种塑料制品。图表 4-5-1 为卧式螺杆注塑机示意图,包括锁模系统、注射系统及模具三大部分。

三、实验方案

① 原料干燥

由于原料中的水分易导致制品内部出现气泡,并使制品表面出现水纹,影响制品外观及质量。故根据成型所采用的原料不同,需要确定成型前是否需要干燥。易吸湿的聚合物,必须在成型前进行物料干燥。

② 工艺路线

注塑成型工艺一般包括成型前的准备、注射过程、制件的后处理三个过程。其中,成型前的准备包括原料检验、预热及干燥,嵌件的预热和安放,试模,清洗料筒,试车等。而注塑

锁模系统　　　　　模具　　　　　　　注射系统

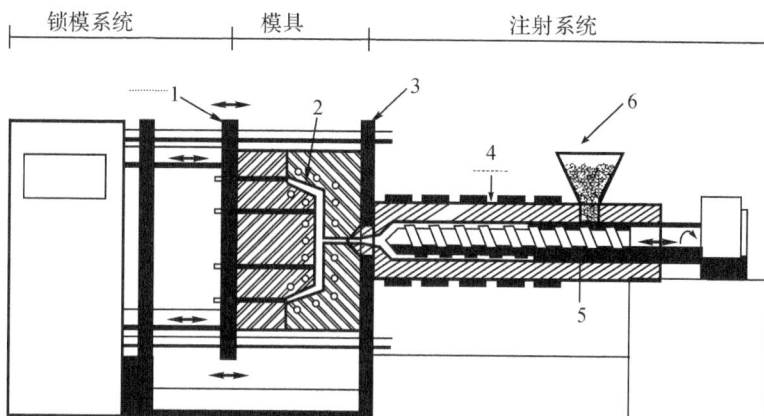

1. 动模板　2. 型腔　3. 定模板　4. 注塑机料筒　5. 注塑机螺杆　6. 料斗
图 4-5-1　卧式螺杆注塑机示意图

过程包括加料、塑化、注射、冷却、脱模等。注塑时,从原料熔融塑化到得到制品的过程所需要的时间称为一个注塑周期,在一个注塑周期内,需要完成熔融塑化、合模、注射、充模、冷却定型、开模、顶出制品等动作。

制件的后处理主要有退火和调湿两种方式。所谓退火指的是,使制品在一定温度的加热液体介质或热空气循环烘箱中静置一段时间,以消除或减弱由于物料在料筒内塑化不均匀或在模腔内冷却速度不同所产生不均匀结晶、定向和收缩而导致的制品内应力,从而改善和提高制件的性能和尺寸稳定性。退火的实质在于使强迫冻结的分子链得到松弛,从而消除这一部分的内应力,提高结晶度,稳定结晶结构,从而提高结晶塑料制品的弹性模量和硬度,降低断裂伸长率。为此,一般需要退火的注塑制件通常具有以下特征:所用材料分子链刚性大,制件壁厚较大,制件带有金属嵌件,制件使用温度范围较宽及尺寸精度要求较高。

而调湿后处理方式,一般适用于尼龙制件,尼龙制件需要调湿的原因主要基于两点。一是,尼龙制件结晶温度较高,制品脱模后在高温下与空气接触时,会氧化变色;二是,尼龙制件在空气中使用或存放时,易吸收水分而膨胀。为此,为了防止氧化,需将尼龙制件浸泡于热水中,使其在隔绝空气条件下调湿,加快达到吸湿平衡,缩短制件尺寸稳定的时间,另一方面,适量的水分还能对尼龙起类似增塑剂的作用,改善制件的柔曲性和韧性,使冲击强度和拉伸强度均有所提高。

③ 工艺条件

注塑成型工艺条件的确定,必须使聚合物熔体塑化良好,并能顺利注射到型腔中,在控制条件下冷却定型,使制品质量合乎要求。为此,需要从影响注塑制品质量的因素着手,确定工艺条件。

成型前的准备工艺:根据制件实际,在准备阶段,需要确定原料干燥温度及时间、嵌件的预热温度、一次塑化量等工艺条件。根据成型物料的性质,确定是否需要干燥,干燥的温度和时间多少。如聚丙烯,尽管是非极性聚合物,但其吸湿性比聚乙烯大,一般需要干燥,干燥温度 $60\sim90℃$,时间 $2\sim4$ h 即可;而尼龙、聚碳酸酯、ABS、聚酯等极性聚合物极易吸湿,需要在更高的温度下干燥更长的时间,如尼龙,一般需要在 $95\sim105℃$ 干燥 $6\sim10$ h。

嵌件在安放前,为了避免嵌件表面与聚合物熔体温差过大导致收缩不均匀,从而在嵌件周围产生应力集中等对制品质量不利的影响,通常需要对嵌件预热。特别是嵌件较大,且所成型的聚合物分子刚性较大时,均需要预热金属嵌件。预热温度设定以不伤害嵌件表明镀层为前提,如嵌件表面有锌或铬镀层,则预热温度不应大于130℃,而对于没有镀层的铝合金或铜质嵌件,温度可以稍高。

成型前的准备中,除了清理料筒、涂饰脱模剂外,一个主要的工作是试模。首先要根据制品的质量,设定注塑机的塑化量,一般为制品质量的3~5倍;同时,调整注塑机的一次注射量,使其一次注射时,能将足够量的熔融物料注满模具的型腔,同时不产生"飞边"。这一过程,即为试模。试模通常需要反复几次,以得到满意的制品。

注塑过程工艺:注塑成型工艺条件可以分为温度、时间和压力三大类。温度包括料筒温度、喷嘴温度、模具温度。料筒温度及喷嘴温度直接影响聚合物的塑化及在型腔内的流动。料筒温度的设定自然与所成型的物料性质有关,首先必须大于聚合物的流动温度 T_f 或熔点 T_m,但必须小于其分解温度 T_d,即料筒 T 应该:$T_f,T_m < T < T_d$。一般而言,料筒温度较高有利于制品质量及外观,在允许的情况下,尽量高些,但必须保证物料不分解。如,当聚合物的 T_d 比其 T_f 或 T_m 大较多时,料筒温度的设定可以比 T_f 或 T_m 高较多。

喷嘴温度影响成型物料的流动及其在型腔中的冷却,通常略低于料筒的最高温度,以防止物料的"流涎"。由于物料在通过喷嘴时会受到很大的剪切,导致物料摩擦生热,以补偿喷嘴温度低对流动性的影响。喷嘴的温度设定还应与喷嘴结构、注射压力等其他工艺参数的设定有关,应该在试模时做适当调整。

注塑过程的时间主要包括塑化时间、充模时间、保压时间、冷却时间以及其他时间等参数(如图4-5-2所示),完成一次注塑过程所需要的时间称为成型周期;成型周期的长短直接影响设备利用率和生产率,故在满足质量要求的前提下,应该尽量缩短成型周期。图4-5-2中,充模时间、保压时间的和还可以称为注射时间,而总的冷却时间包含了保压时间和闭模冷却时间,其他时间包含了开模、脱模、涂脱模剂、安放嵌件等动作所需的时间。由图可见,制品的冷却

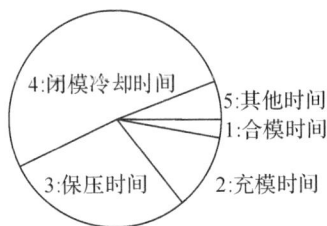

图 4-5-2 注塑成型周期示意图

所需的时间(包括保压时间)占了成型周期中的绝大部分,因此冷却时间的长短直接影响生产率,故冷却时间的设定以制品脱模时不引起制品变形为原则,尽可能短,一般与制品的厚度有关。而其中的保压时间,是注塑制品质量控制的关键因素之一,与制品的尺寸稳定性密切相关。

压力主要包括塑化压力,亦称背压,以及注射压力。背压的大小可以通过液压系统的溢流阀调整,对于某一特定的注塑机,当成型同一种制品时,增加背压,可以加大物料的剪切作用,降低塑化速率,延长塑化时间,从而增大成型周期、增大物料受热作用,影响物料热稳定性。故在满足制品质量的前提下,应该设置尽量低的背压。背压的大小与所成型的物料、螺杆结构制品的质量要求有关,一般不超过2.0MPa。

注塑压力的作用在于克服物料从料筒经喷嘴流向型腔所遇到的流动阻力,与此同时,让物料以足够的速率充满型腔,并被压实。故注塑压力的设定,应与物料熔体流变特性、喷嘴结构、模具流道与浇口的形状和尺寸、制品壁厚等因素有关。另一方面,注塑压力的大小直

接影响注塑速率,从而影响充模,在物料充模完成后,注塑压力的大小,影响制品的密实度。因此,需要根据实际情况设定注射压力。

制件后处理工艺:退火与调湿是注塑成型制品最为常见的两种后处理方式,温度和时间是两个主要的工艺参数。退火的实质在于消除内应力、提高结晶度及稳定结晶结构,为了达到退火的目的,聚合物分子链段在退火温度时应能够运动。故,退火温度应该在其玻璃化温度以上;而另一方面,鉴于退火的目的还在于制品在使用时不至于变形,故退火温度的设定应高于其使用温度,当不能高于其热变形温度。退火处理时,可以在液体介质中,也可以在热空气中进行。而调湿主要针对聚酰胺(PA)类聚合物,调湿处理时间与 PA 品种、制件形状、厚度、结晶度大小有关。

四、仪器和样品

① 真空干燥箱;卧式螺杆注塑机;注塑模具;水箱、游标卡尺、剪刀、手套、装料容器等实验用品。

② 用到的材料主要有:注塑级聚丙烯(PP)。

五、实验步骤

实验开始前,根据成型制品的尺寸,确定所需物料的多少,将 PP 粒子在烘箱中,于 60～80℃ 干燥 2～4 小时,备用。将注塑机清理干净,安装好成型模具。根据注塑机技术参数设定料筒各段加热温度及喷嘴温度,从加料口到喷嘴,料筒温度逐渐增加,为 200～250℃,喷嘴温度 220～240℃ 温度到达设定值后,恒温 30 min;设定注射压力为 70～100 MPa,模具温度 70～90℃

① 仔细观察注塑机及模具的结构,了解注塑机的操作规程,了解注塑机控制板各开关、按钮的作用,掌握工艺参数调整的步骤和方法。

② 试模:待注塑机温度达到设定值后,将塑化量、背压等调整到设定值;加入成型物料,启动注塑机,选择手动模式;先进行对空注射,即在注塑机座座退的前提下,预塑化物料,然后将塑化好的物料对空注射,观察经喷嘴出来的料条的外观及熔融情况,以确定温度设定是否合适,否则调整温度;将料筒中剩余物料对空注射完毕,再塑化;按照设定的各时间参数,完成一个成型周期:闭模—座进—注射—保压—冷却—开模—取出制品—座退,观察所得制品外观等,如有不满意,则需调整塑化量、各时间等工艺参数,并重复进行塑化—闭模—座进—注射—保压—冷却—开模—取出制品的步骤,直至得到满意的制品,完成试模。

③ 试模过程中,注意观察注塑机个程序动作是否正常,各部件运动有无异常,若机器正常运行,则可开始正常成型制品。

④ 将得到的工艺参数输入注塑机,选择全自动模式,加料、关闭安全门、合模,开始注塑制品。测试样品的特征尺寸,做好实验记录。

⑤ 改变注射时间、冷却时间、保压时间、注射压力等统一参数,成型制品。

⑥ 对比不同成型工艺所得制品的外观、尺寸及收缩率等指标,考察其相互关系。

⑦ 实验完毕,座退,将料筒剩余物料对空注射完毕;清理模具,合模,停机,将模具卸下,放置好。关闭加热系统,排放冷却水,切断电源,清理实验现场。

六、数据分析和结果处理

记录实验过程的温度、时间、压力、制品尺寸等实验数据。实验报告包括以下内容：

① 所用原辅材料名称、牌号、生产厂家；

② 所用实验仪器的名称、型号、生产厂家及主要技术性能参数；

③ 实验步骤、工艺参数及实验记录，实验现象记录及分析；

④ 制品的某一个特征尺寸；

⑤ 对实验的体会、意见和建议；

⑥ 思考题解答。

表 4-5-1　实验记录

序号	工艺参数值 /mm		制品特征尺寸及 其偏差/mm	制品外观
1	注塑机料筒温度/℃			
	喷嘴温度/℃			
	背压/MPa			
	注射压力/MPa			
	注射时间/s			
	保压时间/s			
	总冷却时间/s			
2	注塑机料筒温度/℃			
	喷嘴温度/℃			
	背压/MPa			
	注射压力/MPa			
	注射时间/s			
	保压时间/s			
	总冷却时间/s			
3	注塑机料筒温度/℃			
	喷嘴温度/℃			
	背压/MPa			
	注射压力/MPa			
	注射时间/s			
	保压时间/s			
	总冷却时间/s			

七、思考题

1. 简述螺杆式机的基本结构和主要参数；

2. 注塑机操作过程应注意哪些重要的安全操作规程？

3. 影响注塑成型制品外观质量及尺寸的因素有哪些？如何影响？

八、参考文献

1. 王贵恒主编.高分子材料成型加工原理.北京:化学工业出版社,2004.
2. 黄锐主编.塑料成型工艺学.北京:中国轻工业出版社,2007.
3. 刘廷华主编.聚合物成型机械.北京:中国轻工业出版社,2005.
4. 申开智.塑料模具设计与制造.北京:化学工业出版社,2006.

实验六　聚合物吹塑薄膜成型实验

进行本实验前,同学们需要初步掌握下面的预备知识:塑料吹塑薄膜机组基本结构及原理;塑料挤出成型原理;聚合物流变学基础;塑料吹塑薄膜机组安全操作规程。

一、目的和要求

1. 掌握采用塑料吹塑薄膜机组制备低密度聚乙烯吹塑薄膜的基本方法;

2. 了解单螺杆挤出机、薄膜吹塑成型口模及辅助设备的基本结构、成型原理,掌握上吹法制备塑料薄膜的基本操作方法;

3. 了解热塑性聚合物上吹法制备薄膜的基本工艺参数及其对制品性能的影响。

二、原理

塑料薄膜是常见的一种塑料制品之一,可采用压延、流延、吹塑等方法制备。采用吹塑法制备塑料薄膜的过程,是将塑料原料通过挤出机熔融塑化,通过环隙口模形成薄管状型坯,并将此管状型坯通过辅助装置引入压缩空气将型坯按一定的比例吹胀,与此同时,通过辅助设备牵引装置,将薄膜牵伸,冷却定型后即得薄膜制品。通过配备不同大小的挤出机,以及调整环隙口模的尺寸,可以制备不同折径的吹塑薄膜。与其他薄膜制备方法相比,薄膜吹塑成型具有显著的优点,如设备简单、结构紧凑、占地面积小、厂房造价低;同时,所得到的薄膜制品力学强度较高,另一方面,生产过程中,产品边料、废料少,成本低。吹塑薄膜制品一般具有较大的辐宽,无焊缝,是制备塑料袋的最佳选择。而该成型方法的不足主要表现在:薄膜厚度不均匀;与压延成型法相比,其生产线速度低,产量较低;制品尺寸可调范围有限,通常,其厚度 0.01~0.25 mm,折径 100~5000 mm。

塑料吹塑薄膜应用广泛,特别是在日用品包装中有难以替代的优势,能适用于多种热塑性聚合物。如聚乙烯(包括 LDPE、HDPE、LLDPE)、乙烯—醋酸乙烯酯共聚物(EVA)、聚丙烯(PP)等,其中,以聚乙烯吹塑薄膜用量尤其大。通常采用吹膜机组来制备塑料吹塑薄膜,其工艺流程包括挤出塑化,形成管坯,吹胀成型,冷却,牵引,卷取等过程。成型过程中,根据挤出和牵引方向的不同,可将薄膜吹塑成型分为平吹、上吹、下吹三种,其中上吹法,亦称平挤上吹法的主要过程为,使用直角机头,即机头出料方向与挤出机垂直,向上挤出管坯,牵引至一定距离后,由人字板夹拢,所挤管状由底部引入的压缩空气将它吹胀成泡管,并以压缩空气气量多少来控制其吹胀比并控制其折径,以牵引速度控制其纵向拉伸比,泡管经冷却定型就可以得到吹塑薄膜。适用于上吹法的主要塑料品种有 PVC、PE、PS。上吹法由于泡管挂在冷却管上,牵引稳定,占地面积小,操作方便,故易生产折径较大,厚度较厚的薄膜;但要求厂房具有足够的高度,不利于薄膜冷却,生产效率低。

吹塑薄膜机组的主要设备有单螺杆挤出机、机头、冷却风环、牵引和卷取装置(图 4-6-1)。

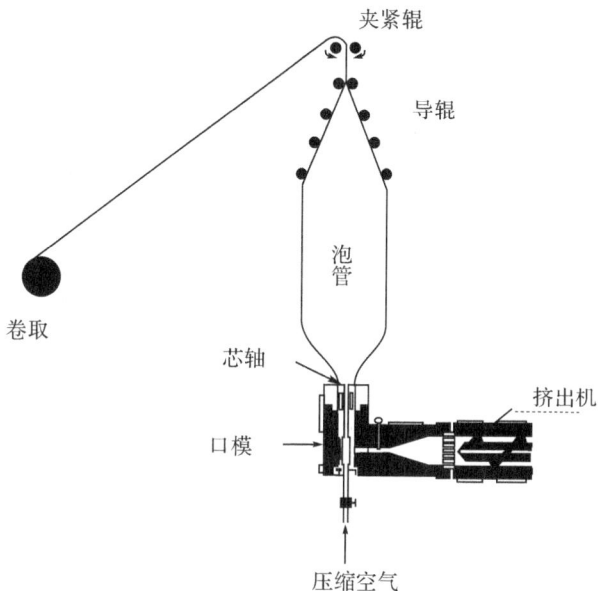

图 4-6-1 上吹法吹塑薄膜生产线示意图

三、实验方案

① 原料干燥

由于原料中的水分易导致薄膜成型过程中出现气泡,易造成泡管破裂、漏气,严重影响薄膜吹塑的稳定性。故根据成型所采用的原料不同,需要确定成型前是否需要干燥。尽管聚烯烃是非极性聚合物,原料水分含量极低,通常不用干燥即可满足需要。但当聚烯烃含大量填料或颜料,或者使用回料时,其含水量会增大,则需要进行相应的干燥处理;也可以在原料中添加吸湿剂或吸湿母粒,以在生产过程中吸收物料中的水分,使生产顺利进行。

② 工艺路线

热塑性聚合物吹塑薄膜成型工艺路线为:

物料干燥 → 塑化挤出 → 吹胀 → 冷却 → 牵引 → 卷取 →薄膜

由于采用该法制备的薄膜是筒状膜,可以根据需要增加一些辅助装置,以得到不同的薄膜。如,可以在适当的位置添加裁刀,将薄膜分切,得到不同幅宽的单层膜。筒状膜可以通过印刷机、制袋机制备表明印刷有花纹、文字、图案的塑料袋。

③ 工艺条件

根据挤出吹塑薄膜制备工艺流程,需要确定以下工艺条件。

物料干燥温度及时间:干燥温度及时间的确定,需根据成型物料的性能而定。如聚乙烯,没有添加大量填料、颜料时,一般不用干燥,或在 60～90℃干燥 2～4 小时即可;而尼龙,则需要在 95～105℃干燥 6～8 小时。

挤出塑化温度:挤出塑化温度的设定非常重要,料筒的温度必须高于所塑化物料的熔融温度,且温度太高或太低,均可能造成挤出泡管容易断裂,难以将其引入夹持辊,从而导致无法正常生产。对于 LDPE,一般设定料筒温度 160～170℃,机头温度 150℃左右,且机头温度务必保持均匀,以免薄膜厚薄不均。

吹胀比:将压缩空气吹入挤出管环,使其横向膨胀倍数,得到一定厚度的薄膜,这一过程是薄膜吹塑成型的重要环节。通常用吹胀比来描述薄膜在横向膨胀的程度,可以表征薄膜的横向拉伸倍率。吹胀比指的是吹胀后膜泡的直径与未吹胀的管环直径的比值。故,吹胀比是吹塑薄膜生产工艺的关键参数之一,吹胀比的设定,应与牵引比匹配,对于 LDPE 薄膜,常设吹胀比 2.5~3.0。较大的吹胀比可以使聚合物分子具有较大的横向取向度,从而薄膜的横向强度也较高;但,吹胀比太大易造成膜泡不稳定,成品薄膜易出现皱折。

牵引比:牵引是吹塑薄膜成型过程中,对聚合物施加纵向拉伸的一个关键步骤,纵向拉伸倍率常用牵引比表征,指的是指薄膜的牵引速度与管环挤出速度之间的比值。牵引比的设定,应与吹胀比、挤出速率匹配,对于 LDPE 薄膜,常设牵引比 4~6。牵引比增大,薄膜的纵向强度也增大,同时薄膜的厚度变薄;但牵引比过大,薄膜的厚度难以控制,甚至有可能会将薄膜拉断,不能正常生产。

霜线:在吹膜过程中,从挤出机机头挤出的聚合物熔体呈透明状态,经风环冷却时,冷却空气以一定的角度和速度吹向刚从机头挤出的聚合物膜泡,膜泡温度则明显下降到聚合物的黏流温度以下,使得熔体透明性下降。表现在吹塑过程中,能观察到一条透明与不透明膜泡的分界线,称为霜线,又称露点,实质上是聚合物由黏流态进入高弹态的分界线。霜线是吹膜工艺的又一重要参数,其位置直接影响薄膜的性能。若霜线位置较高,出现在吹胀后的膜泡的上方,则薄膜的横向拉伸是在黏流态下进行的,吹胀仅使薄膜变薄,分子取向后,迅速解取向,则无助于薄膜性能的提高;若霜线位置较低,出现在吹胀前,则膜泡的吹胀是在高弹态进行的,聚合物分子取向后迅速冻结而保持取向状态,薄膜受到横向拉伸,强度较大。

四、仪器和样品

① 真空干燥箱;吹塑薄膜机组;千分尺或测厚仪、剪刀、手套、装料容器等实验用品。

② 用到的材料主要有:吹膜级低密度聚乙烯(LDPE)。

五、实验步骤

实验开始前,根据成型薄膜折径及挤出机大小,确定所需物料的多少,将 LDPE 粒子在真空烘箱中于 60℃干燥 2 小时,备用。将吹膜设备清理干净,设定料筒各段加热温度,从加料口到机头温度逐渐增加,如,靠近料斗部位,可设定为 120~140℃,料筒其余各段温度 150~170℃,机头温度 150℃,温度到达设定值后,恒温 30 min。

① 开启牵引、冷却等装置,开启挤出机主机。

② 将成型用的 LDPE 粒子倒入料斗,在低速下转动挤出机,待有熔体通过口模挤出时,观察其外观,根据熔体表面光泽等外观质量,调整料筒及口模温度。

③ 将熔融料通过机头,待形成管泡后,逐渐提高螺杆转速,同时提起泡管,并喂入夹辊,通过夹辊将管泡压成折叠的膜,再通过导辊送至卷取装置。

④ 待牵引稳定后,将压缩空气吹入泡管,同时不断测量薄膜幅宽,直至达到要求值。由于泡管中的空气被夹辊封闭,几乎不能渗透出去,因此,泡管中压力会保持恒定

⑤ 取样测量薄膜厚度,根据厚度调整挤出速率、口模环隙大小、牵引比、吹胀比、冷却风量等参数,使得薄膜的幅宽和厚度都到达需要值。

⑥ 待膜卷达到一定质量后,切割,得到制品。

⑦ 测试薄膜的厚度、折径等外观尺寸,观察外观质量,取样测试薄膜纵横两向性能。

⑧ 改变吹胀比、牵引比、霜线位置等工艺参数,同时取样测试性能,考察薄膜壁厚、折径、性能等随工艺参数的变化。

⑨ 实验完毕,降低螺杆转速,关闭辅助设备,将料筒中剩余物料对空挤出排空,逐步降低螺杆转速至停机,关闭加热系统,清理实验现场。

六、数据分析和结果处理

记录实验过程的温度、吹胀比、牵引比、霜线位置、制品尺寸等实验数据。实验报告包括以下内容:

① 所用原辅材料名称、牌号、生产厂家;

② 所用实验仪器的名称、型号、生产厂家及主要技术性能参数;

③ 实验步骤、工艺参数及实验记录,实验现象记录及分析;

④ 制品的尺寸、性能;

⑤ 对实验的体会、意见和建议;

⑥ 思考题解答。

表 4-6-1 实验记录

序号	工艺参数值		薄膜壁厚及偏差/mm	薄膜折径及偏差/mm	薄膜外观	薄膜力学性能
1	挤出机料筒温度/℃					1. 拉伸强度(MPa) 纵向: 横向: 2. 断裂伸长率(%) 纵向: 横向: 3. 直角撕裂强度(N/cm) 纵向: 横向:
	机头温度/℃					
	螺杆转速/rpm					
	口模环隙距/mm					
	吹胀比					
	牵引比					
	霜线位置					
2	挤出机料筒温度/℃					1. 拉伸强度(MPa) 纵向: 横向: 2. 断裂伸长率(%) 纵向: 横向: 3. 直角撕裂强度(N/cm) 纵向: 横向:
	机头温度/℃					
	螺杆转速/rpm					
	口模环隙距/mm					
	吹胀比					
	牵引比					
	霜线位置					

七、思考题

1. 简述吹膜机组的基本结构和主要参数;

2. 吹膜机组操作过程应注意哪些重要的安全操作规程?

3. 影响吹塑薄膜外观质量、尺寸、性能的因素有哪些？如何影响？

4. 薄膜力学性能测试标准有哪些？

八、参考文献

1. 刘廷华主编. 聚合物成型机械. 北京：中国轻工业出版社, 2005.

2. 周殿明, 张丽珍. 塑料薄膜实用生产技术手册. 北京：中国石化出版社, 2006.

实验七　热塑性聚合物热成型实验

进行本实验前,同学们需要初步掌握下面的预备知识:塑料二次成型原理;热塑性塑料高弹态下的拉伸取向行为;真空成型机安全操作规程。

一、目的和要求

1. 掌握采用真空吸塑热成型法制备聚苯乙烯(PS)包装盘的基本方法;
2. 了解热塑性聚合物二次成型的原理,掌握真空吸塑机的基本操作方法;
3. 了解真空吸塑热成型法的基本工艺参数及其对制品性能的影响。

二、原理

热成型是利用热塑性聚合物片材作为原料来制造壁薄、表面积大、半壳型塑料制品的一种方法。采用该法成型时,首先将裁成一定尺寸和形式的片材,夹在模具的框架上,让其在聚合物玻璃化温度(T_g)至黏流温度(T_f)间的适宜温度下加热软化,在此过程中,片材一边受热,一边延伸,而后凭借所施加于片材两面的压差(气压差、机械力或液压力),使片材紧贴模具的型面,取得与型面相仿的样子,经冷却定型和修整后即得制品。热成型法制备的制品一般为深度较小的半壳型,如盘、碟、碗、罩等,具有适用性广,可以加工出很薄的薄壁包装容器,所用的设备较简单,操作较方便,生产成本较低等优点。热成型的不足在于,由于热成型属于塑料二次成型,必须先成型塑料片材作为其原料,难以实现完全自动化生产。

热成型制品在日用器皿、医用器皿、电子仪表附件、电器外壳、汽车部件、建筑构件、化工设备、雷达罩和飞机舱罩等应用领域有其独特的优势,能适用于多种热塑性聚合物。如高密度聚乙烯(HDPE)、聚苯乙烯(PS)、聚丙烯(PP)、聚氯乙烯(PVC)、尼龙(PA)、聚甲基丙烯酸甲酯(PMMA)、聚碳酸酯(PC)、聚酯(PET)等,其中,以 PS 热成型制品尤为常见,并在一次性餐具领域得以广泛应用。根据片材两面压差产生方式的不同,热成型方法主要有真空成型、覆盖真空成型、加压真空成型、柱塞助压真空成形等形式,如图 4-7-1 所示。其中,真空成型相对较为简单,能够成型深度较浅,结构相对简单的热成型制品;而覆盖真空成型适宜制造壁厚和深度较大的制品,可采用单阳模、单阴模成型,且制品与模具贴合表面的质量较高,可以体现模具鲜明、细致的结构;而加压真空成型和柱塞助压真空成形能够改善真空

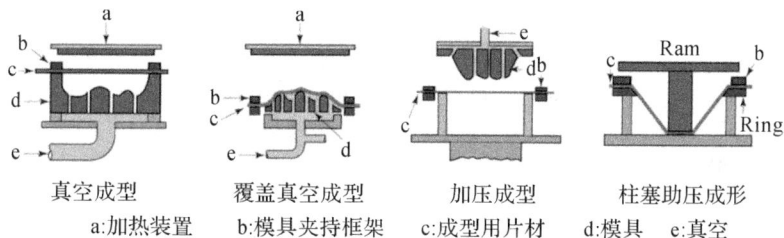

真空成型　　覆盖真空成型　　加压成型　　柱塞助压成形
a:加热装置　　b:模具夹持框架　　c:成型用片材　　d:模具　　e:真空

图 4-7-1　热成型方法示意图

成型和覆盖真空成型较易产生的壁厚不均匀的不足,特别适用于制备深度较大、结构较复杂的热成型制品。

热成型设备相对简单,除了必需的模具外,有一套抽真空的装置即可,但目前的发展趋势依然是大型化、自动化和节能化,为此,在成型等壁厚的特大型制件,如船体、汽车门板等制品时,可采用挤出真空热成型的方法,将挤出片材与热成型一步完成,减少了成型工序及聚合物反复加工的次数,更为自动化和节能。

三、实验方案

① 工艺路线

热成型用的原料是塑料片材,成型在聚合物高弹态下进行,工艺路线为:

$\boxed{\text{片材定位}} \rightarrow \boxed{\text{片材加热}} \rightarrow \boxed{\text{热成型}} \rightarrow \boxed{\text{冷却定型}} \rightarrow \boxed{\text{脱膜}} \rightarrow \text{制品}$

将塑料片材在模具夹持框中定位后,采用红外线、热空气等加热方式加热片材,通过真空作用将处于高弹态的片材吸附于模具表面得到所需形状,并经冷却定型后得到制品。

② 工艺条件

热成型工艺条件主要有片材加热温度和时间、模具温度、真空抽气速率、冷却温度等。

<u>片材加热温度及时间</u>:由于热成型是在聚合物高弹态进行,成型温度在 $T_g \sim T_f$ 之间,故必须根据成型材料的不同,确定加热温度。一般温度尽可能低些,以防止片材软化后会过度下垂,影响生产。一般只有在成型形状较复杂的制品时,才取较高的温度。温度确定后,加热时间是重要的工艺参数,一般根据加热方式和成型片材的厚度而定。由于加热时间占成型周期 $50\% \sim 80\%$,故应尽量减少加热时间,以提高生产率。为此,需要采用热效率高的加热方式。

<u>模具温度</u>:热成型过程中,聚合物在高弹态下受外力形变,这种形变在外力撤消后会回复,但若能在形变未回复时将其冷却"冻结",则可保持此时的有效形变。这即是热成型的基本原理。为此,热成型制品在模具中冷却定型时,模温必须低于 T_g 才能将有效形变保持,使制品定型。若模温过高,可回复形变成分增加,有效形变减小,不利于制品的定型。

<u>成型速率</u>:成型速率在真空吸塑过程中,以抽气速率实现。抽气速率快,片材的拉伸速率也快,意味着成型速率快。成型速率快,能缩短成型周期,但也有可能造成片材的局部破裂。一般而言,成型速率的快慢,取决于成型温度,片材的厚度,以及材料本身的可成型性。一般而言,成型温度较低时,成型速率也应该较慢,能使聚合物分子良好拉伸取向;而片材较薄时,其成型速率一般都应快于片材较厚的;伸长率对温度敏感的材料应较缓慢成型,而伸长率对温度不敏感的材料,可较快速成型。

<u>冷却温度</u>:成型后的制品要在模具中充分冷却后才能脱模,冷却不足,制品脱模后会变形。而冷却时间则跟成型温度、模具温度、制品厚度及材料性能有关。

四、仪器和样品

① 小型热成型机及模具;游标卡尺、剪刀、手套、装料容器等实验用品。

② 用到的材料主要有:聚苯乙烯(PS)片材,厚度 $1.5 \sim 2$ mm,片材厚度要尽量均匀。

五、实验步骤

实验开始前,根据成型模具夹持框的尺寸,将成型用 PS 片材裁剪成合适的尺寸备用。将热成型设备清理干净,按照设备操作规程安装好模具。

① 选取一块裁剪好的 PS 片材,选 5 个不同的位置点,测量片材厚度,计算算平均值和厚度偏差。

② 将 PS 片材装入模具夹持框,调整平整。

③ 打开加热装置,加热片材,加热时间根据具体设备的加热方式、加热功率而定,一般约为 30~50 s。

④ 开启抽真空装置,调整抽气速率,使片材以不同的速率与模具表面紧密贴合。

⑤ 冷却不同时间,取出制品,观察表面质量,记录实验现象。

⑥ 改变加热时间、模具温度、冷却时间等工艺参数,成型制品,观察制品外观质量。

⑦ 实验完毕,关闭设备,清理实验现场。

六、数据分析和结果处理

记录实验过程的温度、时间、制品外观等实验数据。实验报告包括以下内容:

① 所用材料名称、牌号、生产厂家;

② 所用实验仪器的名称、型号、生产厂家及主要技术性能参数;

③ 实验步骤、工艺参数及实验记录,实验现象记录及分析;

③ 制品的外观质量;

④ 对实验的体会、意见和建议;

⑤ 思考题解答。

表 4-7-1 实验记录

序号	工艺参数值		制品外观
1	加热温度/℃		
	加热时间/s		
	模具温度/℃		
	抽气速率		
	冷却时间/s		
	片材厚度/mm		
2	加热温度/℃		
	加热时间/s		
	模具温度/℃		
	抽气速率		
	冷却时间/s		
	片材厚度/mm		

七、思考题

1. 简述真空热成型机的基本结构和主要参数;

2. 真空热成型机操作过程应注意哪些重要的安全操作规程？

3. 影响热成型制品外观质量的因素有哪些？如何影响？

八、参考文献

1. 黄锐主编.塑料工业手册:塑料热成型和二次加工.北京:化学工业出版社,2005.

2. 黄锐主编.塑料成型工艺学.北京:中国轻工业出版社,2007.

3. 刘廷华主编.聚合物成型机械.北京:中国轻工业出版社,2005.

实验八　PVC 增塑糊的配制及搪塑成型实验

进行本实验前,同学们需要初步掌握下面的预备知识:聚合物配方设计基础知识;塑料助剂及其应用基础知识;PVC 糊树脂基础知识。

一、目的和要求

1. 了解 PVC 增塑糊的基本配方以及配方中各助剂的作用,掌握其配制方法;
2. 了解搪塑法成型软质 PVC 制品的基本方法;
3. 了解搪塑成型基本工艺参数及其对制品性能的影响。

二、原理

PVC 增塑糊是将 PVC 糊树脂及其助剂分散在增塑剂(如 DOP)中,得到的均匀悬浮体系,常用于制备软质 PVC 制品,涉及的成型方法主要有搪塑、蘸塑、滚塑、涂覆等。PVC 增塑糊的成型过程,即增塑糊悬浮体变为制品的过程,包含了增塑糊的胶凝及融化两个步骤。首先,增塑糊中的树脂,在加热条件下不断吸收增塑剂,并因此而发生膨胀,液体部分逐渐减小,树脂间距离靠近,糊黏度逐渐增加直至失去流动性,形成的薄膜出现一定力学强度,增塑糊胶凝,残余液体逐渐成为不连续相而包含在凝胶颗粒之间;随着加热继续进行,膨胀的树脂颗粒先在界面之间发生粘结,即熔化,界面越来越小,以致全部消失,树脂逐渐由颗粒成为连续的半透明体。熔化完全后,除色料和填料外,其余的成分都处于一种十分均匀的单一相,冷却后仍可保持这种状态,力学强度较高。

配制 PVC 增塑糊必须选用 PVC 糊树脂,常用乳液法或微悬浮生产。与普通 PVC 树脂相比,PVC 糊树脂的平均粒径很小,仅为 $0.1\sim2.0~\mu m$,而普通 PVC 树脂平均粒径可达 $100\sim170~\mu m$。同时,PVC 糊树脂颗粒呈球体,表面光滑;更为重要的是,当 PVC 糊树脂二次粒子吸收增塑剂后,会还原为一次粒子,从而稳定地分散于增塑剂中,而不会像普通 PVC 树脂那样被增塑剂溶胀。这些特性,是 PVC 糊树脂能够在增塑剂中形成稳定的增塑糊的关键。PVC 增塑糊涉及的加工方法一般具有设备价廉、模具简单便宜、发泡容易、制品形状特别等特点,应用非常广泛。PVC 增塑糊主要用于:采用涂覆方法制备人造革、壁纸;采用蘸塑工艺制备长筒靴、手套;采用搪塑或旋转浇铸工艺制备空心玩具、人像、人造瓜果样品、塑料花等。

在采用增塑糊制备制品所涉及的成型方法中,搪塑应用较早。搪塑,亦称涂凝模塑或涂凝成型,是用于制备空心软质 PVC 制品的方法之一,成型时,将 PVC 增塑糊或搪塑粉倾倒到预先加热至一定温度的模具(只用阴模)中,接近模壁的塑料即会因受热而胶凝,然后将没有胶凝的塑料倒出,并将附在模子上的塑料继续烘熔,再经冷却即可从模中取得空心制品。具有设备费用低,生产速度高,工艺控制简单等优点;同时也具有制品的厚度、重量等准确性差的不足。

搪塑成型所用到的设备非常简单,除了模具之外,只需用到烘箱及搅拌设备即可,非常适用于小型工厂制备玩具、球体等软制品。

三、实验方案

① PVC 增塑糊的配制

选择所需 PVC 糊树脂，确定 PVC 树脂的牌号，糊树脂颗粒粒径大小及分布，与增塑糊的黏度和黏度稳定性相关，从而影响增塑糊的流变特性及涂覆加工性能；分子量及分子量分布影响制品的机械性能、增塑糊的凝胶和熔化性能；配方中增塑剂及其助剂的含量等对糊黏度及涂覆性能也有较大影响，如增塑剂含量较大，则糊黏度较低，成型时，涂层的厚度可以较薄，而配方中填料的含量会增加糊黏度。增塑糊配方中助剂的选择，同样需要根据材料的性能确定，也可以添加阻燃剂、抗静电剂、填料功能助剂，使产品具有独特的功能。

作为用作搪塑工艺的 PVC 增塑糊，一般要求具有较低的黏度，通常要求低于 10 Pa·s，以使糊料能均匀涂覆在模具内表面，以清晰表现模具的花纹和图案；但黏度太低，则会导致涂覆厚度不够，制品强度受影响；同时，鉴于搪塑制品通常为玩具，还需考虑配方的无毒及环保性，此外，还要考虑制品不透明或半透明。

② 工艺路线

搪塑成型的工艺路线相对简单，一般为：

$$\boxed{物料配制} \rightarrow \boxed{陈化及脱泡} \rightarrow \boxed{搪塑成型} \rightarrow \boxed{修饰} \rightarrow \boxed{制品}$$

③ 工艺条件

一般而言，制品的厚度取决于增塑糊的黏度，工艺条件的制定，与制品的厚度和大小密切相关，同时，加热方式也对成型温度和时间的设定有制约。一般而言，对于常规厚度的制品，其工艺条件一般为：

<u>陈化和脱泡</u>：刚配制好的增塑糊黏度不稳定，会随放置（陈化）时间而变化，为此，需要陈化处理；另一方面，增塑糊配制过程中，搅拌会引入大量的空气，为此配制好的增塑糊常常需要脱泡，而陈化也有助于增塑糊脱泡。陈化时间的确定，一般以糊黏度不再变化为前提，通常需要 24 h 以上；脱泡可以采取多种方式，如添加消泡剂、抽真空、研磨等。

<u>模具温度</u>：搪塑成型模具一般为阴模，只有型腔，模具温度的设定应大于增塑糊的凝胶温度，使接触到模具表面的糊快速胶凝而失去流动性，从而得到需要的制品厚度。一般设定 115~135℃；同时，糊料在模具中的停留时间不可太长，因为多余的糊料需倒回盛放的容器中，高温下停留过久，会影响其再次使用。

<u>热处理温度及时间</u>：凝结在模具内表面的糊料，必须继续加热处理，以使其继续熔化，获得一定的机械强度。这一热处理过程是搪塑成型的关键步骤，常在烘箱中进行，温度一般 155~165℃，时间 5~20 min。

<u>冷却温度及时间</u>：成型好的制品，在脱模前需经冷水或冷空气冷却至 80℃方可定型。故，最为简便的冷却方式即是将模具连同制品放入室温的冷却水中 2~3 min，使其完全冷却后取出制品。

四、仪器和样品

① 真空烘箱一台、鼓风烘箱两台；搪塑模具；搅拌机；黏度计；冷却水容器；电子秤或天平，卡尺、剪刀、手套、装料容器等实验用品。

② 用到的材料主要有：PVC 糊树脂，增塑剂 DOP，液体 Ca-Zn 热稳定剂，降粘剂，填料

碳酸钙,颜料。

五、实验步骤

搪塑成型实验开始前一天,先按下列步骤配制 PVC 增塑糊:

① 配方:按照表 4-8-1 所示配方,在电子秤或天平上准确称量原料,放置于不同的容器中。

表 4-8-1　PVC 增塑糊配方示例　　　　　　　　　　(克)

原料	配比(重量比)/ g
PVC 糊树脂*	100
DOP	70
液体 Ca—Zn 热稳定剂	5
降粘剂	2～10
碳酸钙	20
颜料	0.08

* 称量时,以 PVC 质量分 100 为基准,按配比准确称取助剂的质量。

② 将称取好 DOP、稳定剂放入搅拌机中,搅拌均匀;随即边搅拌边将 PVC 糊树脂、碳酸钙、颜料等固体物料逐渐加入搅拌机的容器中,待形成稳定的糊后,根据所得到的糊黏度,添加一定配比的降粘剂,搅拌均匀;

③ 将所得到的糊放入常温下的真空烘箱中,开启真空装置,静置 24 h。

实验开始前,将真空烘箱中的增塑糊取出备用,将 2 台鼓风烘箱温度分别升至设定值,一为 130℃,另一个为 160 ℃,恒温至少 30 min;将容器中盛放好冷却水备用。

① 将模具清理干净,放入 130℃烘箱中加热,时间 10～30 min,使模具温度与烘箱温度尽量一致;

② 取出烘箱中模具,将适量增塑糊倒入模具内腔,摇晃,使糊均匀涂覆在模具内壁,历时 20～30 s,待模具内形成 1～2 mm 厚的膜后,将模具内腔的多余的糊倾倒回容器中;

③ 迅速将模具放入 160℃的烘箱中加热,时间 8～15 min;

④ 将烘箱中的模具取出后,连同制品迅速投入装有冷却水的容器中,待完全冷却后,将模具捞起,取出制品,观察制品外观,剪开制品,测量其厚度;

⑤ 改变烘箱温度、加热时间,重复上述实验步骤。

六、数据分析和结果处理

记录实验过程的温度、时间等实验数据,同时将每一个所记录的工艺条件下成型的制品外观及壁厚等记录于表 4-8-2 中。实验报告包括以下内容:

① 所用原辅材料名称、牌号、生产厂家;

② 所用实验仪器的名称、型号、生产厂家及主要技术性能参数;

③ 实验所用配方及工艺路线;

④ 实验步骤、工艺参数及实验记录,实验现象记录及分析;

⑤ 对实验的体会、意见和建议;

① 思考题解答。

表 4-8-2　实验记录

工艺	制品厚度/mm	模具温度及糊料在模具中的停留时间			制品热处理温度及时间		
		温度/℃	时间/min	现象	温度/℃	时间/min	现象
1#							
2#							
3#							

七、思考题

1. 配制糊树脂时,应该如何将液体助剂与树脂及粉状助剂均匀混合?

2. 搪塑模具设计时应该注意什么?

3. 影响搪塑制品质量、尺寸、性能的因素有哪些? 如何影响?

八、参考文献

1. 黄锐主编. 塑料成型工艺学. 北京:中国轻工业出版社,2007.

2. 欧京阳,佟波,郑秀琴. 世界特种聚氯乙烯树脂生产概况,聚氯乙烯 2003,(5):7~10

实验九　热塑性聚合物力学性能测试试样制备实验

进行本实验前,同学们需要初步掌握下面的预备知识:热塑性聚合物力学性能测试试样制备方法;热塑性聚合物注塑成型、压制成型基础知识;聚合物力学性能测试标准。

一、目的和要求

1. 掌握热塑性聚合力学性能测试试样制备的几种常用方法;
2. 了解不同制样方法对材料性能的影响;
3. 了解力学性能测试标准;
4. 了解万能制样机的基本结构。

二、原理

力学性能是材料的重要性能指标。聚合物力学性能,通常包括拉伸性能、冲击性能、弯曲性能以及压缩性能,并有相应的国家标准规定了试样形状及尺寸、试样处理方法、测试条件等相关规则。对于热塑性聚合物,鉴于其可热塑性的特性,通常可以根据国标设计模具,并采用注塑成型或压制成型等方法,将热塑性聚合物在标准尺寸的模具中成型,而制备试样;另一方面,也可以先压制得到符合标准厚度的聚合物板材,再采用机械切割等方法制备所需尺寸的试样,机械切割法制备试样,常采用万能制样机实现。

由于聚合物材料的力学性能,跟聚合物的凝聚态结构密切相关,而聚合物试样的凝聚态结构跟试样制备方法及制备过程有关。注塑成型、压制成型及机械切割方法,对材料所施加的应力史不一样,从而造成试样内应力不同,这将在试样性能中有所体现。

三、实验方案

① 注塑成型

注塑成型制备试样的方法,与热塑性聚合物注塑成型实验类似,控制的工艺条件主要包括注射温度及时间、保压压力及时间等。主要是成型用模具型腔尺寸必须满足相应标准的要求,特别是测试样条的浇口设置与流道设计,与聚合物分子取向有关,会影响试样的力学性能。同时,注塑试样应在标准规定的环境下放置处理一定时间才能用于试验。

② 压制成型

一般而言,相对于注塑法,压制法成型试样具有用料较少,方法简单,试样受应力作用较小等优点。制备过程需要控制的工艺条件与压制成型实验类似,考虑模板温度、压机压力等主要因素。

③ 机械切割

机械切割法常用于热固性聚合物的试样制备,也可用于硬质热塑性聚合物的试样制备。由于仅需将聚合物材料制成一定厚度的板材,即可以通过机械切割的方法加工得到不同形状和尺寸的试样。机械切割常用的仪器有万能制样机,通过万能制样机的设置,可以自动切割成所需形状和尺寸的试样。

四、仪器和样品

① 注塑机及模具；热压机、压板模具、试样模具；万能制样机；电子秤或天平、卡尺、剪刀、手套、装料容器等实验用品。

② 用到的材料主要有：高密度聚乙烯（HDPE）粒料用于注塑成型法、压制成型法制备试样；预先压制好的 HDPE 板材用于万能制样机制备试样。

五、实验步骤

注塑成型法、压制成型法制备力学性能测试试样的实验步骤，可分别按照《实验五 热塑性聚合物注塑成型实验》、《实验二 热塑性聚合物压制成型实验》的相关实验步骤进行。采用万能制样机制备试样，切记试样切割过程中，加工完毕后，必须先停机再取样条。具体实验步骤如下：

① 按照具体万能制样机的操作规程安装好切割用铣刀，并调整到适合的位置；

② 接通电源，启动切割按钮，观察切割铣刀的旋转方向是否正确，一般应顺时针方向旋转；

③ 停止铣刀转动，将 HDPE 板材在操作台固定好，调整防尘罩到适当位置；

④ 启动铣刀选择按钮，选择需要的尺寸位置，将工作台缓缓推进，将板材切割成需要的条状初样，按照尺寸切割完一面再换一面，直至完成。初样尺寸根据将要制备的测试试样而定，若是冲击样条，则直接切割成规定的形状和尺寸；若是哑铃状，则先按照夹持部分的尺寸，切割成长条样，再切割曲线部分，以形成哑铃状；

⑤ 将所有初样切割好后，卸下切割铣刀，清理切屑；

⑥ 铣冲击试样缺口：根据需要，选择双头刀具，按照操作规程正确安装，调整好位置，安好安全罩；把需要铣缺口的样条正确安装在操作台，使样条的长度的 1/2 处与刀具中心线对准；调整操作台升降机构，开启铣缺口按钮，转动操作手轮及走刀机构，铣出尺寸符合要求的缺口，停机，松开样条夹持，取出试样；反复操作，得到需要数目的试样；

⑦ 切割哑铃状试样：根据试样尺寸，选择合适的垫片，将待切割的初样固定在操作台上，调整冷却水管，选择制样机的制样模式为哑铃状样条切割；开启自动进给电机和冷却水，开始切割哑铃面；一面切割好，停机，调转切割面，重复步骤，切割另一哑铃面；反复操作，得到需要数目的试样；

⑧ 将制备的样品收集保管，用于力学性能测试，测试方法参见附件所列相关国家标准；

⑨ 实验完毕，清理实验仪器及现场。

六、数据分析和结果处理

记录注塑法实验过程的料筒温度、模具温度、喷嘴温度、注射时间、保压时间、冷却时间、注塑压力等实验数据；记录压制法制样时所设定的温度、加热时间、压制压力等工艺条件；同时将每种制样方式成型的试样外观、壁厚、性能测试结果等记录于表 4-9-1、4-9-2 及 4-9-3 中。实验报告包括以下内容：

① 所用原辅材料名称、牌号、生产厂家；

② 所用实验仪器的名称、型号、生产厂家及主要技术性能参数；

③ 实验步骤、工艺参数及实验记录,实验现象记录及分析;

④ 对实验的体会、意见和建议;

④ 思考题解答。

七、思考题

1. 万能制样机有哪些主要部件?

2. 制样方式对试样性能测试结果有何影响?

八、参考文献

1. 王贵恒主编.高分子材料成型加工原理.北京:化学工业出版社,2004.

2. 黄锐主编. 塑料成型工艺学.北京:中国轻工业出版社,2007.

3. 刘廷华主编.聚合物成型机械.北京:中国轻工业出版社,2005.

表 4-9-1　实验记录:压制法制样工艺

	模板温度/℃	时间/min	压力/MPa	试样尺寸
试样制备工艺				
机械切割用板材制备工艺				

表 4-9-2　实验记录:注塑法制样工艺

工艺参数	拉伸试样	冲击试样	弯曲试样	压缩试样
注塑机料筒温度/℃				
喷嘴温度/℃				
背压/MPa				
注射压力/MPa				
注射时间/s				
保压时间/s				
总冷却时间/s				

表 4-9-3　实验记录:力学性能测试结果

项　目		测试标准	测试结果		
			注塑法	压制法	机械切割法
拉伸强度 MPa		GB/T 1040			
断裂伸长率 %		GB/T 1040			
冲击试验 23 ℃	Izod	GB/T 1843			
	Charpy	GB/T 1043			
弯曲强度 MPa		GB/T 9341			
压缩强度 MPa		GB/T 1041			

实验十 橡胶制品的成型加工
（生胶的塑炼、混炼工艺，混炼胶的硫化工艺）

进行本实验前，同学们需要初步掌握下面的预备知识：橡胶加工成型原理及工艺过程；橡胶制品配方设计的基本原则；双辊开炼机基本结构、原理及安全操作规程；平板硫化机基本结构、原理及安全操作规程。

一、目的和要求

1. 熟悉并掌握橡胶制品配方设计的基本原则，了解胶料的配合体系；
2. 掌握橡胶加工过程及工艺条件的确定；
3. 熟练掌握开炼机混炼的操作方法、加料顺序，了解开炼机混炼工艺条件及影响因素；
4. 掌握橡胶试样制备工艺及拉伸性能测试方法；
5. 培养学生独立进行混炼操作的能力。

二、原理

橡胶的成型加工是指以生胶为主体物料，并添加多种配合剂，经多种加工设备于不同的工艺条件下使生胶与各种配合剂（硫化剂、防护剂、补强剂、填充剂、软化剂、增塑剂、其他助剂等）均匀混合，并与多种骨架材料辅配结合、硫化定型成橡胶制品。橡胶制品的制造方法和主要加工程序包括生胶的塑炼、混炼、成型和硫化，其特点是先塑炼后混炼、先成型后硫化。普遍采用的典型程序化加工工序如下：

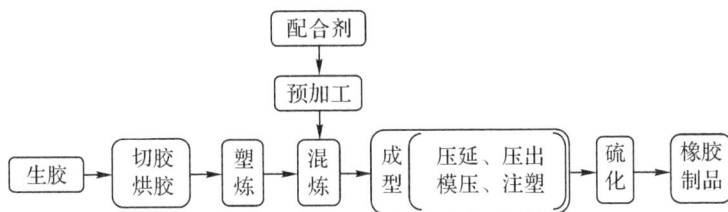

图 4-10-1　橡胶制品的加工工序

1. 生胶的塑炼

生胶是典型的黏弹体，强韧的高弹性使其难以与其他配合剂均匀混合，必须经过塑炼。塑炼是指生胶在塑炼机（开炼机、密炼机或螺杆挤出机）剪切力和热、氧等的共同作用下，把强韧的弹性胶块（生胶）转变成具有显著可塑性的过程或方法。塑炼的实质是降低分子量、化解缠结、降低黏度，并使生胶的可塑性匀化一致，以利于后续工序的混炼、压延和成型。塑炼方法主要包括机械塑炼法及化学塑炼法。机械法主要是依靠机械剪切力的作用，同时借助空气的氧化作用使生胶大分子降解到某种程度，从而使生胶弹性下降而可塑性得到提高，这是目前塑炼最常用的方法。化学塑炼则是在生胶中加入某些塑解剂，以促进大分子的降解，通常是在机械塑炼的同时进行。大多数通用合成橡胶（如乳聚丁苯橡胶、溶聚丁苯橡胶、低腈丁腈橡胶等)由于可在生产过程中控制其分子量较低,已具备了塑炼胶的可塑性,一般可不经塑炼直接进行混炼。天然橡胶由于分子量大、分子量分布宽,必须经过塑炼才能进行下一步的加工。

开炼机塑炼是目前广泛应用的生胶塑炼方法。开炼机塑炼属低温塑炼,以机械降解为主。塑炼程度和效率与生胶种类、开炼机的辊筒间隙以及塑炼温度有关。开炼机的结构如图 4-10-2 所示。开炼机辊筒间隙愈小、温度愈低,则机械作用力愈大,塑炼效率愈高。

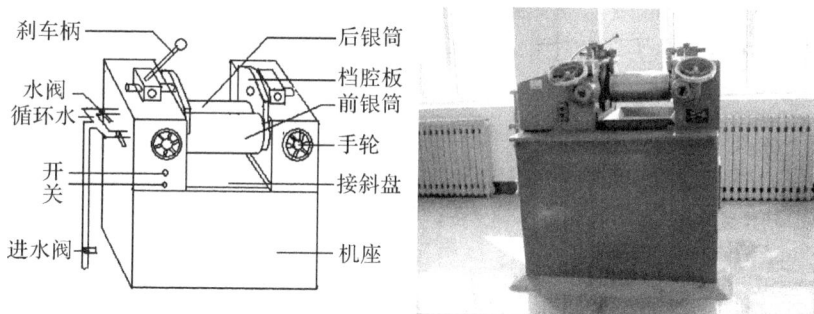

图 4-10-2　开炼机的结构

2. 胶料的混炼

胶料的混炼是指可塑性合格的塑炼胶与各种配合剂经机械力使之均匀混合的工艺过程,是紧随塑炼后面的一个炼胶工序。塑炼胶是粘弹性液相固体,各种配合剂如硫化剂、防护剂、补强剂、填充剂等多为固体粒子,为使各种配合剂均匀混入和分散,必须借助炼胶机的强烈机械作用进行混炼。混炼设备主要采用开炼机或密炼机。塑炼胶能否与其他配合剂混合均匀是影响橡胶制品性能的重要环节。混炼的一般原则是用量少、难以分散的先加,使其有较长的时间进行分散;液体软化剂在补强剂之后加;临界温度低,化学活性大,对温度敏感的硫化剂、促进剂等在混炼后期加,防止胶料出现焦烧。对于硬质橡胶,硫化剂用量高,可先加硫化剂,最后再加促进剂。经混炼工序得到的胶料称为混炼胶。不同制品及不同成型工艺要求混炼胶的可塑度、硬度等均不同,混炼过程要随时抽样测定,严格控制混炼温度、混炼时间、加料顺序等工艺条件。

3. 胶料的成型与硫化定型

橡胶的成型是指具有适宜可塑度的混炼胶在挤出机螺杆的作用下,借助螺杆转动的剪切力使胶料进一步混合、塑化并流动,然后从一定的口型挤出、连续造型的过程,可连续挤出胎面、内胎、胶管、各种复杂断面和形状的实心、空心和包胶等半成品。此外,混炼胶还可置于压延机上,借助辊筒间距、剪切力和挤压作用制取一定宽度和厚度的胶片,或是在胶片上压制出某种花纹,或是在纤维、织物等骨架上贴擦上一层薄胶。

硫化是橡胶加工最后也是最重要的一个工艺过程。挤出或压延等得到的具有固定断面形状的连续型制品及某些通过几部分半制品贴合而成的结构较复杂的模型制品,仅是半成品,其后均要经过硫化才定型为制品。硫化是指在加热条件下,胶料中的生胶与硫化剂发生化学反应,使橡胶由线形结构的大分子交联成为立体网状结构的大分子,使胶料的物理机械性能及其他性能有明显改善。橡胶加工硫化的最终目的是尽可能提高胶料强度并使其弹性发挥至极致,使生胶转变成有实用价值的弹性体制品。不同的胶料需采用不同的硫化体系,硫化过程中,橡胶的各种性能均随硫化历程而发生变化。胶料在硫化过程中,其性能随硫化时间变化而变化的曲线,称为硫化曲线。根据硫化曲线,可将整个硫化过程分为四个阶段:硫化起步阶段(或焦烧期)、欠硫阶段(或预硫阶段、热硫化期)、正硫阶段、过硫阶段。其中,当硫化胶的综合性能达到最佳值时的硫化状态称为正硫化,达到正硫化状态所需要的时间称为正硫化时间。正硫化点的确定可采用硫化胶物理机械性能测定法、专用仪器法和物理化学法。硫化过程的工艺条件主要包括压力、温度和时间,即"硫化三要素"。

硫化定型的方法多种多样,注压或模压硫化定型是常用的方法。本实验采用模压成型法制取天然橡胶的硫化胶片,它是将一定量的混炼胶置于模具的型腔内,通过平板硫化机在一定的温度、时间和压力下成型,期间胶料发生适当的交联反应,最终取得橡胶制品的过程。天然橡胶多采用加促进剂和活化剂的硫黄硫化体系,其硫化反应机理可概括为:在加热的条件下,当温度高于促进剂的临界活化温度时,促进剂分解成游离基,与硫黄结合生成多硫化物,多硫化物分解成游离基,与天然橡胶分子主链上的双键反应,生成含有硫和促进剂基团的活性侧基,即多硫侧基;多硫侧基中的一个硫原子可与活化剂络合,催化多硫侧基裂解与另一橡胶分子链的侧基进行反应生成交联键,使橡胶大分子间交联起来而成为立体网状结构。硫化胶片的软硬程度与硫化剂用量、硫化工艺条件有关。实际操作过程中,要根据所希望获得制品的性能来确定硫化剂用量、硫化压力、硫化温度和硫化时间等。

电热式平板硫化机的结构如图 4-10-3 所示。平板硫化机的动作是由一组按钮操纵电动机的运转及停止。主要技术参数包括:最大压力、工作液最大压强、工作平板面积、平板单位面积压力、工作层数层、工作层间距、工作平板加热功率、最高工作温度及油缸活塞直径。

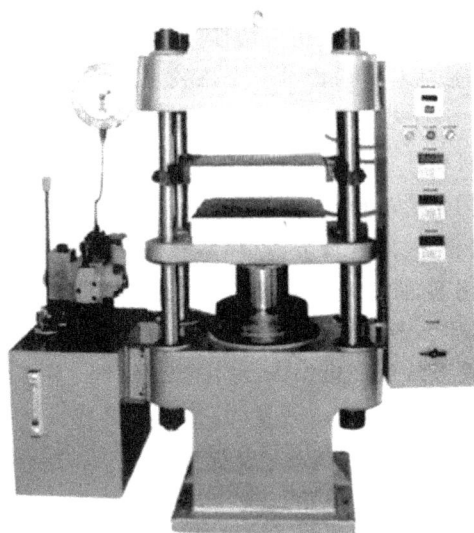

图 4-10-3　电加热平板硫化机

三、实验方案的制定

1. 橡胶硫化的配方设计

本实验选用的生胶为天然橡胶,加入各种配合剂。即硫化剂、促进剂、活化剂、防老剂、补强剂、填充剂等。

2. 工艺条件的选择

塑　炼　　开炼机塑炼属低温塑炼,低温下塑炼效果佳。天然橡胶宜采用尽可能低的塑炼温度。例如开炼机两辊温度不超过 50℃,塑炼时间约为 15～20 分钟,辊距在 1.0～2 mm 间调整。

混　炼　　影响混炼效果的因素有:温度、辊距、辊筒的转速和转速比、装料用量、时间、加料顺序等。配合剂可按下列顺序分别加入:(1)首先加入固体软化剂(如古马隆树脂),进一步增加胶料的可塑性以便混炼操作;(2)加入用量较少的促进剂、防老剂和硬脂酸;(3)加入氧化锌;(4)加入用量较大的补强剂和填充剂;(5)加入液体软化剂(如邻苯二甲酸二辛酯),因其具有润滑性,可使填充剂和补强剂等粉料结团,不宜过早加入;(6)最后加入硫黄,这主要是防止混炼过程中出现焦烧现象。混炼的温度为 50～60℃,后辊温度稍低些。

<u>模压硫化</u>　模压硫化条件决定最终橡胶制品的性能优劣。一般硫化压力可设为 1.5～2.0MPa,硫化温度为 140～160℃,硫化时间根据硫化温度的高低来确定。

四、仪器和样品

1. 仪器及设备:电子秤、天平等称量器具;双辊开炼机;平板硫化机;拉力试验机;橡胶试片压制模具;橡胶亚铃试样裁刀等。

2. 原料:天然橡胶,硫黄,促进剂 TMTD,促进剂 DM,防老剂 4010-NA,氧化锌,硬脂酸,古马隆树脂,轻质碳酸钙,邻苯二甲酸二辛酯等。

五、实验步骤

1. 配料

按表 4-10-1 所示配方准备原材料,并准确称量。通过配方 1 和配方 2 考察不同硫化剂用量对胶料硫化特性和物理机械性能的影响。

表 4-10-1　天然橡胶硫化胶配方

配方号　原料	1#	2#
天然橡胶	100	100
硫磺	1	2.5
促进剂 TMTD	0.5	1
促进剂 DM	0.25	0.5
氧化锌	5	5
硬脂酸	2	2
轻质碳酸钙	15	15
邻苯二甲酸二辛酯	1	1
古马隆树脂	1	1
防老剂 4010	1	1

2. 生胶塑炼

按操作规程开动开放式炼胶机,观察开炼机是否运转正常。辊温控制在 50℃ 以内,在 1.5 mm 辊距下破胶。胶块破碎后,再在 0.5 mm 辊距下薄通数次,辊温控制在 45℃ 左右,辊筒内可通冷却水降温。然后,将辊距放宽至 1.0 mm,使胶片包辊后,手握割刀从左向右割至近右侧边缘(不要割断),再向下割,使胶料落在接料盘上,直到辊筒上的堆积胶将消失时才停止割刀。割落的胶随着辊筒上的余胶带入辊筒右方,再从右向左方向同样进行割胶操作,反复数次至达到所需可塑度。

3. 胶料混炼

调节辊温在 50～60℃ 之间,后辊温度略低些。投入塑炼胶,调整辊距使塑炼胶既能包辊又能有适当堆积胶,然后按顺序加入各种配合剂,即固体软化剂→防老剂和硬脂酸→氧化锌→补强剂和填充剂→液体软化剂→硫黄和超速促进剂。吃粉过程每加入一种配合剂后都要捣胶两三次。全部配合剂加入后,将辊距调至 0.5～1.0 mm,用打三角包、打卷、折叠或走刀法等对胶料翻炼 3～5 分钟,直至胶料的均匀性和可塑度符合要求。将辊距调至适当大小,即可下片。用于模压 2 mm 胶板的试片厚度为 2.4 ± 0.2 mm,胶片需在室温下冷却停放 8 小时以上再进行模压硫化。

4. 模压硫化

制备一块 180 mm×160 mm×2 mm 的硫化胶片,供机械性能测试用,主要步骤如下:

(1)混炼胶试样的准备　　开炼机混炼后成柔软的厚胶片,裁剪成一定的尺寸备用。胶片裁剪的平面尺寸应略小于模腔面积,而胶片的体积要略大于模腔容积。

(2)模具预热　　在干净的模具内腔表面涂少量脱模剂,然后置于硫化机平板上预热 30 min,温度设为 145℃ 左右。

(3)模压硫化　　将已备好的试样毛坯以尽快的速度放入已预热好的模腔内,立即合模,放置于硫化机平板的中心位置,开动压机加压,适当卸压排气约 3～4 次。当压力表指针指示到达所需的工作压力时,开始记录硫化时间。胶料硫化压力为 2.0 MPa 左右。在硫化到预定时间前 10～15s 即去除平板间的压力,立即趁热脱模。本实验保压硫化时间约为 10 min。脱模后的试片放在平整的台面上,剪去胶边,在室温下停放 10 小时后方可进行性能测试。

重复以上步骤,制备不同硫化剂用量及六个不同硫化时间的硫化胶片。

5. 拉伸性能测试

拉伸性能是硫化胶物理机械性能的重要指标。通过拉伸试验可测得硫化胶断裂强度、定伸强度、断裂伸长率等指标,可衡量和比较成品、半成品的质量,为制品配方设计及制备工艺提供有力的证据。

a)制　样

按照国家标准 GB/T528-1998,用哑铃形裁刀从硫化胶片上裁取拉伸试样,如图 4-10-4 所示。每组不少于 5 个试样。

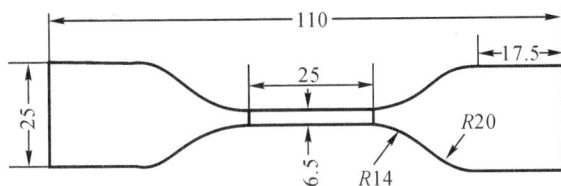

图 4-10-4　橡胶拉伸标准试样

b)拉伸性能试验

拉伸性能测试参照国家标准 GB/T528-1998 进行。将 5 个试样进行编号,在试样的工作部分印上两条距离为 25±0.5 mm 的平行标线。用厚度仪测量标距内试样的厚度,测量部位应不少于 3 点,取 3 点的平均值作为试样厚度。将试样垂直地夹在拉力试验机的上下夹具上,使下夹具以(500±10)mm/min 的下降速度拉伸试样。根据实验项目要求记录测试的各项数据。如伸长率为 100%、300% 时的负荷;当试样被拉断时的负荷,试样工作部分被拉断时的伸长值 L_1-L_0;最后将拉断的试样两部分取下来,放置 3 min 后对接起来并测定原工作部分的长度 L_2,得永久变形 $H_d = L_2 - L_0$。

c）数据处理

100%定伸应力σ_{100}、300%定伸应力σ_{300}、断裂强度σ（MPa）可用下式进行计算：

$$\sigma=\frac{P}{bh}$$

式中：P——定伸（断裂）负荷（N）；

　　　b——试样宽度（cm）；

　　　h——试样厚度（cm）。

断裂伸长率ε（%）可用下式计算：

$$\varepsilon=\frac{L_1-L_0}{L_0}\times100$$

式中：L_0——试样原始标线距离（mm）；

　　　L_1——试样断裂时标线距离（mm）；

永久变形H_d（%）用下式计算得到：

$$H_d=\frac{L_2-L_0}{L_0}\times100$$

式中：L_2——断裂的两块试样静置3 min后拼接起来的标线距离（mm）。

将同一试验的5个样品得到的数据，取其平均值作为最后的结果。

5. 注意事项

在开炼机操作时，须严格按照操作规程进行，高度集中注意力。炼胶时禁止带手套操作。辊筒转动时，手不能接近辊缝处，双手尽量避免越过辊筒水平中心线上部，送料时手应作握拳状。割刀须在辊筒水平中心线以下部位操作。遇到危险时应立即触动开炼机安全刹车。

模压硫化实验时，由于模具温度较高，应带手套操作，以免烫伤。

六、实验记录与报告

记录实验过程中的温度、时间等实验数据，有关实验参数及实验数据记录在表2及表3中。实验报告包括以下内容：

① 所用原辅材料名称、牌号、生产厂家；

② 所用实验仪器的名称、型号、生产厂家及主要技术性能参数；

③ 实验所用配方及工艺路线；

④ 实验步骤、工艺参数及实验记录，实验现象记录及分析；

⑤ 对实验的体会、意见和建议；

⑥ 思考题解答。

表 4-10-2　炼胶及硫化实验记录

双辊塑炼			双辊混炼			平板硫化		
温度/℃	时间/min	现象	温度/℃	时间/min	现象	温度/℃	时间/min	压力/MPa

表 4-10-3　拉伸试验记录

试样编号	1	2	3	4	5	平均值
工作部分宽度 b/mm						
工作部分厚度 h/mm						
定伸 100% 负荷 P/N						
定伸 100% 拉伸强度 σ_{100}/MPa						
定伸 300% 负荷 P/N						
定伸 300% 拉伸强度 σ_{300}/MPa						
L_1-L_0/mm						
L_2/mm						
永久变形 H_d/100%						
断裂负荷 P/N						
断裂强度 σ/MPa						
断裂伸长率 ε/%						

七、思考题

1. 为什么要对生胶进行塑炼、混炼？

2. 胶料混炼过程中，为什么各种配合剂要按一定顺序分别加入？

3. 影响开炼机塑炼质量的主要因素有哪些？

4. 影响胶料硫化质量的主要因素有哪些？

5. 生胶、塑炼胶、混炼胶及硫化胶的结构和物理性能有何区别？

6. 橡胶制品的拉伸性能与哪些因素有关？

实验十一　涤纶纺丝机熔法纺丝综合实验

进行本实验前,同学们需要初步掌握下面的预备知识:纤维熔法纺丝成型原理;结晶聚合物的拉伸取向及其影响因素;螺杆挤出纺丝机组安全操作规程。

一、目的和要求

1. 了解化学纤维熔法纺丝的工艺流程,熟悉熔法纺丝设备;
2. 掌握涤纶(聚对苯二甲酸乙二醇酯)纤维熔体纺丝的基本原理;
3. 能根据纤维成品要求,确定和控制主要工艺参数;
4. 了解化学纤维测试技术。

二、原理

熔法纺丝是将聚合物颗粒(或切片)加入纺丝机后,受热熔融成为熔体,然后通过纺丝泵打入喷丝头的小孔流出,形成液体细流;细流在纺丝甬道流出时与空气接触,进行热交换而冷却、固化形成初生纤维(as-formed fibre)。从聚合物到成丝是一个随着传热过程而产生的物态变化。此法生产过程比较简单,不用溶剂,生产安全,成本较低,所得纤维强度较高,因此,在合成纤维的实际生产中得到广泛应用。涤纶(聚对苯二甲酸乙二醇酯,PET)、锦纶(聚酰胺)、丙纶(聚丙烯)等纤维多采用熔法纺丝方法制得。

熔法纺丝的工艺主要包括纺丝熔体的制备、熔体从喷丝孔(spinneret hole)挤出(extrusion)、熔体丝条的拉伸、冷却固化(solidify)以及丝条的上油和卷绕(Take-up)。熔法纺丝设备一般为螺杆挤出纺丝机,主要由挤出机和纺丝部件等组成。熔法纺丝方法中,涤纶纤维的生产最为典型。涤纶纤维一般分为短纤维、长纤维和中长纤维,它们的生产工艺基本相同。图4-11-1为涤纶螺杆挤出纺丝机示意图。涤纶切片由料斗加入,然后在螺杆的推动下向前运动,经过加料段、压缩段、计量段、熔体导管,再经计量泵和喷丝组件,由喷丝头喷出细丝。细丝进入恒温的丝室(纺丝吹风窗)和冷却套筒进行冷却程序,再经给油给湿盘上油后,丝束绕在绕丝筒(对于长丝)上或盛丝桶(对于短纤维)中。

熔法纺丝过程中,以聚合物的物理变化为主,即涤纶切片受热熔融成均匀的熔体,经纺丝板成细流,尔后冷却成纤。另一方面,涤纶切片在熔融过程中,因受热、氧及其他因素的影响也会导致涤纶发生降解、再聚合和凝胶化等一系列化学反应,这些化学反应对纤维纺丝成形过程影响巨大,应尽量防止。为保证纺丝过程的顺利进行及纤维较好的综合性能,选择和控制适当的工艺条件十分重要。影响纺丝成型的因素主要有熔体温度、冷却速度、喷丝速度和卷绕速度等。

经熔法纺丝过程中的初步拉伸和定向后,纤维已具有一定的结晶度和取向度,但纤维的物理机械强度还不适宜作纤维成品。初生纤维的取向度和结晶度较低,结晶还不稳定,结构也不紧密,强度和模数都不够高,延伸率较大,易变形,外形和尺寸不稳定,没有直接使用价值。因此,初生纤维需进一步加工和处理,即后拉伸和热处理,强化纤维的结构,提高纤维的取向度和结晶度,改善纤维的综合性能,以满足织造和服用的需要。

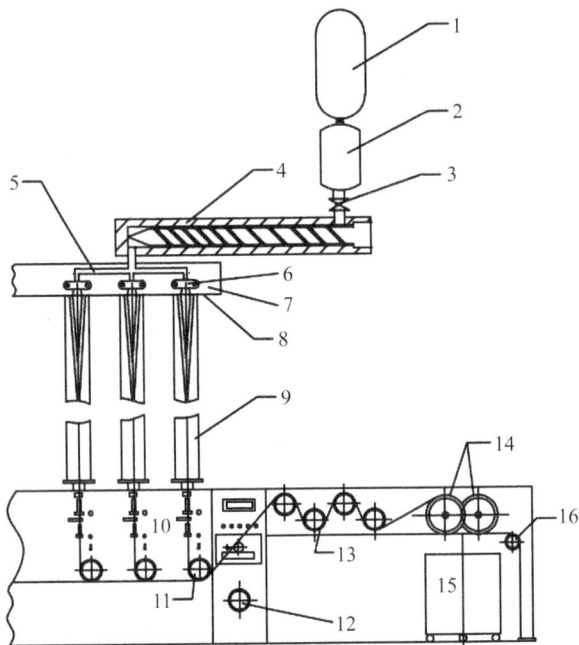

1. 大料斗　2. 小料斗　3. 进料斗　4. 螺杆挤出机　5. 熔体导管　6. 计量泵
7. 纺丝箱体　8. 喷丝头组件　9. 纺丝套筒　10. 给油盘　11. 卷绕辊
12,16. 废丝辊　13. 牵引辊　14. 喂入辊　15. 盛丝桶

图 4-11-1　涤纶纤维螺杆挤出纺丝示意图

三、实验方案的制定

① 切片干燥：

PET 切片在熔融状态下极易水解。未经干燥的切片一般都含有 0.1% 以上的水分,如果这些水分不加以去除,在纺丝成形时 PET 会发生水解,造成分子量下降,特性粘数降低,从而对纺丝成形和纤维质量带来不利影响。另一方面,PET 熔体铸带时是在水中急剧冷却,得到的切片是无定形结构,其软化点很低,约为 70～80℃,在进入螺杆挤出机后很快软化变粘,易包住螺杆,造成"环结",使切片的输送和熔融发生困难,甚至使生产无法正常进行。经过干燥的切片,由于发生了结晶,使软化点大大提高,并且结晶度越高,软化点越高,切片越硬,而不易发生"环结"现象。为此,必须对 PET 切片进行干燥,使纺丝成形顺利进行。切片干燥的质量,常用含水率、特性粘数、熔点、密度、结晶度等表征。用于切片干燥的设备主要有真空转鼓干燥、组合式干燥等。实验室干燥设备主要是真空烘箱。真空干燥过程分低温和高温两个阶段。低温阶段主要是使切片产生一定程度的结晶,以提高软化点,同时还可除去切片中的大部分水分;高温阶段的主要作用是进一步除水,使切片的含水率达到纺丝要求,同时切片的结晶度可以进一步提高,使其软化点接近 PET 的熔点。

② 工艺路线

涤纶熔法纺丝的工艺路线可简单表示如下：

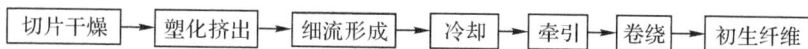

```
切片干燥 → 塑化挤出 → 细流形成 → 冷却 → 牵引 → 卷绕 → 初生纤维
```

③ 工艺条件

根据螺杆纺丝机进行纺丝的工艺流程,需要确定以下工艺条件:

物料干燥温度及时间:干燥温度及时间的确定,需根据涤纶切片的性能而定。低温阶段控制真空干燥箱的初温和升温速度。初温稍低于切片的软化温度(70～80℃),加热约一小时。然后温度逐渐升高,温度先达到 PET 的结晶温度(90～95℃)以上,慢慢升至高温阶段所要求的温度(150～170℃),控制升温速度,使整个升温阶段在 5 小时左右。然后在高温下,干燥 5～6 小时。

纺丝温度:一般指纺丝熔体温度,它是纺丝成形最主要的工艺参数,不但影响聚合体的流动性能,而且还影响 PET 的降解,同时也在一定程度上影响卷绕丝的预取向度。PET 的熔融温度和分解温度相差较小,PET 的熔点为 255～265℃,而其分解温度则为 280～290℃。为使纺丝过程中,PET 熔体既具有较好的流动性,又不发生降解,纺丝温度一般控制在 270～285℃之间,波动范围控制在 ±1℃以内。

熔体压力:是指螺杆挤压熔体所产生的压力,对纺丝成形过程的顺利进行具有重要影响。熔体压力需处于定压状态,以保证纺丝泵计量准确。此外,还必须足够高,以排除螺杆料筒内切片输送和熔融过程中窝藏的气体。在纺丝过程中,熔体压力一般控制在 5～7 MPa,压力波动范围最好控制在 ±0.5 MPa 以内。

冷却条件:冷却条件是影响纤维成形均匀性的重要因素,也是影响纤维预取向度和牵伸性能的主要因素之一。在纺丝成形时,要对纤维进行强制冷却。侧吹风冷却时,侧吹风离开吹风窗的平均风速多在 0.3～0.5 m/min,风温多在 18～22℃,相对湿度为 50%～60%,丝室温度在距喷丝板 50～60 cm 处一般在 30～40℃之间。

纺丝速度:纺丝速度(即卷绕速度)是影响纤维预取向度和牵伸性能的第二个主要因素。在同样的冷却条件下,随着纺丝速度的提高,纤维在凝固区的加速度增加,取向增加,而解取向力相对减小,因而纤维的净取向度增大。涤纶的纺丝速度一般为 500～1000 m/min。

四、仪器和样品

① 真空干燥箱。

② 熔法纺丝机:由螺杆挤出机、箱体、计量泵、纺丝组件、纺丝吹风窗、甬道和卷绕机等组成,并配有仪表柜,变频柜和电气设备。

③ 剪刀、手套、装料容器等实验用品。

④ 原料:纤维级聚对苯二甲酸乙二醇酯切片,涤纶油剂。

五、实验步骤

实验开始前,根据纺丝机大小,确定所需物料的多少,将 PET 切片在真空烘箱中干燥,使含水量低于 0.01%,备用。升温联苯加热系统,使纺丝机箱体各部件达到预定温度并保持温度。设定纺丝机螺杆料筒各段加热温度,升温,从加料口到机头温度逐渐增加,达设定值后,恒温 30 min。安装好纺丝组件,并放入加热炉预热,加热过程中分三次拧紧螺栓保证纺丝过程中不出现漏料。

① 启动纺丝机计量泵及螺杆,用适量 PET 切片冲刷整个管路系统,直至最后流出的 PET 熔体中没有任何杂质。

② 启动空气压缩机,用气泵升降系统将预热过的纺丝组件安装到纺丝机指定位置,拧紧螺栓并保温 1 小时。

③ 启动卷绕系统,保证卷绕机正常运转并能达到预定卷绕速度;将筒管装到卷绕轴上,开启吸枪,保证其正常工作。

④ 启动油泵,将纺丝油剂装入油泵中。

⑤ 将干燥好的 PET 切片加入料斗。

⑥ 启动侧吹风系统,使风的温度、湿度和速度在适宜的范围。

⑦ 控制好计量泵转速和螺杆转速,使熔体压力保持稳定,观察喷丝板表面,当熔体细流从喷丝孔挤出时,要使其不粘板,不堵孔。

⑧ 开启吸枪,将沿着纺丝甬道而下的涤纶纤维用吸枪集束,并保持 1 分钟左右,确保无断丝,所有丝条均被吸入吸枪内。

⑨ 使丝束经导丝钩后卷绕到筒管上。筒管满卷后,用顶出装置将其顶出,继续下一筒管的卷绕。

⑩ 观察纤维外观,取样测试纤维纤度、断裂强度、断裂伸长率等性能指标。

改变卷绕机卷绕速度、吹风温度及速度、螺杆温度、螺杆挤出速度等工艺参数,同时取样测试性能。

实验完毕,降低螺杆转速,关闭辅助设备,将料筒中剩余物料对空挤出排空,逐步降低螺杆转速至停机,关闭加热系统,清理实验现场。

测试不同纺丝条件下的纤维纤度及拉伸性能(纤维断裂强度和断裂伸长率)。

纤度是标定短纤维粗细的指标,它对成纱强力、耐磨性、耐疲劳性以及各种不匀率有很大关系。纤度的测试简述如下:取一定长度的试样一束,用手扯整理,使纤维一端整齐,然后用钢梳整理,使纤维平直;将纤维束均匀平放于载玻片上,用另一块载玻片压住纤维,并用钢梳梳理,尽量使纤维不重迭交叉,然后绕上橡皮筋,放在投影仪上数根数;数好后,使纤维集在一起,用镊子夹起挂于扭力天平上称重,如下计算纤度:

$$d = \frac{G}{lm} \times 9000$$

式中:d —— 旦数;

G —— 所称纤维重量(mg);

l —— 纤维切断长度(mm);

m —— 实验纤维根数。

纤维的断裂强度和断裂伸长率是表征纤维机械性能的主要指标,按照国家标准 GB/T 14337-2008(化学纤维 短纤维拉伸性能试验方法)对纤维的拉伸性能进行测试即可。

注意事项:1)螺杆升温前要开启冷却水;2)开车时必须先开计量泵再开螺杆,关车时则相反;3)避免螺杆熔体压力突然升高;4)头、手不得伸入箱体下面,防止高温熔体烫伤。

六、实验记录与报告

记录实验过程的纺丝温度、卷绕速度、牵引比、螺杆挤出速度等实验数据。实验报告包括以下内容：

  ① 所用原辅材料名称、牌号、生产厂家；

  ② 所用实验仪器的名称、型号、生产厂家及主要技术性能参数；

  ③ 实验步骤、工艺参数及实验记录，实验现象记录及分析；

  ④ 纤维的尺寸、性能测试；

  ⑤ 对实验的体会、意见和建议；

  ⑥ 思考题解答。

表 4-11-1　实验记录

序号	工艺参数值		纤维直径/mm	纤维外观	纤维纤度/旦	纤维力学性能
1	挤出机料筒温度/℃					1. 断裂强度（MPa）
	机头温度/℃					
	喷丝板温度/℃					
	螺杆转速/rpm					2. 断裂伸长率（%）
	喷丝孔直径/mm					
	风速/米/分					
	卷绕速度/rpm					
2	挤出机料筒温度/℃					1. 断裂强度（MPa）
	机头温度/℃					
	喷丝板温度/℃					
	螺杆转速/rpm					2. 断裂伸长率（%）
	喷丝孔直径/mm					
	风速/米/分					
	卷绕速度/rpm					
3	挤出机料筒温度/℃					1. 断裂强度（MPa）
	机头温度/℃					
	喷丝板温度/℃					
	螺杆转速/rpm					2. 断裂伸长率（%）
	喷丝孔直径/mm					
	风速/米/分					
	卷绕速度/rpm					

七、思考题

1. 纺丝温度对纤维成形有何影响？

2. 纺丝机组操作过程中应注意哪些重要的安全操作规程？

3. 影响纤维纤度、拉伸性能的因素有哪些？如何影响？

4. 纤维力学性能测试标准有哪些？

实验十二　不饱和聚酯玻璃钢制品手糊成型

进行本实验前,同学们需要初步掌握下面的预备知识:复合材料的基本结构及制备工艺;不饱和聚酯树脂基础知识及固化原理。

一、目的和要求

1. 掌握玻璃钢手糊成型的基本方法,熟悉玻璃钢手糊制品的制备原理;
2. 了解不饱和聚酯树脂的固化成形过程。

二、原理

玻璃钢(FRP)手糊成型工艺是 FRP 制品生产中使用最早的一种成型工艺。尽管随着玻璃钢 FRP 工业的迅速发展,新的成型技术不断涌现,但在整个玻璃钢工业发展过程中,手糊成型工艺仍占据重要地位。手糊成型工艺操作简单,设备投资少,不受制品形状尺寸限制,可以根据设计要求,铺设不同厚度的增强材料。手糊成型特别适合于制作形状复杂、尺寸较大、用途特殊的 FRP 制品。但手糊成型工艺制品质量不够稳定,不易控制,生产效率低,劳动条件差也成为制约其发展的重要原因。

不饱和聚酯树脂是指不饱和聚酯在乙烯基交联单体(如苯乙烯)中的溶液,是制备玻璃钢的主要原料。不饱和聚酯是由不饱和二元羧酸(或酸酐),饱和二元羧酸(或酸酐)与多元醇缩聚而成的线型高分子化合物,具有典型的酯键和不饱和双键的特性,因此可以在加热、光照、高能辐射以及引发剂作用下与交联单体进行共聚,使线型的聚酯分子链交联成不熔、不溶的具有三维网络的体型结构,如图 4-12-1 所示。

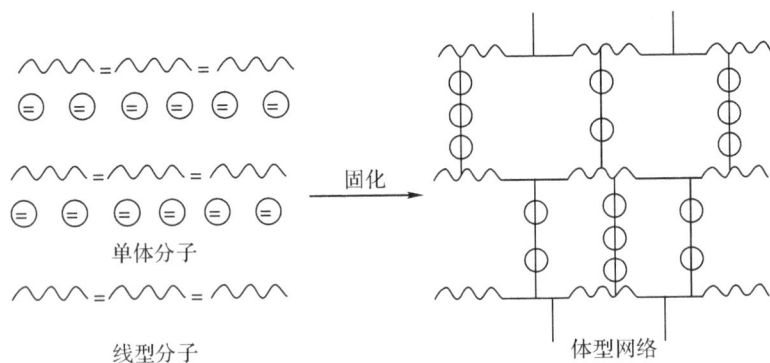

图 4-12-1　不饱和聚酯树脂的固化原理示意图

不饱和聚酯树脂在用于制备 RFP 时,通常配以适当的有机过氧化物引发剂,来浸渍玻璃纤维,经适当的温度和一定的时间作用,树脂和玻璃纤维紧密黏结在一起,经化学交联反应成为一个坚硬的 FRP 整体制品。在这一过程中玻璃纤维增强材料的物理状态前后没有发生变化,而树脂则从黏流的液态转变成坚硬的固态,由线状的分子结构交联成为体形的分子结构,这种过程称为不饱和聚酯树脂的固化,固化可分为凝胶、定型和熟化三个阶段。在制备结构型复合材料时,应充分考虑以下三个因素:①增强纤维的强度及模量;②树脂基体的强度及化学稳定性;③应力在界面传递时树脂与纤维间的粘结性能。

手糊成型工艺过程可概括如下:

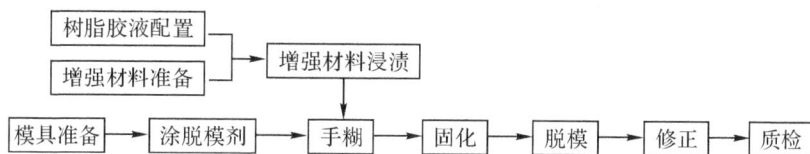

```
树脂胶液配置 ┐
            ├→ 增强材料浸渍
增强材料准备 ┘

模具准备 → 涂脱模剂 → 手糊 → 固化 → 脱模 → 修正 → 质检
```

三、实验方案的制定

① 配方:

以过氧化环己酮作引发剂,以环烷酸钴作促进剂时,不饱和聚酯树脂可在室温、接触压力下固化成型。不饱和聚酯树脂的凝胶时间除与配方有关外,还与环境温度、湿度、制品厚度等密切相关,因此在实验前作凝胶试验,以便根据具体情况确定引发剂、促进剂的准确用量,建议凝胶时间控制在 15~20 min 内较为合适。

② 工艺条件

实验时应注意涂刷用力,要沿布的径向,顺着一个方向从中间向两边把气泡赶尽,使玻璃布贴合紧密,含胶量均匀。

四、仪器和样品

① 波纹瓦金属模具,剪刀,毛刷,钢尺,台秤,烧杯,玻璃棒,手辊等实验用品。

② 原料:不饱和聚酯树脂,50%过氧化环己酮糊(含 50%邻苯二甲酸二丁酯),含 6%环烷酸钴的苯乙烯溶液,涤纶薄膜,0.4 mm 厚的无碱无捻玻璃纤维方格布若干。

五、实验步骤

1. 实验前将清洁玻璃布在 300~400℃烘烤 0.5h,裁剪 0.4 mm 厚玻璃布为 300 mm×200 mm 矩形 8 块,并称重。

2. 按 FRP 手糊制品 50%的含胶量称取不饱和聚酯树脂。按每 100 份(质量份)树脂加入 4 份过氧化环己酮糊,充分搅拌均匀,再加入 2~4 份环烷酸钴溶液,充分搅拌均匀待用。

a) 在波纹瓦金属模具上铺放好涤纶薄膜,在中央区域倒上少量树脂,铺上一层玻璃纤维布,用手辊仔细滚压,使树脂充分浸透玻璃布后,再刷涂第二层不饱和聚酯胶,铺上第二层玻璃纤维布,再用手辊仔细滚压,如此重复直至铺完所有的玻璃纤维布。最后在上面盖上另一张涤纶薄膜,再用手辊仔细滚压在薄膜上推赶气泡。要求既要保留树脂,又要赶尽气泡。气泡赶尽后,在糊层的表面上再压上另一块波纹瓦金属模具。

b) 室温下固化 24 h 后,检查制品的固化情况。

六、数据分析和结果处理

记录实验过程的温度、时间、湿度等实验数据,实验报告包括以下内容:

① 所用原辅材料名称、牌号、生产厂家；

② 实验所用配方及工艺路线；

③ 实验步骤、工艺参数及实验现象记录及分析；

④ 对实验的体会、意见和建议；

⑤ 思考题解答。

七、思考题

1. 不饱和聚酯树脂固化有哪两种固化体系？试述引发剂、促进剂的作用原理。

2. 分析本实验手糊制品产生缺陷的原因及解决办法。

参考文献

1. 邹宁宇. 玻璃钢制品手工成型工艺-(第二版). 北京：化学工业出版社，2006.

2. 沈开猷. 不饱和聚酯树脂及其应用(第 3 版). 北京：化学工业出版社，2005.

实验十三　环氧胶粘剂的固化反应
与粘结强度的测定

进行本实验前,同学们需要初步掌握下面的预备知识:环氧树脂基础知识及固化原理;胶粘剂粘结强度的测试标准。

一、目的和要求

1. 了解环氧树脂固化反应的基本原理;
2. 掌握拉力试验机的结构和使用方法;
3. 测定环氧胶粘剂的拉伸剪切强度。

二、原理

环氧树脂是泛指分子中含有两个或两个以上环氧基团的有机高分子化合物,除个别外它们的相对分子质量都不高。由于分子结构中含有活泼的环氧基团,使它们可与多种类型的固化剂发生交联反应而形成不溶、不熔的具有三维网状结构的高聚物。

环氧树脂有"万能胶"之称,它对各种金属材料和非金属材料,如铝、钢、铜、木材、玻璃、混凝土、热固性材料如酚醛树脂等具有优良的粘结性能,但对聚烯烃类塑料如聚乙烯、聚丙烯等的粘结性能不好。环氧树脂作为粘合剂,必须经过固化交联形成大分子网络结构。固化剂的种类有很多,如脂肪族多元胺类、芳香族多元胺类及各种胺类改性物、各种有机酸及酸酐、一些合成树脂如聚酰胺、酚醛树脂等。固化剂是通过其官能团与环氧树脂分子发生反应而形成网状结构的,固化剂的种类不同,其固化反应的机理也不相同。本实验采用二乙烯三胺作固化剂,其固化机理如图 4-13-1 所示:反应时,在第一阶段伯胺和环氧基团反应,生成仲胺,在第二阶段生成的仲胺和环氧基团反应生成叔胺,并且生成的羟基亦能和环氧基反应,具有加速反应进行的倾向,结果生成一个巨大的网络结构。

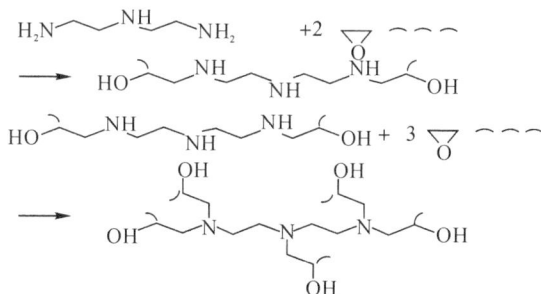

图 4-13-1　环氧树脂-二乙烯三胺的固化机理

实验表明:在固化体系中加入含有给质子基团的化合物如苯酚,就会促进固化反应的进行,这可能是一个双分子的反应机理,有利于胺类化合物的氮原子对环氧基碳原子的亲核进攻,同时完成氢原子的加成。

本实验采用双酚 A 型环氧树脂 E51,它是双酚 A 与环氧氯丙烷在碱催化的低分子量缩合产物，环氧值(当量数/100 克树脂)为 0.51。每 100 克环氧树脂所需的二乙烯三胺用量，计算方法如下：

$$固化剂活泼氢当量 = \frac{固化剂分子量}{固化剂分子的活泼氢数}$$

$$100 克树脂的固化剂用量 = 固化剂活泼氢当量 \times 环氧值$$

二乙烯三胺的用量计算如下：

$$二乙烯三胺活泼氢当量 = \frac{103}{5} = 20.6 \text{ g/当量}$$

$$每 100 克树脂的二乙烯三胺的用量 = 20.6 \times 0.51 = 10.506 \text{ g}$$

胶粘剂粘结强度的测试是十分重要的，常规的测试方法有剥离法和剪切法两种，本实验采用剪切法，剪切强度测试按照国家标准 GB/T7124-2008 进行。在试样的搭接面上施加纵向拉伸剪切力，测定试样能承受的最大负荷，搭接面上的平均剪应力即为胶粘剂的拉伸剪切强度。

三、实验方案

① 配方：

以双酚 A 型环氧树脂 E51 为原料，二乙烯三胺为固化剂，2,4,6-三[(二甲基氨基)甲基]苯酚(DMP30)为促进剂。

② 工艺条件：

胶接用的金属片表面应平整，不应有弯曲、跷曲、歪斜等变形。金属片应无毛刺，边缘保持直角。胶接时，金属片的表面处理、胶粘剂的配比、涂胶量、涂胶次数等胶接工艺以及胶粘剂的固化温度、压力、时间等均按胶粘剂的使用要求进行。在胶接过程中压出来的溢胶需及时处理。

四、仪器和样品

① 手工称量用电子天平等称量器具；游标卡尺；标准铝试板；细砂纸；铁夹；纱布；拉力试验机。

② 用到的材料主要有：双酚 A 型环氧树脂 E51，二乙烯三胺，2,4,6-三[(二甲基氨基)甲基]苯酚（DMP30），丙酮。

五、实验步骤

① 取切割成标准状的 20 片铝试板，尺寸如图 4-13-2 所示。用砂纸打磨干净，之后用丙酮擦净试板粘结表面，保证干燥无污物。用铅笔划出 25 mm×12.5 mm 的粘合面。

② 用一个表面皿称取 1 g 环氧树脂 E51，滴加 0.1 g 二乙烯三胺，用玻璃棒均匀搅拌，将胶均匀地涂在试板的粘合面上，每两片粘合面粘贴组成一个试件，用铁夹夹紧，共制备五个试件。将试件平放入 80℃烘箱中烘 0.5 h，降温取出，冷却到室温，去掉夹子。

③ 另取一个表面皿，称取 1 g 环氧树脂 E51，滴加 0.1 g 二乙烯三胺，再加 0.03 g DMP30，用玻璃棒均匀搅拌，制备五个试件，操作步骤同上。

标准试板(单位:mm)

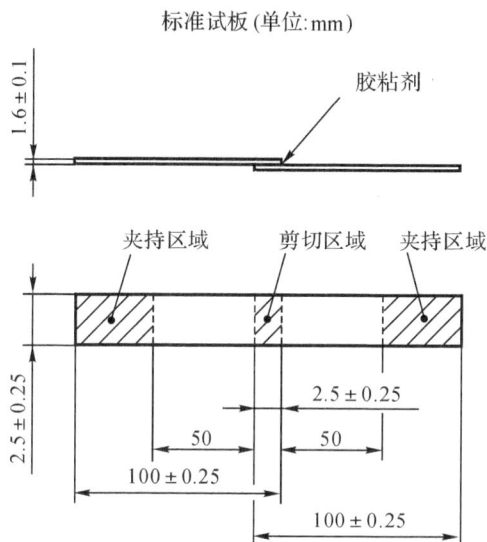

图 4-13-2　试板的标准尺寸

④ 将制备好试件在拉力试验机上进行剪切试验,试件的纵轴与拉力方向相同,控制拉伸速度为 5 ± 1 mm/min,当试件破坏后,记录拉断负荷。测量并计算胶合面积,计算剪切强度。

胶粘剂拉伸剪切强度按下式计算:

$$\tau=P/(B\times L)$$

其中:τ —— 胶粘剂拉伸剪切强度,MPa;

　　　P —— 试样剪切破坏的最大负荷,N;

　　　B —— 试样搭接面宽度,mm;

　　　L —— 试样搭接面长度,mm。

平均测试五个试件,取其中相近的三个测试结果的算术平均值,每个结果与平均值之差不大于平均值的 5%。比较两组试件的数据,观察促进剂 DMP30 对双酚 A 型环氧树脂 E51 和二乙烯三胺固化效果的影响。

六、数据分析和结果处理

记录实验过程的温度、时间等实验数据,有关实验参数及实验数据记录在表 4-13-1 中。实验报告包括以下内容:

① 所用原辅材料名称、牌号、生产厂家;

② 所用实验仪器的名称、型号、生产厂家及主要技术性能参数;

③ 胶粘剂的配方;

④ 实验步骤、工艺条件、实验现象记录及分析;

⑤ 对实验的体会、意见和建议;

⑥ 思考题解答。

表 4-13-1　实验记录

未加 DMP30	1	2	3	4	5	平均值
$P(N)$						
$B\times L(mm^2)$						
$\tau(MPa)$						
加 DMP30	1	2	3	4	5	平均值
$P(N)$						
$B\times L(mm^2)$						
$\tau(MPa)$						

七、思考题

1. 影响粘结强度的因素有哪些?

2. 简述 2,4,6-三[(二甲基氨基)甲基]苯酚对环氧树脂-二乙烯三胺固化过程的促进机理。

3. 在实验操作中,应注意哪些因素以保证粘结质量?

八、参考文献

李桂林.环氧树脂与环氧涂料.北京:化学工业出版社,2003

实验十四　聚合物共混复合材料：熔融制备、力学性能测试和形态观察综合性实验

进行本实验前，同学们需要初步掌握下面的预备知识：聚合物共混材料的结构形态基础知识；塑料挤出成型；塑料注射成型；塑料压制成型；高分子材料力学性能测试；SEM 表征。

一、目的和要求

通过实验，初步掌握聚合物复合材料及其制备方法及聚合物复合材料性能、形态结构及其表征手段和方法。了解塑料一次成型加工的主要方法及其设备和工艺，了解聚合物复合材料结构性能影响因素。通过文献阅读，可以自行设计配方和工艺，制备性能的共混复合材料。

基本要求

1. 理解转矩流变仪、双螺杆挤出机、塑料注塑成型机、压力成型机的基本工作原理，并学会其操作方法。

2. 了解聚合物共混复合材料的制备方法。

3. 了解力学性能测试样品制备方法。

4. 了解力学性能测试方法及相关测试标准。

5. 了解 SEM 观察材料形态结构的机理，掌握实验方法。

6. 了解聚合物共混复合材料结构、形态及性能的影响因素。

二、原理

聚合物共混是获得聚合物新材料的一种有效而便捷的方法。将两种或两种以上的聚合物通过剪切作用，在熔融状态复合，经冷却即可得到聚合物共混复合材料。

聚合物共混复合材料可按照组成共混材料的聚合物种类多少，分为二元、三元和多元共混复合材料；也可以按照复合后的功能分类，如阻燃功能复合材料、耐高温复合材料；还可以按照组成共混材料的聚合物种类分类，如，聚烯烃共混材料、PA 共混材料。

1. 聚合物共混复合材料的制备方法

聚合物共混复合材料的制备，可以采用物理方法，如干粉共混法、熔融共混法、溶液共混法、乳液共混法；也可以采用化学方法，如共聚—共混法。其中以熔融共混法最为便捷，使用也最为广泛。

熔融共混法制备聚合物共混复合材料，可以通过多种工艺路线实现。

2. 聚合物共混复合材料的形态和结构

聚合物共混复合材料的形态结构非常复杂，跟组分聚合物的性质、品种、组成、配比以及制备方法和制备工艺有关。仅就两种聚合物组成的二元共混复合材料而言，按照相的连续性，就有三种基本类型的形态结构：单相连续结构（图 4-14-1a）、两相互锁或交错结构（两相共连续）（图 4-14-1b）、互穿网络结构（IPNS）（图 4-14-1c）。

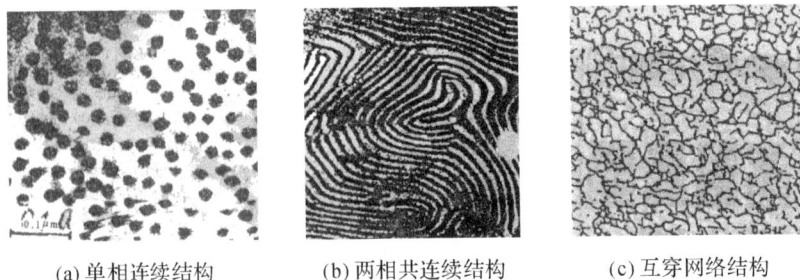

(a) 单相连续结构　　　　(b) 两相共连续结构　　　　(c) 互穿网络结构

图 4-14-1　聚合物共混形态

3. 材料力学性能测试

材料力学性能一般包括抗拉伸性能,如拉伸模量、拉伸强度、断裂伸长率,抗弯曲性能,如弯曲模量、弯曲强度,抗冲击性能,如简支梁冲击强度(缺口或无缺口)、悬臂梁冲击强度(缺口或无缺口)等。

(1)实验样品制备方法

实验样品的制备可以采用以下方法:注塑成型直接得到实验样条;用热压机压制成样条;热压机压制成片材,再用万能制样机切割得到实验样条。

(2)力学性能测试方法

拉伸和弯曲性能测试可采用相应标准规定的方法,在电子拉力机上选择适宜的实验条件,如温度、湿度、速度等进行;冲击性能用冲击试验机测试。

(3)力学性能相关测试标准

力学性能测试一般参照相应的测试标准进行,采用较多的有中国国家标准、美国ASTM 标准、国际 ISO 标准等。目前国家标准很多可以等效于相应的 ISO 标准。

4. 形态结构观察实验

复合材料形态结构观察实验采用扫描电子显微镜(SEM)进行。

三、实验方案

① 根据需要选择不同的共混材料组分和并设计配方;
② 选择聚合物复合材料的制备方法和工艺;
③ 确定聚合物共混复合材料力学性能测试样品的制备方法和工艺;
④ 确定需要测试的复合材料力学性能指标及测试方法;
⑤ 确定观察复合材料形态观察的手段和方法。

四、实验步骤

1. 复合材料的制备

(1)配方:配方设计原则在于考虑共混组分的组成、配比及兼容性。

1)将所需的实验原材料在真空烘箱中干燥,烘箱温度 80℃,时间 4~8 h;

2)按照表 4-14-1 所示配方,准确称量原辅材料;

表 4-14-1　共混复合材料配方　　　　　　　　　　单位:g

配方号	PP	尼龙 66	抗氧剂	相容剂
1#	800	200	10	0
2#	750	200	10	50

3)将称取好的原辅材料,在容器中搅拌,混合均匀。

(2)材料制备

可以选择不同的工艺路线制备共混复合材料,工艺路线的设计原则在于考虑对共混组分优良的剪切作用,使复合材料组分能充分混合。根据选定的工艺路线,确定工艺条件。实验采用双螺杆挤出法制备复合材料,实验步骤如下:

1)确定挤出机各段温度,开启挤出机加热系统并设定温度;

2)待温度到达设定温度后,恒温半个小时;

3)按照安全操作规程开启挤出机及其辅机;

4)用干净的物料冲洗挤出机料筒至挤出物料无明显杂质;

5)将配方好的物料加入加料斗中,先制备 1# 配方物料,调整加料速度、挤出机螺杆转速、切粒机速度,以及冷却水温度及流动速度,使所得到的材料颗粒具有适宜的尺寸及干燥度;注意观察机头压力、主机电流、扭矩等参数,使其不超过安全值;待 1# 配方物料挤出完毕至机头只有很少的物料挤出时,可以将 2# 配方物料加入料斗中,按上述步骤 5)继续制备复合材料;

6)制备完毕,用干净的 PE 料清洗机筒,停止加料,关闭切粒机、冷却水、慢慢降低螺杆转速至停机,关闭加热系统,关闭挤出机总电源;

7)打扫仪器及实验室卫生。

2. 力学性能测试样品的制备

可以选择不同的方法制备力学性能测试样品,并按照选定的方法确定工艺条件。

(1)选择力学性能测试标准,设定注塑成型工艺;

(2)将制备好物料充分干燥;

(3)按照测试标准的规定,选择样条模具并安装在注塑机模板上;

(4)按照安全操作规程准备注塑机,设定需要的温度;

(5)温度到达后,设定注塑工艺条件;

(6)开启注塑机,试模;

(7)成型足够量的样条。

3. 力学性能测试

(1)按照测试标准规定拟定拉伸、弯曲实验条件,按照拉力机操作规程测试材料的拉伸模量、拉伸强度、断裂伸长率、弯曲模量和弯曲强度;

(2)按照测试标准规定拟定冲击实验条件,按照冲击试验机操作规程测试材料的冲击强度。

4. 用 SEM 观察材料形态结构

将复合材料力学性能测试后冲击或拉伸实验样品的断面喷金,作为试验样品;

按照实验仪器要求和操作规程用扫描电子显微镜观察材料的形态结构。

五、数据分析和结果处理

数据和实验总结。撰写实验总结报告,给出力学性能测试结果和共混物形态观察照片,分析复合材料结构形态及性能的关系。

六、思考题

1. 聚合物共混体系一般具有何种形态结构?有哪些影响因素?所拟定的配方和工艺会得到什么形态的共混复合材料?

2. 为什么要在配方中添加增溶剂?

3. 选择双螺杆挤出法制备共混复合材料有什么有点?还可以采用什么方法制备?

4. 共混复合材料熔融制备所需温度应该如何设定?本实验制备 PP/尼龙 66 共混复合材料,挤出机温度应如何设定?各段温度多少?

5. 为什么先制备 1# 配方?

6. 聚合物共混复合材料的力学性能跟哪些因素有关?如何提高其力学性能?

7. 共混复合材料还有哪些制备方法?

8. 力学性能测试样品的制备还有哪些方法?

9. 注塑成型工艺条件包括哪些?如何试模?

七、参考文献

1. 王贵恒主编.高分子材料成型加工原理.北京:化学工业出版社,2004.

2. 黄锐主编.塑料成型工艺学.北京:中国轻工业出版社,2007.

3. 吴培熙,张留城.聚合物共混改性.北京:中国轻工业出版社,2001.

第五章　有关物质的精制

一、常用引发剂的精制

1. 偶氮二异丁腈(AIBN)

偶氮二异丁腈(AIBN)是一种应用较广的引发剂,它的提纯溶剂主要是低级醇(乙醇)、低级醚(乙醚)。

将工业品的 AIBN 用乙醚重新结晶两次,熔点为 103～104℃。或将工业品的 AIBN 5 克溶于 20 ml 乙醇,结晶后吸滤,用 10～15 ml 乙醇把结晶体溶解,重结晶,吸滤后在真空干燥箱中干燥,即得纯品。

2. 过氧化苯甲酰(BPO)

过氧化苯甲酰(BPO)提纯常采用重结晶法,通常用三氯甲烷(氯仿)作溶剂,而以甲醇作为沉淀剂进行精制,过氧化苯甲酰只能于室温下溶解在三氯甲烷中,不能加热(以免爆炸)。

取 5g 工业品 BPO 溶于 20 ml 氯仿中,吸滤除去杂质,慢慢向滤液中加入 50 ml 甲醇,用冰盐浴冷却使结晶完全,吸滤,并用甲醇洗涤几次,将结晶置于真空干燥箱中干燥,熔点为 104℃,保存于干燥器中。

为防止爆炸,贮存时除避光、热影响外,常使其含有 30% 左右的水分。

3. 过硫酸铵的精制

在过硫酸盐中主要杂质为硫酸氢钾(或铵),可用少量水反复重结晶。

将过硫酸盐在 40℃溶解过滤,滤液用冰冷却,过滤出结晶,并以冷水洗涤。用 $BaCl_2$ 溶液检验无 SO_4^{2-} 为止,将白色柱状或板状结晶置于真空干燥器中干燥。

二、常用单体的精制

单体(及一般的有机液体)的精制,通常采用方法有:蒸馏法(常压或减压蒸馏以及分馏)、结晶法、干燥法、特殊方法(有吸附法、萃取法、共沸蒸馏法等)

1. 苯乙烯的精制

苯乙烯无色或淡黄色透明液体,BP＝145.2℃,$d^{20}＝0.9060$,$\eta_D^{20}＝1.54690$。苯乙烯中含有乙苯(单体从苯脱氢而得)、醛类、过氧化物、微量的低聚物、溶解的气体与水分以及为了保存而加的阻聚剂(如对苯二酚或对叔丁基邻苯二酚等)。精制时,先用分液漏斗来处理单体,即在该漏斗中用单体体积的四分之一、浓度为 10% 的 NaOH 水溶液剧烈振摇,(时而放气!)洗涤二、三次,再用蒸馏水洗至中性(pH 试纸试之)。分净水层。苯乙烯倾于干净三角烧瓶中,加入干燥剂($CaCl_2$ 和 CaO、无水 Na_2SO_4 等)放置过夜。最后滤去干燥剂,减压蒸馏,收集 44～45℃/20 mmHg 或 58～59℃/10 mmHg 馏分。

表 5-1

温度(℃) 性能	20	25	30	50
密度	0.9063	0.9019	0.8975	0.8800
折光率	1.5465	1.5439	1.5413	
在水中溶解度(克/100 克)	0.0125		0.0235	0.04

2. 丙烯腈(AN)的精制

由 3—羟基丙腈脱水而得的 AN 纯度较高。如用氢氰酸和乙炔为原料制得的 AN 则有乙醛、氯乙烯、2—氯丁二烯、2—羟基丙腈、氰基丁二烯、乙烯基乙炔及二乙烯基乙炔等杂质。通过分馏可得纯度为 99% 的精品;如用其它方法得到的粗 AN,只要通过处理和分馏也能得到纯度为 99% 的精品。

精 AN 中还可能有阻聚剂、铁锈、及微量酸性物质、醛类、氢氰酸类及不挥发性的物质等。

AN 在纯化前先过滤除去氧化铁等不溶性固体混合物和自聚物,用稀酸或稀碱(视阻聚剂性质而异)洗涤,再用 $CaCl_2$ 等干燥剂干燥。由于 AN 水溶性强(25℃时,水在 AN 中的重量为 3.4%;AN 在水的重量为 7.4%),当洗涤次数太多,用水量太大,或温度又高,AN 损失增大。干燥也要十分注意,尽量使之完全。因为 AN-H_2O 共沸点为 70.5～70.7℃(组成水中点 12.5%)与 AN 的沸点 77.3℃ 相差不大,会严重影响分馏操作。干燥后的 AN 用分馏方法提纯。如要求更高,可用高效分馏柱分馏,截取中间馏分,取其沸程相差 0.1℃ 之内的馏分。

如果 AN 本来的纯度就很高,且纯化要求又不太高的话,可加极少量(比阻聚剂量稍大)的引发剂使 AN 单体稍微生成一些聚合物。这些聚合物因不溶于单体且膨胀。有很大的表面积,可吸附一些杂质。

在 N_2 保护下通过一根干燥的硅胶柱(如图 5-1)除去杂质与水分,即可用于聚合。除以上方法外,甚至可以通过蒸馏办法或者直接通过一根长约 70 cm,直径为 2.5 cm 的硅胶柱的办法,也可制得共聚合用的 AN 单体。

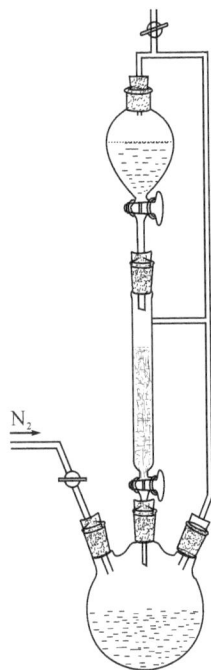

图 5-1

3. 甲基丙烯酸甲酯(MMA)的精制

将 130g 市售 MMA 单体置于分液漏斗中,用 5% 的 NaOH 溶液洗涤数次,直至无色。最后用去离子水洗至中性并分去水层后,放入三角烧瓶中,然后加 20g 无水硫酸镁充分摇动放置过夜。滤去干燥剂加入 0.25g 对苯二酚,在 N_2 下减压分馏按表 5-2、5-3 所列数据,截取 MMA 的馏分(50℃/16.5kPa)。

精制后的单体应为无色透明液体,其纯度可用气相色谱仪进行测定。但常用折光率数据来进行检验。在使用前,往单体中加一滴 CH_3OH,若出现混浊,表示有聚合物存在。

表 5-2　　MMA 在水中溶解度

温度(℃)	0	20	40	60	80
溶解度%	1.85	1.59	1.43	1.49	1.80

表 5-3　　MMA 的一些物理常数

滞点(℃)	冰点(℃)	密度25℃	折光指数	聚合热	
100.6—101.1	—48.2	0.940	N_D^{20} 1.413	N_D^{25} 1.411	12.5 千卡/摩尔

4. 醋酸乙烯酯(VAc)的精制

(VAc)工业上一般采用在催化剂(如 $ZnAc_2$ 或 $HgSO_4$)作用下醋酸与乙炔反应而得,故 VAc 中有少量乙炔、乙烯基乙炔、乙醛、醋酸、二乙烯基乙炔等。VAc 是一种比较不活泼的单体,若不经过精制就进行聚合,则要消耗一倍量以上引发剂。精制的方法是使单体聚合小部分,消耗掉比 VAc 还要活泼的杂质,剩余的单体由反应混合物中蒸馏而得,或者将工业 VAc 加入少量阻聚剂(如对苯二酚、硫叉二苯胺),用精密分馏柱分馏,控制回流比 5:1 到 6:1,收集 72.5℃的馏分,测定析出物的折光率。

5. 对苯二甲酸的精制

取 100 g 粗对苯二甲酸加入 1200 ml 水,加热到 80～90℃,边搅拌边加入 1200 ml40% NaOH 溶液,使全部溶解后加入纯 NaCl200 克,将溶液浓缩到析出对苯二甲酸钠盐。稍冷后,用吸滤法过滤,滤渣用饱和 NaCl 液洗数次,抽干,将滤瓶置于 1000 ml 蒸馏水中,加热溶解,用 1:1HCl 酸化直到溶液 pH=2～3。然后将析出的对苯二甲酸过滤,用温热的蒸馏水洗涤至无氯离子为止。滤瓶在 105～110℃下烘干,样品纯度可达 99.9%以上。

三、聚合物的精制

溶解沉淀法:

这是一种精制高聚物的最古老的,也是应用最广泛的方法。将高聚物溶解于溶剂中,然后加入对聚合物不溶而和溶剂能混溶的沉淀剂,以使聚合物再沉淀出来。

作为沉淀剂的原则,是希望它能够全部溶解全部杂质。聚合物的溶剂和沉淀列于表 5-4、5-5 中。

聚合物溶液的浓度、混合速度、混合方法、沉淀时的温度等等,对于所分离的聚合物外观影响很大,如果聚合物溶液浓度过高,则溶剂和沉淀剂的混合性较差。沉淀物成为橡胶状。而浓度过低时,聚合物又成为微细粉状,分离困难。为此,需选择适当的聚合物浓度。同时,沉淀过程中还应注意搅拌方式和速度。

在沉淀中,沉淀剂一般用量为溶液的 5～10 倍,聚合物中残留的溶液和沉淀剂可以用真空干燥法除去。但需要时间较长。

下面简单介绍几种高聚物的精制方法:

1. 聚苯乙烯的精制

聚苯乙烯的溶剂很多,如苯、丁酮、氯仿等。而沉淀剂常用甲醇或乙醇。

将聚苯乙烯 3g,溶于 200 ml 甲苯,离心分离除去不溶性杂质。在用玻璃棒搅拌下,慢慢将聚合物溶液滴加到 1 L 甲醇中,聚苯乙烯为粉末状沉淀。放置过夜,倾出上层清液,用砂芯漏斗过滤。吸干甲醇。于室温 1～3 mmHg 真空下干燥 24 小时。

2. 聚甲基丙烯酸甲酯的精制

PMMA 采用的溶剂—沉淀剂组合为：苯-甲醇；氯仿-石油醚；甲苯-二硫化碳；丙酮-甲醇；氯仿-乙醚,甲基丙烯酸甲酯溶液或本体聚合的产物,常常直接注入甲醇中,使聚合物沉淀出来。或者先把聚合物配成 2% 的苯溶液,再加到大大过量的甲醇中,使其再沉淀,将沉淀物在 10℃ 下真空干燥。再溶解沉淀,反复操作二次,以除去全部杂质。

3. 聚醋酸乙烯酯的精制

在提纯醋酸乙烯时,常用丙酮或甲醇的聚合物溶液,加到大量水中沉淀,苯的聚合物溶液加到乙醚,或甲醇的聚合物溶液加到二硫化碳或环己烷中沉淀等等。

对于溶液聚合物,当转化率不大时(50%)以下,可以在加入阻聚剂丙酮溶液之后,倒入石油醚中,更换二次石油醚以后,放入沸水中煮,当转化率更高时,则可以直接放在冷水中浸泡一天,然后在沸水中煮,或者用丙酮溶解,将其溶液加到水中沉淀。

有人也采用在反应毕,将聚合物用冰冷却,然后减压抽去单体及溶剂,残余物再溶解,进行沉淀处理。

表 5-4　常见高聚物的溶剂与沉淀剂

聚合物	溶剂	沉淀剂
聚氯乙烯	环己酮-丙酮(1∶3)	甲醇
聚氯乙烯	二氧六环-甲乙酮	环己烷
聚氯乙烯	环己酮	甲醇或正丁醇
聚氯乙烯	硝基苯	甲醇
聚氯乙烯	四氢呋喃	水
聚氯乙烯	氯苯	苯
聚氯乙烯	环己酮	正丁醇
聚偏二氯乙烯	四氢化萘	乙醇-石油醚
聚丙烯腈	二甲基甲酰胺	甲醇
聚丙烯腈	羟乙腈	苯-乙醇
聚丙烯腈	二甲基甲酰胺	庚烷-乙醚
聚丙烯腈	二甲基甲酰胺	庚烷
聚丙烯酰胺	水	乙醇
聚硫代丙烯酸酯	苯	甲醇
聚-α 卤代丙烯酸酯	二氧六环	乙醚或乙醇
聚-α 卤代丙烯酸酯	苯	石油醚
聚-α 卤代丙烯酸酯	丙酮	甲醇
聚甲基乙烯基酮	丙酮	水
聚乙烯基吡咯	甲醇	乙醚
聚乙烯基吡咯	水	丙酮
聚乙烯基吡咯	乙醇	苯
聚乙烯	二甲苯(加热)	乙醇
聚乙烯	二甲苯	甲醇
聚甲基丙烯酸甲酯	丁酮	甲醇
聚甲基丙烯酸甲酯	丙酮	甲醇

聚合物	溶剂	沉淀剂
聚异丁烯	苯	甲醇
聚甲基丙烯酸甲酯	苯	甲醇
聚甲基丙烯酸甲酯	氯仿	石油醚
聚苯乙烯	苯、甲苯、丁酮或氯仿	甲醇或乙醇
聚醋酸乙烯	丙酮或甲醇	水

表 5-5　各类高聚物在不同溶剂中的溶解情况（＋:溶解，·:部分溶解，一:不溶）

聚合物 \ 溶剂	甲醇乙醇	丁醇	醋酸甲酯或乙酯	醋酸丁酯	乙醚	二氧六环	溶纤剂、乙二醇乙醚	乙二醇	二氯乙烷	氯仿	二氯甲烷	四氯化碳	硝基甲烷	苯、甲苯	石油醚	丙酮	环己烷	环己醇	环己酮	吡啶	二甲基甲酰胺	醋酸	水	二硫化碳	氯苯	挥发油（沸点20℃~135℃）	轻汽小册子（沸点大于128℃）	汽油	四氢呋喃
聚苯乙烯	-	-	+	+		+	-		+	+	+	+	+	·	+	·	-		+	+				+	+	+	+	+	+
聚甲基丙烯酸甲酯	-	-	+	+		+	+		+	+	+	+	+	+	-	+			-	+	+			+	-		·	·	·
聚丙烯酸甲酯	-	+	+	+	-	+	+		+	+		+		+	-	+				+									
聚醋酸乙烯酯	+	-	+	+	·				+	+		·		+	-	+					+				+			-	+
聚乙烯醇																						+	+						
聚乙烯醇缩甲醛	-	-							+	+	+					+					+			+					
聚乙烯醇缩乙醛	+								+	+						+					+			+					
聚乙烯醇缩丁醛（含 1% 羟基）	+	+	+	+	·	+	+	-	+	+		-	+	-		·					+								
聚乙烯醇缩丁醛（含 19% 羟基）	+	+	+	+	·				·	+			·	-							+								
聚氯乙烯																					+								+
聚偏氯乙烯																					+								+
聚乙烯-醋酸乙烯共聚物（氯乙烯含 85%~91%）	-		+	+	-	-	+	-	+	+		-		-		+					+								
聚乙烯-醋酸乙烯共聚物（氯乙烯含 93%~95%）	-		-	-	-	-			+	·		-		-		·					+								
聚丙烯腈																					+								
聚乙烯基醚	+	+	+	+	+	+				+				+	+	+			+	+	+								
聚-2-乙烯基吡啶	+			·			+		+	+		+	+	+							+								
聚异丁烯	-	-	-						+	+	+	+		+	+	-													
聚印									+													-	-	+			+		
聚乙烯																						-			+				

附录一

表一　常用单体的物理常数

名称	密度 d_4^{20}	熔点℃	沸点℃	N_D^{25}
苯乙烯	0.9019	−33	146	1.5462
氯乙烯	0.947	−159.7	−13.9	1.3700
偏二氯乙烯	1.218	−122.1	37	1.4249
乙烯	0.624	−169.4	−104	1.363/−112℃
丙烯	0609	−185.2	−47.7	1.3567/−70℃
乙炔		(升华)−83.6	−80.8	
丁二烯	0.627	−108.9	−4.41	1.4292/−25℃
丙烯腈	0.797	−82.0	78.9	1.393
甲基丙烯酸甲酯	0.936	−50	100	1.413
醋酸乙烯	0.932	−93.2	73	1.3958
己内酰胺	1.02	70	139/12 mm 220/4 mm	1.4734/70℃
双酚——A	1.195	153.4	250〜252/13 mm	
环氧氯丙烷	1.1807	−57.2	1162	1.4331

表二　苯乙烯沸点和相应蒸汽压

$T(℃)$	$P(mmHg)$
18	10
38	15
44	20
48.5	25
53	30
60	40
65	50
68.5	60
73	70
76	80
79	90
82	100
93	150
102	200
107	250
113	300
123	400
132	500
137	600
143	711
145.2	760

表三　甲基丙烯酸甲酯沸点和相应蒸汽压

$T(℃)$	$P(mmHg)$
2	18
10	24
20	35
30	53
40	81
50	124
60	189
70	279
80	397
90	547
100	760

表四　一些加热用液体的沸点

名　称	沸点(℃)
水	100
甲　苯	111
正丁醇	117
间二甲苯	139
氯　苯	133
环己酮	156
邻二氯苯	179
十氢萘	190
乙二醇	197
四氢萘	206
萘	216
甘　油	220
液状石腊	220
联　苯	225

名　称	沸点(℃)
二苯醚	259
邻苯二甲酸二甲酯	283
石腊(mp30～60℃)	300
石油来源的油	300
二苯酮	305
浓 $H_2SO_4 K_2SO_4=6:4$ 的混合物	325
蒽	340
蒽　醌	380
$KNO_3; NaNO_3=55:45$ 的混合物(mp225℃)	600
金属的合金	＞600

摘自：Kypuie Hro：《Kpa Tkuu Cu Pa Bou Huk》及其他资料

表五　冷却剂组成及其制冷温度

（之一）

冰或雪的混合物(g)	盐	盐重	冰结点℃
100	NaCl	33	−21.2
	$(NH_4)_2SO_4 (NH_4)_2SO_4$	62	−19.0
	$(NH_4)_2SO_4 \cdot 10H_2O$	9.5	−1.2
	$MgSO_4 \cdot 7H_2O$	51.3	−3.9
	$NaCO_3 \cdot 10H_2O$	20	−2.1
	KCl	30	−11.1
	NH_4Cl	25	−15.3
	$NaNO_3$	59	−18.5
	$Na_2S_2O_3 \cdot 5H_2O$	67.5	−11.0
	$CaCl_2 \cdot 6H_2O$	143	−55.0
	NH_4NO_3	45	−17.3

（之二）

冰或雪的混合物(g)	盐	盐重	冰结点℃
冰或雪的混合物(g)	混合盐	重 量 g	冰结盐℃
100	KNO_3/NH_4Cl	135/26	−17.8
	$NH_4NO_3/NaNO_3$	52/55	−25.8
	KNO_3/NH_4CNS	9/67	−28.2
	$NH_4Cl/NaCl$	20/40	−30.0
	$NH_4Cl/NaNO_3$	13/37.5	−30.7
	NH_4NO/NH_4CNS	32/59	−306.0
	$KNO_3/KCNS$	2/112	−34.1
	$NH_4CNS/NaNO_3$	39.5/54.5	−37.4
	$NH_4NO_3/NaCl$	41.6/41.6	−40.0

（之三）

$(C_2H_5)_2O$	CH_3Cl	PCl_3	C_2H_5OH	C_2H_5Cl	$CHCl_3$
$-77℃$	$-82℃$	$-76℃$	$-72℃$	$-60℃$	$-77℃$

（之四）

干冰	液 NH_3	液 SO_2	CH_3Cl	液氧	液氮	液化空气
$-78.5℃$	$-334℃$	$-10.0℃$	$-24.2℃$	$-183℃$	$-195℃$	$-193\sim-186℃$

摘自《苏联化学手册》和 Lange:《Handbook of Chemistry》及其他资料。

表六　几种主要单体的 P-T 关系表

名称 / P(mmHg) / T(℃)	1	5	10	20	40	60	100	200	400	760
苯 乙 烯		18	31	44	60		83			145.2
二乙烯苯		60	73.8	88.7	105.5		130			199.5
乙 二 醇		79	92	106	120		143			197.2
环氧氯丙烷	-16.5	5.6	16.6	29.0	42.0	50.6	62.0	79.3	95.0	117.9
MMA	-30.5	-30.0	1.0	11.0	25.5	34.5	47.0	73.0	82.0	101.0
顺丁烯二酸酐	0.69/40	0.90/40	339/60	593/70	26.0/100	80/130	136		180	202
丙 烯 腈	-51.0		-20.3		3.8		29.6	0	58.3	77.3
邻苯二甲酸酐		117.5	134.0	151.5	171.0		202.0			234.6
乙酸乙烯酯		-25	-18	-7	6		23.0			72.5
癸 二 酸	183.0	215.7	232.0	250.0	268.2	299.8	294.8	313.2	332.8	352.3
己 二 酸		4.2/190	11.2/210	26.7/230		58.5/250	118.5/270			
对苯二甲酸		179	193		225	235	247			308
一缩二乙二醇		123	136	150	166		188	206	226	

表七　单体和聚合物的密度和聚合反应中的体积变化

单体	密度（克/毫升·25℃）		体积变化（%）
	单 体	聚合物	
氯 乙 烯	0.919	1.406	34.4
丙 烯 腈	0.800	1.17	31.9
偏二溴乙烯	2.178	3.053	28.7
偏二氯乙烯	1.213	1.71	28.6
溴 乙 烯	1.512	2.075	27.3
甲基丙烯腈	0.800	1.10	27.0
丙烯酸甲酯	0.952	1.223	22.1
醋酸乙烯酯	0.934	1.191	21.6
丁二酸二烯丙基酯	1.056	1.30	18.8
甲基丙烯酸乙酯	0.911	1.11	17.8
马来酸二烯丙基酯	1.077	1.30	17.2
丙烯酸乙酯	0.919	1.095	16.1
丙烯酸正丁酯	0.894	1.055	15.2
甲基丙烯酸正丙酯	0.902	1.06	15.0
苯 乙 烯	0.905	1.062	14.5
甲基丙烯酯正丁酯	0.889	1.055	14.3
MMA	0.940	1.179	20.6

摘自：ZA Collins……
Experiments in Polymer science

表八　有机液体的合适干燥剂

干　燥　剂	适宜干燥的液体	不宜干燥的液体
P_2O_5	卤代烷、烃类、卤代烃、二硫化碳	碱、酮、醛及其他易引起聚合反应的液体；
H_2SO_4	卤代烷(烃)、饱和烃	碱、酮、醇、醛、苯、酚等
$CaCl_2$	醚、酯、卤代烷、卤代芳烃等	醇、胺、酚、醛、酰、胺、脂肪酸
KOH	碱	酮、醛、酯、酸
K_2CO_3	碱、某些卤代物	脂肪酸
Na_2SO_4	大部分有机液体	
$MgSO_4$	大部分有机液体	
$CuSO_4$	醚、乙醇等	甲醇
Na	醚、饱和烃	
$CaSO_4$	大部分有机液体	
分子筛	大部分有机液体	

表九　某些常用干燥剂水合物的蒸汽压(25℃)

水　合　物	蒸汽压(mmHg)	水　合　物	蒸汽压(mmHg)
$BaO \cdot H_2O$	10^{-4}	$KOH \cdot H_2O$	1.5
$CaSO_4 \cdot H_2O$	0.004	$ZnCl_2 \cdot H_2O$	2.3
$CaCl_2 \cdot H_2O$	0.04	$CuSO_4 \cdot H_2O$	0.8
$NaOH \cdot H_2O$	0.7	$MgSO_4 \cdot H_2O$	1.0
$CaO \cdot H_2O$	0.8	$H_2SO_4(95\%)$	0.001
$K_2CO_3 \cdot H_2O$	1.1	$Na_2SO_4 \cdot 10H_2O$	22.3

表十　气体的合适干燥剂

干　燥　剂	气　　体
CaO	NH_3、胺
$CaCl_2$	H_2、H、CO_2、CO、SO_2、N_2、CH_4、O_2、石蜡、醚、烯烃、氯代烷
P_2O_5	H_2、N_2、CO_2、Cl_2、CO、CH_4、石蜡
浓 H_2SO_4	H_2、N_2、CO_2、Cl_2、CO、CH_4、石蜡
KOH	NH_3、胺
分子筛	一般气态物质均可以适用

表十一　离子型聚合中常用的试剂干燥剂

干　燥　剂	性　　能
氢化钙	作用慢,干燥效率高,适用于碱性及中性化合物
3A 分子筛	pH=9.5,吸水量 170 mg/g
4A 分子筛	钠 A 型,吸水量 210 mg/g
5A 分子筛	钙 A 型,吸水量 210 mg/g

表十二　某些干燥剂 25℃ 达到平衡时气相中水气的含量

试　剂	毫克/每升气体	体积百分含量
P₂O₅	$2×10^{-5}$	
Mg(ClO₂)₂（无水）	$5×10^{-4}$	
Mg(ClO₄)₂·3HO₂（30% HO₂）	0.002	0.0002
MgO	0.008	0.0007
BaO	0.00065	
Ba(ClO₄)₂（无水）	0.82	0.094
H₂SO₄（95%）	0.003	0.0003
H₂SO₄（80%）	0.20	0.021
Al₂O₃	0.003	0.0003
硅胶（干）	0.003	0.0003
	0.003（0.2）	0.0003
CaCl₂（粒状）	0.14—0.245	0.0149—0.0264
CaCl₂（熔融）	0.36	0.0395
CaSO₄（无水）	0.005	0.0005
CaBr₂	0.20	0.021
ZaCl₂（条状）	0.8	0.092
CuSO₄	1.4	0.165
KOH（熔融）	0.014	0.0015
NaOH（熔融）	0.16	0.0170
ZnBr₂	1.1	0.124

摘自：EA Coll ens J Barls……

Experiments in Polymer science chapter 3 1973

表十三　制备聚酯所用化合物的物理常数

化 合 物	沸 点（℃）	熔 点（℃）
乙二醇 HOCH₂CH₂OH	198	−12.5
二甘醇 HOCH₂CH₂OCH₂CH₂OH	245(180℃/8 mmHg)	−10.5
三甘醇 (CH₂CH₂O)₂(CH₂OH)₂	287(165℃/8 mmHg)	
四甘醇 (CH₂CH₂O)₃(CH₂OH)₂		
聚乙二醇		（随分子量而变）
己二醇		152
新戊二醇	210	127
丙三醇（甘油）	290	
1、2 丙二醇	187	
1、3 丙二醇	214	−27
对苯二甲酸	300（升华）	
对苯二甲酸二甲酯	288	142
间苯二甲酸		346（能升华）
富马酸（反丁烯二酸）	200（升华）	287a
马来酸（顺丁烯二酸）	135（分解）	130
马来酸酐	202	53b
邻苯二甲酸	200（分解）	230a
邻苯二甲酸酐	284（升华）	130b

续表

化 合 物	沸 点(℃)	熔 点(℃)
琥珀酸(丁二酸)$(CH_2COOH)_2$	235(分解)	185
琥珀酸酐 $O(CH_2CO)_2$	261	119
偏苯三酸酐	242(14 mmHg)	165

a——封闭毛细管法测定

b——易升华

表十四 乳化剂及其临界浓度

乳化剂			临界浓度(水)CMC	
			mol/L	(重量%)
阴离子型	羟酸盐 RCOONa	月桂酸钾	0.0125	0.30
		硬脂酸钾	0.0005	0.016
		油酸钾	0.0012	0.04
		松香酸钾	0.012	0.39
	磺酸盐 RSO_3Na	对十二烷基苯磺酸钠	0.0016	0.055
		十二烷基磺酸钠	0.0095	0.26
	硫酸酯盐 $ROSO_3Na$	月桂醇硫酸钠盐	0.0087	0.25
阳离子型	季铵盐	十六烷三甲基溴化铵	0.001	0.036
	伯铵盐 $RNH_2·NCl$	十二烷胺盐酸盐	0.014	0.31
非离子型	烷基酚环氧乙烷加成物	辛基酚聚乙二醇醚(n=9)	0.0002	0.012
		壬基酚聚乙二醇醚(n=30)	0.00025	0.026
	多元醇的烷基醚 山梨醇月桂酸单酯		0.002	0.067

表十五 几种单体及其均聚物的折光指数

单体名称	折光指数	
	单体	聚合物
氯乙烯( )	1.380	1.5415
丙烯腈( )	1.3888	1.518
醋酸乙烯酯	1.3966	1.4667
甲基丙烯腈( )	1.401	1.520
丙烯酸甲酯	1.4021	1.4725
丙烯酸乙酯	1.4068	1.4685
甲基丙烯酸乙酯	1.4143	1.185
甲基丙烯酸甲酯	1.4147	1.492
丙烯酸正丁酯	1.4190	1.4634
甲基丙烯酸正丙酯	1.4191	1.484
甲基丙烯酸正丁酯	1.4239	1.4831
偏二氯乙烯	1.424	1.654
苯乙烯	1.5438	1.5935
丙烯	1.3567(-70℃)	1.5187

表十六　几种单体的竞聚率

单体 1	单体 2	r_1	r_2	聚合温度 ℃	注
苯乙烯	甲基丙烯酸甲酯	0.52±0.03	0.46±0.03	60	
	丙烯腈	0.40±0.05	0.04±0.04	60	
	乙酸乙烯酯	55±10	0.01±0.01	60	
	氯乙烯	17±3	0.02	60	
	顺丁烯二酸酐	0.04	0.006	50	
	丁二烯	0.78±0.01	1.39±0.03	60	
甲基丙烯酸甲酯	丙烯腈	1.22±0.1	0.15±0.08	60	
	乙酸乙烯酯	20±3	0.015±0.015	60	
	丙烯酸	0.48	1.51	45	
	氯乙腈	13	0	60	
乙酸乙烯酯	丙烯腈	0.13±0.06	4.05±0.3	60	
	顺丁烯二酸酐	0.055	0.003	75	
	甲基丙烯酸丁酯	62	0.12	60	
	氯乙烯	0.23±0.02	1.68±0.03	60	
丙烯腈	丁二烯	0.0±0.04	0.35±0.08	50	
	丙烯酸甲酯	0.84	0.83	65	乳液聚合
	丙烯酸丁酯	0.92	1.0	56	
乙烯（在 1MPa 下）	丙烯酸丁酯	0.03	11.9	70	
	氯乙烯	0.24	3.60	90	
	乙酸乙烯酯	1.07	1.08	90	
苯乙烯	甲基丙烯酸甲酯	10.5	0.1	20	止离子共聚
甲基丙烯酸甲酯	内烯腈	0.39	7.0		负离子共聚

表十七　常用引发剂分解速度常数、活化能及半衰期

常用引发剂及分子式	反应温度（℃）	溶剂	分解速率常数 k_d（s^{-1}）	半衰期 $t_{1/2}$（h）	分解活化能 E_d（kJ/mol）	贮存温度（℃）	一般使用温度（℃）
过氧化苯甲酰	49.4	苯乙烯	5.28×10⁻⁷	364.5	124.3(60℃)	25	60～100
	61.0		2.58×10⁻⁶	74.6			
	74.8		1.83×10⁻⁵	10.5			
	100.0	苯	4.58×10⁻⁴	0.42			
	60.0		2.0×10⁻⁶	96.0	124.3		
	80.0		2.5×10⁻⁵	7.7			
	85		8.9×10⁻⁵	2.2			
过氧化二(2-甲基苯甲酰)	50	苯乙酮	6.0×10⁻⁵	3.2		5	
	70		9.02×10⁻⁵	2.1	113.8		
	80		2.15×10⁻³	0.09	126.4		

常用引发剂及分子式	反应温度（℃）	溶剂	分解速率常数 k_d（s^{-1}）	半衰期 $t_{1/2}$（h）	分解活化能 E_d（kJ/mol）	贮存温度（℃）	一般使用温度（℃）
过氧化二（2,4-二氯苯甲酰）	34.8 49.4 61.0 74.0 100	苯乙烯	3.88×10^{-6} 2.39×10^{-5} 7.78×10^{-5} 2.78×10^{-4} 4.17×10^{-3}	49.6 8.1 2.5 0.69 0.046	117.6（50℃）	20	30～80
过氧化二碳酸二环己酯	50	苯	5.4×10^{-5}	3.6		5	
过氧化二碳酸二异丙酯	40 54	苯	6.39×10^{-6} 5.0×10^{-5}	30.1 3.85	117.6（40℃）	−10	
过氧化特戊酸叔丁酯	50 70 85	苯	9.77×10^{-6} 1.24×10^{-4} 7.64×10^{-4}	19.7 1.6 0.25	119.7	0℃	
过氧化苯甲酸叔丁酯	100 115 130	苯	1.07×10^{-5} 6.22×10^{-5} 3.50×10^{-4}	18 3.1 0.6	145.2	20	
叔丁基过氧化氢	154.5 172.3 182.6	苯	4.29×10^{-6} 1.09×10^{-5} 3.1×10^{-5}	44.8 17.7 6.2	170.7	25	常与还原剂一起使用 20～60
异丙苯过氧化氢	125 139 182	甲苯	9.0×10^{-6} 3.0×10^{-5} 6.5×10^{-5}	21 6.4 3.0	101.3	25	
过氧化二异丙苯	115 130 145	苯	1.56×10^{-5} 1.05×10^{-4} 6.86×10^{-4}	12.3 1.8 0.3	170.3	25	120～150
偶氮二异丁腈	70 80 90 100	甲苯	4.0×10^{-5} 1.55×10^{-4} 4.86×10^{-4} 1.00×10^{-3}	4.8 1.2 0.4 0.1	121.3	10	50～90
偶氮二异庚腈	69.8 80.2	甲苯	1.98×10^{-4} 7.1×10^{-4}	0.97 0.27	121.3	0	20～80

表十八　常用氧化还原引发剂

过氧化物	还原剂
过氧化物	$FeSO_4$、亚硫酸盐、酸式硫酸盐
过硫酸钾（铵）	$NaHSO_3$、$FeSO_4$、Na_2SO_3、肼
过氧化二苯甲酰	$FeSO_4$、$NaHSO_3$、叔胺（N,N-二甲基对甲苯胺）
异丙苯过氧化氢	一元胺、多元胺、Fe^{2+}、雕白粉（$HSO_2 \cdot HCHO$）

表十九　氧化还原引发剂分解反应及活化能

氧化还原体系	反应	E_d(kj/mol)
$H_2O_2 + Fe^{2+}$	$HOOH + Fe^{2+} \rightarrow HO \cdot + Fe^{3+} + OH^-$	39.3
$S_2O_3^{2-} + Fe^{2+}$	$S_2O_3^{2-} + Fe^{2+} \rightarrow SO_4^- \cdot + SO_4^{2-} + Fe^{3+}$	50.6
$S_2O_8^{2-} + HSO_3^-$	$S_2O_8^{2-} + HSO_3^- \rightarrow SO_4^- \cdot + SO_4^{2-} + HSO_8 \cdot$	41.8
		50.6

表二十　常用气体钢瓶的颜色标记

钢瓶名称	钢瓶颜色	标志颜色
氮气	黑色	黄色
氩气	灰色	
氦气	棕色	白色
一氧化碳	银灰色	黑色
二氧化碳	银灰色	黄色
氧气	天蓝色	黑色
氢气	深绿色	红色
二氧化硫	黑色	白色
液氨	嫩黄色	黑色
液化氟氯烷	浅银灰色	黑色
乙烯	紫色	红色
乙炔	白色	红色
纯煤气	大红色	白色
空气	黑色	白色
氯气	草绿色	白色

表二十一　高聚物特性粘数-分子量关系 $[\eta]=KM^a$ 参数表

高聚物	溶剂	温度(℃)	$K\times10^3$	a	分子量范围 $M\times10^{-4}$	测定方法	是否分级
聚乙烯(低压)	α-氯萘	125	43	0.67	5 100	光散射	分
	十氢萘	135	67.7	0.67	3 100	光散射	分
聚苯乙烯 (无规)	氯仿	25	7.16	0.76	12～280	光散射	分
			11.2	0.73	7～150	渗透压	分
		30	4.9	0.794	19～373	渗透压	分
	四氢呋喃	25	12.58	0.716	0.5～180	光散射	分
	甲苯	25	7.5	0.75	12～280	光散射	分
			44	0.65	0.5～4.5	渗透压	分
		30	9.2	0.72	4～146	光散射	分
			12.0	0.71	40～370	光散射	分
聚氯乙烯	环己酮	25	12.3	0.83	2～14	渗透压	分
			174	0.55	15～52	光散射	分
	四氢呋喃	25	15.0	0.77	1～12	光散射	分
		30	63.8	0.65	3～32	光散射	分
聚乙烯醇	水	25	20	0.76	0.6～2.1	渗透压	分
			67	0.55	2～20	光散射	分
		30	42.8	0.64	1～80	光散射	分
聚醋酸 乙烯酯	丙酮	25	21.4	0.68	4～43	渗透压	分
	丁酮	25	13.4	0.71	25～346	光散射	分
聚丙烯 酸甲酯	丙酮	25	19.8	0.66	30～250	光散射	分
		30	28.2	0.52	4～45	渗透压	分
聚甲基 丙烯酸 甲酯	丙酮	25	5.3	0.73	2～780	光散射	分
		30	7.7	0.70	6～263	光散射	分
	甲苯	25	7.1	0.73	6～330	光散射	分

录自郑昌仁，高聚物分子量及其分布，北京，化工出版社，1986.

表二十二　聚合物材料力学性能测试常用国家标准

标准编号	标准名称	发布部门	实施日期
GB/T1040.1-2006	塑料拉伸性能的测定第1部分：总则	国家质量监督检验检疫.	2007-01-01
GB/T1040.2-2006	塑料拉伸性能的测定第2部分：模塑和挤塑塑料的试验条件	国家质量监督检验检疫.	2007-02-01
GB/T1040.3-2006	塑料拉伸性能的测定第3部分：薄膜和薄片的试验条件	国家质量监督检验检疫.	2007-02-01
GB/T1040.4-2006	塑料拉伸性能的测定第4部分：各向同性和正交各向异性纤维增强复合材料的试验条件	国家质量监督检验检疫.	2007-02-01
GB/T1040.5-2008	塑料拉伸性能的测定第5部分：单向纤维增强复合材料的试验条件	国家质量监督检验检疫.	2009-04-01
GB/T1041-2008	塑料压缩性能的测定	国家质量监督检验检疫.	2009-04-01

标准编号	标准名称	发布部门	实施日期
GB/T1843-2008	塑料悬臂梁冲击强度的测定	国家质量监督检验检疫.	2009-04-01
GB/T9341-2008	塑料弯曲性能的测定	国家质量监督检验检疫.	2009-04-01
GB/T14484-2008	塑料承载强度的测定	国家质量监督检验检疫.	2009-04-01
GB/T1404.1-2008	塑料粉状酚醛模塑料第1部分:命名方法和基础规范	国家质量监督检验检疫.	2009-04-01
GB/T1404.2-2008	塑料粉状酚醛模塑料第2部分:试样制备和性能测定	国家质量监督检验检疫.	2009-04-01
GB/T9639.1-2008	塑料薄膜和薄片抗冲击性能试验方法自由落镖法第1部分:梯级法	国家质量监督检验检疫.	2009-05-01
GB11548-1989	硬质塑料板材耐冲击性能试验方法落锤法	国家技术监督局	1990-07-01
GB/T10007-2008	硬质泡沫塑料剪切强度试验方法	国家质量监督检验检疫.	2009-05-01
GB/T11546.1-2008	塑料蠕变性能的测定第1部分:拉伸蠕变	国家质量监督检验检疫.	2009-04-01
GBT 528-1998	硫化橡胶或热塑性橡胶拉伸应力应变性能的测定	国家质量技术监督局	1999-06-01
GBT 14337-2008	化学纤维短纤维拉伸性能试验方法	国家质量监督检验检疫总局、国家标准化管理委员会	2009-03-01

表二十三　聚合物材料物理性质测试常用国家标准

标准编号	标准名称	发布部门	实施日期
GB/T 1033.1-2008	塑料非泡沫塑料密度的测定第1部分:浸渍法、液体比重瓶法和滴定法	国家质量监督检验检疫.	2009-04-01
GB/T 1034-2008	塑料吸水性的测定	国家质量监督检验检疫.	2009-04-01
GB/T 1036-2008	塑料-30～30℃线膨胀系数的测定石英膨胀计法	国家质量监督检验检疫.	2009-04-01
GB/T 1633-2000	热塑性塑料维卡软化温度(VST)的测定	国家质量技术监督局	2001-03-01
GB/T 1038-2000	塑料薄膜和薄片气体透过性试验方法压差法	国家质量监督检验检疫.	2000-09-01
GB/T 21529-2008	塑料薄膜和薄片水蒸气透过率的测定电解传感器法	国家质量监督检验检疫.	2008-10-
GB/T 19789-2005	包装材料塑料薄膜和薄片氧气透过性试验库仑计检测法	国家质量监督检验检疫.	2005-11-01

续表

标准编号	标准名称	发布部门	实施日期
GB/T 2410-2008	透明塑料透光率和雾度的测定	国家质量监督检验检疫.	2009-04-01
GB/T 16582-2008	塑料 用毛细管法和偏光显微镜法测定部分结晶聚合物熔融行为（熔融温度或熔融范围）	中国石油和化学工业协会	2009-04-01
GB/T 14216-2008	塑料膜和片润湿张力的测定	国家质量监督检验检疫.	2009-05-01

表二十四　聚合物材料化学性质测试常用国家标准

标准编号	标准名称	发布部门	实施日期
GB/T 11547-2008	塑料耐液体化学试剂性能的测定	国家质量监督检验检疫.	2009-04-01
GB/T 12000-2003	塑料暴露于湿热、水喷雾和盐雾中影响的测定	国家质量监督检验检疫.	2004-06-01

表二十五　聚合物材料样品制备常用国家标准

标准编号	标准名称	发布部门	实施日期
GB/T 11997-2008	塑料多用途试样	中国石油化工集团公.	2009-04-01
GB/T 21991-2008	塑料试验用聚氯乙烯（PVC）糊的制备行星混合器法	国家质量监督检验检疫.	2008-12-01

表二十六　聚合物材料黏度测试常用国家标准

标准编号	标准名称	发布部门	实施日期
GB/T 1632.1-2008	塑料使用毛细管黏度计测定聚合物稀溶液黏度第1部分:通则	国家质量监督检验检疫.	2009-04-01
GB/T 3682-2000	热塑性塑料熔体质量流动速率和熔体体积流动速率的测定	国家质量技术监督局	2001-05-01

表二十七　聚合物材料测试其他常用国家标准

标准编号	标准名称	发布部门	实施日期
GB/T 1634.1-2004	塑料负荷变形温度的测定第1部分:通用试验方法	国家质量监督检验检疫.	2004-12-01
GB/T 1634.2-2004	塑料负荷变形温度的测定第2部分:塑料、硬橡胶和长纤维增强复合材料	国家质量监督检验检疫.	2004-12-01
GB/T 1634.3-2004	塑料负荷变形温度的测定第3部分:高强度热固性层压材料	国家质量监督检验检疫.	2004-12-01
GB/T 19466.1-2004	塑料差示扫描量热法（DSC）第1部分:通则	国家质量监督检验检疫.	2004-12-01
GB/T 19466.2-2004	塑料差示扫描量热法（DSC）第2部分:玻璃化转变温度的测定	国家质量监督检验检疫.	2004-12-01

标准编号	标准名称	发布部门	实施日期
GB/T 19466.3-2004	塑料差示扫描量热法（DSC）第 3 部分：熔融和结晶温度及热熔的测定	国家质量监督检验检疫.	2004-12-01
GB/T 19466.6-2009	塑料差示扫描量热法（DSC）第 6 部分：氧化诱导时间（等温 OIT）和氧化诱导温度（动态 OIT）的测定	国家质量监督检验检疫.	2010-02-01
GB/T 2035-2008	塑料术语及其定义	国家质量监督检验检疫.	2009-04-01
GB/T 2408-2008	塑料燃烧性能的测定水平法和垂直法	国家质量监督检验检疫.	2009-04-01

附录二　浙江大学本科生实验报告格式

浙江大学实验报告

专业：＿＿＿＿＿＿＿＿＿＿＿

姓名：＿＿＿＿＿＿＿＿＿＿＿

学号：＿＿＿＿＿＿＿＿＿＿＿

日期：＿＿＿＿＿＿＿＿＿＿＿

地点：＿＿＿＿＿＿＿＿＿＿＿

课程名称：＿＿＿＿＿＿＿＿＿＿＿　指导老师：＿＿＿＿＿＿＿　成绩：＿＿＿＿＿＿＿

实验名称：＿＿＿＿＿＿＿＿＿＿＿＿＿＿＿　同组学生姓名：＿＿＿＿＿＿＿＿＿

一、实验目的和要求

二、实验内容和原理

三、主要仪器设备

四、操作方法和实验步骤

注意事项

五、实验数据记录和处理

六、实验结果与分析

七、讨论、心得

八、思考题

九、参考文献